麓山心理学文库

创造性人格：模型、测评工具与应用

◎ 彭运石　王玉龙　著

中国出版集团
世界图书出版公司
广州・上海・西安・北京

图书在版编目（CIP）数据

创造性人格：模型、测评工具与应用 / 彭运石，王玉龙著 . —广州：世界图书出版广东有限公司，2016.10（2025.1重印）

ISBN 978-7-5192-1902-4

Ⅰ . ①创… Ⅱ . ①彭… ②王… Ⅲ . ①人格心理学—研究 Ⅳ . ① B848

中国版本图书馆 CIP 数据核字（2016）第 238521 号

创造性人格：模型、测评工具与应用

责任编辑　张梦婕
封面设计　汤　丽
出版发行　世界图书出版广东有限公司
地　　址　广州市新港西路大江冲 25 号
印　　刷　悦读天下（山东）印务有限公司
规　　格　787mm × 1092mm　1/16
印　　张　20.625
字　　数　264 千字
版　　次　2016 年 10 月第 1 版　2025 年 1 月第 2 次印刷
ISBN 978-7-5192-1902-4/B · 0151
定　　价　98.00 元

目录

第一章
创造性人格研究的历史回顾

创造性活动是人类能力和智慧的最高表现，它不仅推动着人类社会不断向前发展，也是人类作为个体生存发展的重要依据。罗曼·罗兰甚至认为，生命的第一个行动就是创造的行动，并提出“我创造，所以我生存”的著名论断[1]。然而，尽管人们如此重视创造，但对其本质和发生发展的规律却始终充满困惑。在漫长的前科学时代，人类把创造看成是一种神的启示。直到 19 世纪中叶，高尔顿的《遗传的天才》一书的问世才宣告了创造性科学研究的开始。在此后的近 100 年里，关于创造力的本质至少经历了遗传说、联结说、能力说等几个阶段。能力说一度成为创造力科学研究的主流观点，直到 20 世纪 50 年代这一观点才遭到人格说的强有力挑战。

“创造性人格”的概念为创造力的研究提供了全新的视角。它一经提出立即被放到一个十分重要的位置。例如，美国人本主义心理学家马斯洛（Abraham Harold Maslow）从整体论的视角指出“创造性的问题就是有创

① 斯蒂芬·茨威格．罗曼·罗兰［M］．杨善禄，罗刚，译．合肥：安徽文艺出版社，2013.

造力的人的问题（而不是创造产物、创造行为等的问题）”[①]。美国心理学家吉尔福特（J. P. Guilford）提出“心理学家的问题是关于创造性人格的问题”[②]。相应地，创造性人才不应只是有着高智商的人才，而应在此基础上加上创造性人格这一因素，即“创造性人才 = 创造性思维 + 创造性人格”[③]。自此，创造性的人格说成为创造力理论的重要组成部分，创造性人格也成为心理学研究的重要课题之一。本章的任务就是从三个方面对已有关于创造性人格的研究成果，即创造性人格的含义、研究方法和发展规律及培养，进行回顾和总结。

第一节　创造性人格的内涵、结构和功能

一、创造性人格的内涵

（一）几个相关概念：创造、创造力和创造性产品

1. 什么是创造

英文中的“创造”（create）是由拉丁文 creare 的过去分词 creatum 发展而来的。creare 意为 to produce，to make，作“创造”、“生产”、“创建”讲。古希腊的亚里斯士多德是比较早对创造进行定义的哲学家，他认为创造就是“产生前所未有的事物”[④]，包括精神和物质在内的一切新事物的产生都可以看成是创造活动的结果。在中文里，“创”在《辞源》的义项

① 梁拴荣，贾宏燕．创新型人才概念内涵新探．生产力研究，2011，10.

② 武欣，张厚粲．创造力研究的新进展［J］．北京师范大学学报：社会科学版，1997（1）：13–18．

③ 林崇德．培养和造就高素质的创造性人才．河南教育，2000（1）．

④ 张庆林，Sternberg，R.J. 等．创造性研究手册．成都：四川教育出版社，2002，4–5：362–371.

上主要有戕伤、始、造、惩等意思，包含“破坏”和“开始”的意思；“造”的义项主要有建设、始、制备等意思，意即“构建”和“成为”。可见，当“创”和“造”合在一起时，同时强调了破坏和建设两个方面，可理解为破旧立新的活动。我国的《辞海》把创造界定为“首创前所未有的事物”，将“破坏”这一含义加以忽略，只突出“建设”的内涵。这也就是我们日常生活中所说的创造。

国外心理学家曾就创造一词的内涵提出过一些看法。捷普洛夫认为，“按照本来的意义讲，凡是能给予新的、独创的、有社会价值产物的活动，都叫创造活动”①。波果斯洛夫斯基则认为，“创造首先是顽强的、精细的，同时富于灵感的劳动。这种劳动要求人的全部体力和智力高度地紧张。真正的创造总给社会以有益的、有意义的成果”②。钱伯斯（Chambers）认为“创造是一种个体与环境在交互感应过程中所产生的各种不同层次、领域、类型的新颖独特的产品”③。托兰斯（Torrance）将创造定义为发现问题，建立假设，收集资料，报告结论，以及修正或重新验证假设的能力④。

国内学界对创造或创造活动的内涵也有多种观点，较具代表性的有以下几种：曹日昌认为“创造或创造活动是提供新的、第一次创造的、新颖而具有社会意义的活动”⑤；黄希庭提出“创造活动是一种提供独特的、具有社会价值产物的活动。某种产物是否是创造，不仅要具有独特性，而且必须符合客观规律，具有社会价值”⑥；彭聃龄认为“创造或者创造活

① ［苏］捷普洛夫，赵壁如译 . 心理学 . 东北出版社，1953.

② ［苏］波果斯洛夫斯基，魏庆安译 . 普通心理学 . 人民教育出版社，1979.

③ 郭有遹 . 创造心理学（第 3 版）. 北京：教育科学出版社，2002.

④ 徐展，张庆林 . 关于创造性的研究术评 . 心理学动态，2001（1）：36-400.

⑤ 曹日昌 . 普通心理学（上册）. 北京：人民教育出版社，1980.

⑥ 黄希庭 . 心理学导论 . 北京：人民教育出版社，1991：476.

动是提供新颖的、首创的、具有社会意义的产物的活动"[①]；台湾学者郭有遹则提出，"创造是个体或群体生生不息的转变过程，以及知情意三者前所未有的表现，其表现的结果使自己、团体或该创造的领域进入另一更高层的转变时代"[②]。

综上所述，创造至少包括三个基本要素："创造主体"、"创造过程"和"创造产品"。同时，人们倾向于将"创造"理解为创造主体所从事的或已表现出的某种具有创新意义的"活动或行为"。

2. 什么是创造力

与创造息息相关的一个词汇是创造性（creativity），也译作创造力。心理学家抱怨："在现代心理学研究中，创造力是应用得最不严格的术语之一，因而也是含义最模糊不清的术语之一。"[③]20 世纪 60 年代，L.C. Repucci 总结了当时存在的 50 到 60 项有关创造力的定义，并将它们分为六大类[④]：

第一类是"格式塔"或"知觉"类型的定义，强调观点的重新结合或格式塔的重新建构；

第二类是被称为"终极产品"或"变革"的定义，强调产生新的产品；

第三类是以"审美"或"表达"为特征的定义，强调自我表达，认为人有一种以独特的方式表达自我的需要，这种表达被认为是有创造性的；

第四类是以"心理分析"或"动力"为特征的定义，将创造力定义为伊底、自我和超我的某种交互作用的力量；

---

① 彭聃龄 . 普通心理学 . 北京：北京师范大学出版社，1988.

② 郭有遹 . 创造心理学（第三版）. 北京：教育科学出版社，2002.

③ 转引自武欣，张厚粲 . 创造力研究的新进展 . 北京师范大学学报：社会科学版，1997，1：13.

④ 转引自武欣，张厚粲 . 创造力研究的新进展 . 北京师范大学学报：社会科学版，1997，1：13.

第五类是所谓“问题解决的思维”类型的定义，强调思维过程本身而不是实际的问题解决策略；

第六类就是前五类中所不能包括的其他一些定义。

当然，在此后新的定义还在不断地产生。1982 年，日本创造学会向全体会员征集对“创造力”的定义，得到了 83 个不同的定义。对创造力众说纷纭的现状凸显出人们对其本质的困惑，正如美国心理学家爱肯所说，“心理学文献中再没有比‘创造力’这个课题被人研究得更多和被人理解得更少的了”[①]。

尽管众多的定义存在着分歧，但它们都涉及四个要素（即 4P）：（1）创造性的过程（process）；（2）创造性的产品（product）；（3）创造性的个人（person）；（4）创造性的情境（place）。相较于“创造”对过程的侧重，“创造力”更侧重主体。吉尔福特认为，每一种创造特性都是一个连续体，全体人口中每一个体都分布于这个连续体的不同点上，因此所谓“无创造性的个体”与“公认富有创造性的人”其实都是有创造力的，只是程度有所差异而已。如同智力是个体具备的一种素质一样，创造力也是个体具备的某种素质。吉尔福特认为可以用发散性思维来衡量个体创造力水平的高低。另外，一个人的创造力若要得到实现或能表现出某种创造行为以获得创造产品，还与一定的“创造情境”密切相关。

3. 创造性产品

无论“创造”还是“创造力”都与创造性产品密不可分。创造侧重创造过程，最后仍然会落实到创造的结果，即创造产品上；创造性侧重创造主体，也会不可避免地落实到创造活动及其活动结果（创造产品）上。在许多人看来，创造性的过程是动态的，难以捉摸和量化；创造性个体是个

---

① 转引自武欣，张厚粲．创造力研究的新进展．北京师范大学学报：社会科学版，1997，1：13.

黑箱，同样无法量化；创造性的情境，太过主观；只有创造性产品是外在的、有形的、可以量化和操作的。因此在创造、创造力等概念的界定上往往都会以最具操作性的创造性产品为核心。

美国著名心理学家斯腾伯格（Robert J. Sternberg）将创造性界定为“制造一种新颖且有用的产品的能力”①。这一界定很明显是从创造性产品的角度对创造性加以定义的，认为创造性应包含两个特征：一是新颖性，既指前所未有，又指独一无二；二是有用性，要么有社会价值，要么有个人价值。

将创造性产品作为判定标准主要基于两点原因：一方面，人的创造性通常以创造活动的后果（即产品）来体现，创造性产品与创造性直接相关；另一方面，由于产品通常是可以触摸的客观事物，或可以进行交流的思想观念，因此可以对产品所体现的创造性予以评价。如果以个体的创造过程、人格因素等作为判定标准，将受到心理学对个体的心理过程、个体特征的本质研究状况的限制，毕竟我们现在还不是十分清楚创造心理的实质。由此可见，以产品为标准更适宜，既符合心理学研究的操作性原则，又能够获得较高的可信度。

就创造性产品的新颖性而言，创造性有两种不同的表现方式：一种是通过对旧事物的改良形成新事物。生活中的许多创造现象都属此列，例如，移动电话从最初的大哥大到现在的智能手机，就是不断推陈出新的结果；另一种表现为没有明显的旧事物为基础，而是通过某种灵感产生的全新事物。很多重要理论的发现都是这种表现，如爱因斯坦的“相对论”。就创造性产品的适用性而言，创造性也有两种不同的表现形式：一种是社会的创造性，即创造性产物的主要作用是有利于人类社会的整体发展，或者造

① Robert J. Sternberg. Handbook of Creativity. Cambridge University Press， 1999.

成人类观念的改变，或者带来技术的革新；另一种是个体的创造性，即创造性产品的主要功能用于个体的需要，有助于个体更好地解决工作和生活的问题，或者使生活充满创意。

（二）创造性人格

创造力是创造主体的人格与行为及其结果的统一。创造行为虽是动态的，但可观察、记录等，而创造性产品更稳定，也更容易进行分析。在创造心理学的研究中，有关创造性产品与创造行为的研究占据绝对重要位置。对创造性人格的研究要比外显行为与外显产品研究更困难，但因它是创造行为和产品的内在根据，故仍然吸引了许多学者的研究兴趣。

“创造性人格”是由吉尔福特首先提出和使用的一个概念，他指出：“从狭义上讲，创造力是指最能代表创造性人格特征的各种能力。创造能力取决于个体是否有能力在显著水平上显示出创造性的结果，还取决于他的动机和气质特征……也就是创造性人格问题。”[①] 许多研究者发现高创造性个体具有不同于普通个体的人格特征，开始形成创造性人格一说。

由于对人格的理解不同，关于创造性人格的涵义也存在一些分歧。最有代表性的创造性人格定义有以下三种：其一，创造性人格是指人所具有的那些对创造力发展和创造任务完成起促进作用的个性特征，与创造性个性同义。这里的人格主要指能力、气质、性格等个性心理特征。持这种观点的研究者多采用特质论的方法论对创造性人格进行研究，发现高创造力者常表现出一些与一般人不同的个性特征，并将这些与创造力相关甚高的人格特征称为创造性人格。这代表了国内多数研究者的观点。其二，创造性人格是指主体在学习活动中逐步养成，在创造活动中

① ［美］特丽萨·M. 艾曼贝尔 著 . 方展画，胡之斌，文新华编译 . 创造性社会心理学 . 上海：上海社会科学出版社，1987.

表现和发展起来，对促进人的成才和促进创造成果的产生起导向和决定作用的优良的理想、信念、意志、情感、情绪、道德等非智力素质的总和。这里的人格则指非智力因素。非智力因素主要是指那些不直接参与认知过程，但对认知过程起着始动、定向、引导、维持、强化作用的心理因素，也就是除了智能以外的心理因素，包括动机、兴趣、情感、意志、性格、信念等心理成分。这里的人格范畴大于第一种界定。其三，创造性人格指由个体内在的创造力与创造动力构成的较为稳固、持久的组织系统，并指出它应包括理性因素和非理性因素，前者指逻辑思维形式及其系统化理论化的思维、思想、学说，以及逻辑认识能力等；后者指意志、需要、动机、兴趣、意向、情感、信念、潜意识等。这里的人格既包括非智力因素，也包括智力因素，将人的心理的一般现象都理解为人格。这是最广义的人格理解。可见，对创造性人格内涵理解的差异性直接导致对其外延界定的巨大差别。

在创造性人格界定上的另一个争议是关于不同个体之间创造性的差异是有或无的区别还是只是程度上的。一部分学者认为创造性在个体上的存在是绝对的有或无，创造性人格是创造性人才所具有的一般人格特征。他们在研究创造性人格时，严格筛选研究对象。如，巴伦（F. Barron）研究了 30 位在美国已经成名的作家的创造性人格；贝尔从传记中研究 34 位举世闻名的数学家的创造性人格特征；罗斯曼研究 710 位发明家的人格特征，这些发明家平均获得了 39.3 个专利权；马斯洛研究的对象则是众所周知的历史人物，如杰佛逊、林肯、罗斯福、弗洛伊德；米哈伊·奇凯岑特米哈伊研究的对象中有 14 位诺贝尔奖奖金获得者，而其他研究对象的成就绝大多数也可以和这些诺贝尔奖获得者相提并论；谢光辉和张庆林对科技发明大奖赛获奖大学生的人格加以研究，等等。另外一些学者则认为人人都具有创造力，认为创造性人格就是指任何有利于创造性活动的人格特征。

普遍认同的高创造者和芸芸众生都处在某种连续体上，这个连续体上可能存在着不同等级的创造者，所有的人都在这个连续体上占有一席之地，而任何与创造力有关的特质都会对个体的总体创造力产生影响。例如，艾森克（Eysenck）认为精神质就代表了其中的一个维度，低水平的精神质表明缺乏创造力，随着它的增加创造力也增加。在这一观点之下，幼儿、小学生、中学生、大学生、各种级别的管理人员等群体成为研究对象，研究者试图探讨这些群体创造性人格的水平和发展状态，以及人格特征对创造性的影响。

在创造性人格界定上的第三个争议是，到底是某些人格特征影响了创造性，还是创造性产生了独特的人格。将创造性人格界定为有利于创造性活动的人格特征，依据的是某些人格特征是形成创造性的重要原因这一假设。而将创造性人格界定为在创造性活动过程中表现出来的人格特征，则是基于创造性活动衍生了某些人格特征这一假设。

这些争论决定了要给创造性人格下一个准确的定义是很困难的，但可以想见，随着对创造性人格的研究越来越深入，其含义也将会越来越清晰。

二、创造性人格的结构

与创造性人格的内涵一样，创造性人格的结构也一直是研究者们争论的焦点问题。研究者们从各自的角度出发，提出了各种有关创造性人格结构的观点。这些观点尽管在内容上多有区别，但都同意创造性人格绝非一个单一维度的概念，而是一个拥有多种成分的复杂结构，并且认为只有弄清楚了这些结构，才算真正深刻揭示了这一概念。以下是目前出现得较多的几种观点：

（一）在心理现象的框架下探讨创造性人格结构

这一观点认为，人格反映的是个体的整体面貌，表现在各种心理现象之中，创造性人格也是如此。因此，我们应该在整体的心理现象框架下讨论创造性人格结构。林崇德甚至根据这一思路将创造性人格的内涵概括为5个方面：健康的情感，包括情感的程度、性质及其理智感；坚强的意志，即意志的目的性、坚持性、果断性和自制力；积极的个性意识倾向，特别是兴趣、动机和理想；刚毅的性格，特别是性格的态度特征，如勤奋以及动力特征；良好的习惯[①]。

普文（Pervin）和约翰（John）指出创造性人格的结构至少应该包括六种重要的心理现象的内容，即：（1）智力。创造性个体几乎总是比一般人更加聪明，智力至少要高一个标准差以上。（2）认知风格。创造性个体表现出能够想象出完全不同的概念或刺激间的许多不寻常的联系。（3）知觉的丰富性。创造者表现出对不同经历的强烈的开放性和对模糊性的超常耐受性。（4）情绪的特性。创造者对其所选择的创造事业表现出异乎寻常的热情、精力和投入。（5）社会定向。创造性个体更可能是内向的而不是外向的，同时倾向于表现高度的独立性和自主性，常常无条件地拒绝顺从传统规范而显出一种断然的反叛气质。（6）心理健康。创造性的个体通常拥有积极乐观、稳定坚强的心理素质。[②]

吴忠良则从动机、兴趣、情感、意志、性格五个方面比较系统地阐述了创造性人格。（1）创造动机。创造动机是直接推动创造活动进行的内部动力，它对创造活动具有始发、维持、强化、转化等功能。“创造动机是推动创造者进行创造活动的动力，直接决定个体从事创造活动的期待、对结果的评价和体验，并进而影响其从事创造活动的积极性和创造力的发展。”[③] 正确、合理、高尚的创造动机的形成，有利于创造力的发展。（2）

---

① 林崇德．创造性人才·创造性教育·创造性学习．中国教育学刊，2002（2）．

② Lawrence A. Pervin & Oliver P.John，黄希庭主译．人格手册：理论与研究（第二版）．上海：华东师范大学出版社，2003.

③ 吴中良．创造性与创造性人格概念探析．长江大学学报：社会科学版，2006（8）．

创造兴趣。创造兴趣是进行创造活动，推动创造力发展的心理动力之一。间接、持久、稳定、良好的兴趣不仅能有效激发进行创造活动的内部动机，还能极大地激发创造热情，增强克服困难的信心和决心。（3）创造情感。创造情感是进行创造活动的一个基本心理条件、一种重要的心理动力。积极、适度的情绪和高尚的情感，不仅能够增强创造思维的能力，而且能够激发创造灵感和创造意识，维持创造的动力和意志力，提高创造的效率和水平。在情感因素中，强大的创造热情以及高尚的道德感，深刻的理智感，内外兼修的美感，是创造情感的主要成分，对创造力的发展有着重要的影响。（4）创造意志。创造意志是得以完成创造性活动的决定性的心理品质之一，是创造性人格不可缺少的组成部分。自觉、果断、坚毅、自制是创造意志的主要体现。只有通过创造意志的调节和支配作用，才能确立创造目标，发动创造活动，制止与创造活动相矛盾的行为，克服创造中的障碍和困难，使创造得到充分的展现。（5）创造性格。良好的性格特征是进行创造活动必不可少的心理保障。创造性格是由许多复杂的因素合成的网络结构，其特征表现在态度、理智、情绪、意志等方面（后两者在创造情感、创造意志中分别单列讨论，这里主要指态度和理智方面的特征）。种种事实表明，勤奋、谦逊、自信、主动、独立、敏锐等性格特征对创造活动有重要的作用。

相较于普文和约翰的六因素论，吴忠良提出的五因素论显然更重视创造性人格结构中的非智力因素，更强调个性特征和情感、意志对于创造力的影响，而智力因素（包括认知相关过程）则几乎是被忽略的。这或许是为了更好地将创造性人格和创造性思维区分开来。

（二）在个性心理的框架下探讨创造性人格结构

个性这一概念是我国学者从苏联心理学中借用过来的，一般认为包括个性倾向性和个性心理特征。但自从全盘学习西方心理学以后，个性逐渐被人格这一概念所取代，而出于习惯，我们多数时候不加分辨地将人格等同于个性。所以，在个性心理的框架下讨论创造性人格结构的，实际上主要是中国学者。

这里比较典型的是陈红敏和莫雷的观点。他们认为：创造性人格是一个完整的结构，它主要由创造性人格倾向性、创造性人格心理特征和创造性自我意识三大部分组成（见图 1–1）。创造性人格倾向性是创造性人格的动力系统，为创造活动的启动、维持和顺利完成提供基本动力，主要包括创造需要、创造动机、创造兴趣等成分。创造性人格心理特征是创造性人格的特色系统，是构成不同创造性人格之间、创造性人格与非创造性人格之间差异的重要成分，主要包括创造性的气质、创造性的性格和创造力。创造性自我意识是创造性人格的监控系统，对人的创造活动过程进行体验、认知、评价、监督、调节、控制，有利于创造活动有序、有效地进行，主要包括创造性自我体验、创造性自我认知、创造性自我监控、创造性自我调节等成分。创造性人格三大部分之间，以及每个部分之间是相互联系、相互影响和相互制约的，它们共同对创造活动发挥重要作用。此外，他们以上述理论为依据，结合国内外研究的结论和幼儿身心发展的实际表现，提出幼儿的科学创新人格应该包含三个系统：动力系统、保障系统和调控系统。动力系统是创造性活动开始的基础，表现在幼儿身上主要是好奇心和敢为性；保障系统是其完成创造活动的有力保障，具体可以表现为独立性和自信心；而有了以上两个系统还不能完成创造活动，还要有坚忍不拔的毅力和乐观向上的态度，即调控系统，表现在幼儿身上主要是坚持性和乐观性的培养。①

① 陈红敏，莫雷 . 幼儿科学创新人格的架构及其培养 . 当代教育论坛，2005（1）：84–85.

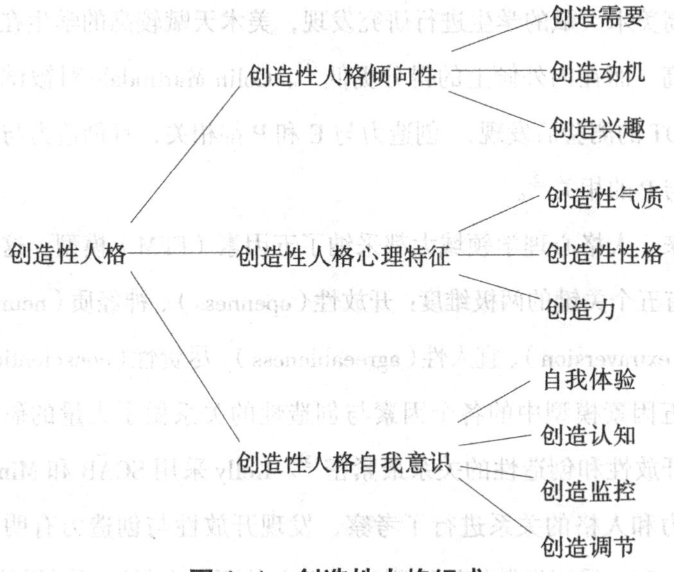

图1–1 创造性人格组成

（三）在人格结构的框架下探讨创造性人格结构

这一角度的基本假设是，创造性人格是人格的一个方面，属于人格的范畴之内。因此，创建新的创造性人格理论是不必要的，只需在已有人格理论的基础上找到与创造力密切相关的人格维度即可。

20世纪中叶，艾森克用因素分析的方法提出了人格三因素模型：外倾性（E）、神经质（N）和精神质（P）。艾森克在研究中发现，精神质得分高的个体有更多新奇的想法，但也更容易患精神疾病，因此精神质可能是创造性思维和精神疾病的人格基础。同时，他还发现高创造性者与精神病患者有颇多相似之处。很多研究为创造性与精神病理学之间的关系提供了佐证，但也有研究认为这种联系并不是那么直接，二者之间可能有着非常多的中介变量。精神分裂并不是成为天才的必要条件，许多天才的创造者也并非精神病患者。创造性人格和精神分裂，二者到底是如何相互作用、相互影响的，这个问题还需要进一步的研究。也有研究表明，精神质不是唯一与创造力有关的因素。例如葛兹（K.O.Gotz）和葛兹（K. Gotz）通过对有较高美术天赋的学生进行研究发现，美术天赋较高的学生在神经质上得分更高，而在内外倾上的得分更低[①]。Colin Martindale 对被试进行 EPQ 与类似 DT 的测验后发现，创造力与 E 和 P 都相关，且创造力与 E 的相关高于其与 P 的相关[②]。

近来，人格心理学领域大都采纳了五因素（FFM）模型。这个模型认为人格有五个关键的两极维度：开放性（openness）、神经质（neuroticism）、外向性（extraversion）、宜人性（agreeableness）、尽责性（conscientiousness）。人们对五因素模型中的各个因素与创造性的关系做了大量的研究，结果显示，开放性和创造性的关系最紧密[③]。Kelly 采用 SCAB 和 Mini-Markers 对创造力和人格的关系进行了考察，发现开放性与创造力有明显的正相关[④]。McCrae 采用发散性思维测验（DT）的研究也得到了同样的结果[⑤]。研究者也报告了其他四个维度和创造性之间的关系。例如，Martindale 和 Dailey 发现了 E 与创造性存在相关[⑥]。还有研究者综合使用多种测量创造力的方法开展研究。Wolfradt 和 Pretz 通过根据图片写故事、列举业余爱好以及创造性人格量表（CPS）三种方法对各专业的学生进行测量，并使用同感评估技术对故事和爱好进行评定，结果显示，三种评定结果都与开放性有明显的正相关，外倾性与创造性量表的评定结果有明显的正相关，谨

---

① 转引自罗彦红，石文典．创造力与人格关系的研究述评．心理学探新，2010（2）：76.

② Martindale，C.Creativity，primordial cognition，and personality.Personality & Individual Differences，2007，43：1777–1785.

③ Gelade，G. A. Creative style，personality，and artistic endeavor. Genetic，Social，and General Psychology Monographs，2002，128：213–234.

④ Kelly，K.E.Relationship between the Five–Factor model of personality and the scale of creative attributes and behavior：A validational study.Individual Differences Research，2006，4：299–305.

⑤ McCrae，R.R.Creativity，divergent thinking，and openness to experience.Journal of Personality and Social Psychology，1987，52：1258–1265.

⑥ Martindale，C. Dailey，A.Creativity，primary process cognition and personality.Personality and Individual Differences，1996，20：409–414.

慎性与故事评定的结果有明显的负相关[①]。Furnham 和 Bachtiar 运用包括发散性思维测验等在内的四种测量创造力的方法对创造力与人格的关系进行考察，发现外倾性与四种创造力测量结果都有明显关系，并发现大五人格能解释发散性思维 47% 的变异[②]。另外，Laura 等的研究发现，外向性和开放性与创造力呈正相关，开放性也带来更高水平的创造成就，宜人性与创造成就负相关；在五因素中，只有开放性能够独立于其他四个因素预测创造能力和创造成就[③]。

（四）以整合的观点探讨创造性人格结构

傅世侠和罗玲玲结合吉尔福特等人的观点，提出整合的创造性人格结构观。他们认为，人格是由人生态度、自我意识、动机倾向、认知风格、情感气质等特质所构成的。创造性人格则应与进步的人生态度、肯定的自我意识、强烈的内在动机、独特的认知风格和丰富的情感智慧相关联。前三项属于更内在的方面，后两项基本上属于较外显的方面。其中，认知风格与智力因素有关，又不同于一般的认知过程，而是一种独特的认知表现方式；情感智慧与情感相关，却又不同于一般的情绪体验，里面包含了丰富的理性成分。创造性人格正是由这些成分在相互联系中构成的有机整体。[④]

1. 人生态度

健康的人生观是创造性人格的核心。健康的人生观意味着对人类文明进步的积极信念和使命感。只有用发展的眼光看待人类文明，相信追求真

---

① Wolfradt，U.，Pretz，J.Individual differences in creativity：Personality，story writing，and hobbies.European Journal of Personality，2001，15：297-310.

② Furnham，A.，Bachtiar，V.Personality and intelligence as predictors of creativity.Personality & Individual Differences，2008，45：613-617.

③ Laurd，A.K.，Loni M.W.，Shri，J.B. Creativity and the Five-Factor Model. Journal of Research in Personality，1996，30：189-203.

④ 傅世侠，罗玲玲 . 科学创造方法论：关于科学创造与创造力研究的方法论探讨．北京：中国经济出版社，2000.

理是无止境的，才敢于提出新观点，尝试新事物。在这个意义上，积极的人生态度是创造性人格的灵魂。如果缺少这一人格特质，便会或是远离创造，或是有可能用自己的创造性去做有损于人类文明进步的事情。这种情况在人类文明发展史上屡见不鲜。积极的人生态度与创造性动机的关系密切，它能激发个体不断探索，勇于尝试，成为创造行为的内驱力。

2. 自我意识

自我意识就是人对自己身心状态以及对自己同客观世界关系的觉知。一个高创造力者往往对自己有比较客观的认识，并能积极评价和悦纳自己，表现出自信甚至自负。他们相信自己的潜能，并能不遗余力地去发挥和利用它。这种对自我的肯定评价，首先意味着个体能清晰地意识和接纳自我的能力倾向，而能力倾向作为一种潜能能否得到释放则与人格密切相关。如果个体能意识并欣赏自己所具有的能力倾向，他会更加自信，并更易发展出对某些事物的特殊兴趣或才能。反之，则自我潜能就难以释放。此外，自我意识还关涉人生态度，与认知风格、情感气质等共同作用，以激发创造性动机。

3. 动机

动机构成个体行为的原因，也是人格结构中的动力源泉。理解创造性人格，就必须理解动机。高创造者通常有着复杂的高水平内在动机，有强烈的好奇心，喜欢挑战，对工作有强烈而持久的兴趣，对不利于创造的消极因素敏感且难以容忍。

4. 认知风格

认知风格反映了个体人格特质上的差异性，是创造性人格特异性的突出表现。可以认为，任何创造性都是创造者个人风格的体现，没有独特性的认知风格，创造性是不可理解的，因为雷同从来与创造无关。创造性认知风格通常表现为：积极主动，独立判断，敢于决定；具有对问题的敏感性，善于发现问题，且能提出适当的问题；容忍模糊，思维流畅、灵活、独特。

5. 情感气质

情感气质是一种很难把握的人格特质，使个体表现出某种外在风格，因而属于外显的人格特质。具有高创造力的个体往往不拘小节，胸怀宽广，有惊人的毅力和自制力，勇于挑战。加州大学伯克利分校人格测量研究所的巴伦，根据对100名美国空军上尉的人格特征研究发现，高创造者的心理状态具有典型的矛盾统一性，与普通人相比，他们既更野蛮又更有教养，既更有破坏性又更有建设性，既更疯狂又更理性。几乎所有研究创造性人才的心理学家都同意巴伦的这一结论。在创造性人格结构中，情感气质内容最丰富，也最复杂，是创造者个性的集中表现。

一个理想的创造性人格模式就是由这五种特质结合而成的，但现实的创造者不可能如此全面，他们只是某些方面比较突出，只有非常少数的人才是均衡发展的。每一特质的各因素之间也往往不可能均衡发展，这也决定了一个人究竟适合于在哪一方面施展其创造才能。例如，科学家或发明家与文学艺术家相比，在认知风格上就有很大的差异；即使同样是科学家，有的人更具艺术家气质，有的人却更具哲学家气质，等等。这一观点其实是对个性心理框架下人格结构理论的一种深化，尤其重要的是它不再笼统地谈创造性人格，而是把个体差异（如认知风格）的问题纳入了其中，意味着不同个体的创造力可能不仅仅体现在不同水平上，也体现在不同领域中。

综上所述，虽然有关创造性人格结构的观点众说纷纭，莫衷一是，但可以看出，更多的研究者倾向于认为创造性人格应该和智力区分开来，而且应该将其放在人格（或个性）的框架下加以讨论。

三、创造性人格对创造性活动的功能

（一）动力功能

创造性人格是推动个体进行创造性活动最原初的也是最持久的动力。

美国心理学家推孟（L.Terman）在研究中发现，对于高智商的儿童，高成就组在完成任务的过程中表现出更优良的坚毅精神、自信、进取心、谨慎、好胜心等[①]。我国学者周昌忠指出，创造个性有六个特点：勇敢、甘愿冒险、富有幽默感、独立性强、有恒心、一丝不苟[②]。杨仲明指出，创造性人格最重要的特征有：勇敢献身的精神、思想的灵活性、独立、果断、坚定自制、幽默感强、对事业的巨大热情、难以满足的好奇心、无私的奉献精神等[③]。这些研究结果告诉我们，人格特征与创造力有着异乎寻常的密切关系。强烈的好奇心、高度的自信、质疑精神、高尚的情感、广泛的兴趣、坚强的意志等都是创造力的相关因素，是创造力的动力所在。

福伍克及其同事依据被试的科学成就将被试分为两类：一是在显示创造能力的实验中具有高水准结果的个体；一是在相同实验中表现为低水准结果的个体。研究表明，在许多问题情境中，“高水准创造主体”不同于“低水准创造主体”。前者在解决问题时易于敏锐地探究大量的问题并构建许多既紧密又疏松的联想，他们并不满足于以前解决问题的方法，而提出尽可能多的解决问题的新方法，并指望一个更完美的解决办法；而后者得到一种解决问题的想法，便将它看作是解决问题的唯一办法，并加以澄清。显然，两种截然不同的创造态度激发了不同水平的创造活动。[④]

（二）维持功能

创造性人格的某些特征是使个体维持创造性活动的根本原因。事实上，任何创造性成果的产生都需要长时间的工作和积累，所谓“十年定律”就是对这一现象的形象说法。1973 年，赫伯特·西蒙（Herbert Simon）和威

---

① 董奇 . 儿童创造力发展心理 . 杭州：浙江教育出版社，1999.

② 周昌忠 . 创造心理学 . 北京：中国青年出版社，1983.

③ 杨仲明 . 创造心理学入门 . 武汉：湖北人民出版社，1988.

④ 俞国良 . 论个性与创造力 . 北京师范大学学报：社会科学版，1996，4：83-89.

廉·蔡斯（William Chase）通过对国际象棋大师的成长进行研究发现，所有人都经过10年左右的艰苦训练才得以成才的。之后越来越多的研究发现，除了体育领域，其他领域几乎没有“十年定律”的例外。这一定律非常好地说明了一个高创造者之所以能成为高创造者的关键特质，即只有那些能坚持长时间努力训练和工作的人才有可能成为高创造者（当然，还需要考虑智力因素）。显然，决定一个人能否“坚持长时间努力训练和工作”的是人格特质，也就是创造性人格。薛涌在《天才是训练出来的》一书中指出，要成为天才，毅力比智商更重要；天才就是那种“能把激情和能力结合而进行艰苦的工作的人”。书中列举了大量的事例证明，真正伟大的人物，包括牛顿、达尔文这样的科学巨匠和托尔斯泰这样的文学巨匠都是毅力超群的人。[①] 高尔顿也特别强调，天才在选定自己的事业前，可以非常多变无常。但是一旦选定自己的事业，就义无反顾、全身心地投入，乃至对其他事情不闻不问，注意力超人地集中。[②]

同样，自信作为一种重要的创造性人格特质在创造性活动的维持中也起到非常重要的作用。斯坦福大学心理学教授卡罗尔·S. 德威克（Carol S.Dweck）认为，一个人对自己能力的看法，塑造着其能力本身。那些认为环境可以改变，自己的潜力深不可测的人，更容易把失败看成是成功之母。德威克把这种人称为“进取气质”的人，其实也就是更自信的人，即相信自己潜力的人。自信的人才更有勇气面对失败，并能不断超越能力极限。此外，高创造者都是内部驱动的。天才创造的业绩，需要持续不断的努力。这些努力有时不仅没有奖励，甚至没人理解。只有那些有内在驱动力的人，

① 薛涌．天才是训练出来的．南京：江苏文艺出版社，2010.

② Galton F. Hereditary Genius： an Inquiry into Its Laws and Consequences. Promtheus Books，2006.

才能持之以恒地干下去。[1]

总之，创造性活动绝非一朝一夕完成的，无人可以靠上天的恩赐做出伟大的创造来，任何天才的杰作都不能离开长时间艰苦卓绝的劳动。在人群中，只有极少数人能够十几年如一日地投身于某一事业并获得成功，这是因为这极少数人身上有着某些不同寻常的我们称之为创造性人格的特质。正如爱迪生说的那句名言："天才是 1% 的灵感，99% 的汗水。"也就是说，天才经常仅仅是指一个有才能的人完成了他或她的所有家庭作业。如果说 1% 的灵感依赖的是智力因素的话，那 99% 的汗水依靠的就是创造性人格因素。

（三）调节功能

创造性人格对创造性活动的调节功能主要体现在两个方面：

一是从群体角度而言，善于协作或合作的创造性人格特质通过协调人际关系可促使创造者在创造活动中产生更大的创造成果[2]。科学已经进入全球化时代，当今很多创造性活动，尤其是自然科学领域的研究，已经不再是单个科学家关起门来做实验可以实现的了，而是需要大批科学家共同协作才能完成。例如，1990 年正式启动的人类基因组计划就是全世界的科学家共同参与的项目，领导这样一个巨无霸项目没有很好的合作素质是不可想象的，而其倡导者和主持人詹姆斯·沃森（Watson · James Dewey）同时又是一位诺贝尔奖的获得者。

二是从个体角度而言，创造性人格是否发展及其发展程度是衡量个体心理健康的一个重要指标。个体生活中如果缺少幻想与创造，就会导致神经和心理失调，产生酗酒、吸毒、种种难以摆脱的奇怪念头，产生厌世、

① Deci，E.L.， Richard，F. Why We Do What We Do：Understanding Self-Motivation. Penguin Book，1995：17-56.

② 甘自恒 . 中国当代科学家的创造性人格 . 中国工程科学，2005，5：35-42.

颓废，甚至自杀的想法，而创造作为“个体心理结构中的艺术化部分”对各种有害的情感和精神错乱具有免疫力，还能帮助康复。优秀的创造性人格有助于防范和治疗创造激情所诱发的种种精神异常症状。而心理健康对于创造活动的重要性已得到证实。雅克布松在研究中发现，那些出现精神异常的高创造者最重要的工作都是在他们生命最健康的时候完成的。[①]

（四）导向功能

甘自恒通过对中国当代科学家的创造性人格进行研究发现，高尚的理想、远大的志向、坚定的信念、良好的兴趣，在创造者的创造征程中发挥着明显的指路导向作用[②]。高创造者在人生的抉择中令人惊异的往往不是其如何正确，而是其如何坚定，就像是冥冥之中有神在指引一样。这一过程中，他们可能与周围人的意见完全相左，甚至与整个时代潮流完全相悖，但最后却证明他们才是未来的方向。纵观科技史和艺术史，这样的事例俯拾皆是，以至于中国科学院院士贾兰波忍不住感叹：“幸而世界上世世代代有这么一批‘傻人’，愿为追求真理而奋斗终生。”[③]当然，这里的“傻”绝不是智力上的低能，而是人格上的执着和信念的坚定。

第二节　创造性人格研究方法

一、创造性人格的研究模式

（一）个体差异的研究

个体差异的研究关心的是哪些人更具有创造性。从20世纪50年代起，

① 崔景贵．创造性人格与大学生心理健康．青年探索，2001，1：34–37.

② 甘自恒．中国当代科学家的创造性人格．中国工程科学，2005，5：35–42.

③ 黄健．走近科学家．长沙：中南大学出版社，2001.

人们就一直不断地在研究一些典型的创造者的人格特征。综合起来，主要有两种研究思路。其一，是对科学界和艺术界已经做出突出成就或者被公认为有创造性的人进行回溯性研究；其二，是找出专家和公众认为的高创造性者应该具有的品质。无论是哪种思路，都强调对某些具有较高创造力的人群进行研究，认为这些人身上的某些特质就是创造性人格的某些特质。

（二）时间一致性的追踪研究

差异性研究证明高创造性个体确实表现出某些特定的人格特征，但是这些所谓的创造性人格在时间维度上的效度、信度如何呢？能够最直接最有效地提供时间一致性证据的研究就是追踪研究。时间一致性的追踪研究要解决的基本问题包括：儿童早期或青少年时期表现出来的创造性人格到成人或中、晚年以后是否依然保持？早期的创造性人格能在多大程度上预测个体创造力发展水平和他最终的创造性成就？前者为创造性人格的时间一致性，后者为创造性成果的时间一致性。

（三）创造性人格的结构研究

关于创造性人格还有一个最难的问题，即创造性人格能否用结构的形式来描述。如果不能，创造性人格就只能是一系列人格特质的列举。本章第一节已经呈现了以往研究在这方面的努力，现有的工作显然还远远不能让人满意，它还处于不断探索之中[①]。

二、研究对象

（一）以精英人物为研究对象

相对于普通人而言，精英人物通常更具有创造力。许多学者认为，要研究创造性人格就应该研究那些最具创造性的人物，因为只有从这些人物

---

① 邹枝玲，施建农．创造性人格的研究模型及其问题．北京工业大学学报：社会科学版，2003（2）：93-96.

的身上才能看到最典型的与创造性有关的人格特质。很自然地，精英人物就成了创造性人格的理想研究对象。常被用来作为创造性人格研究的精英人物包括艺术家、科学家与发明家、社会科学家、建筑家。

1. 艺术家

艺术家的人格特征与生活方式，可以说是所有行业中最多姿多彩的，而且经常毁誉参半。相对其他精英人群，心理学家对他们发生兴趣的时间更早，在这方面的研究也最多。很多研究显示，艺术家个性内向，精力旺盛，并对所从事的作品与事业锲而不舍，具有不屈不挠的精神。与科学家一样，艺术家一般气质平和，兴趣女性化，并有消极的趋势。投射测验显示艺术家有很严重的罪恶感，而且普遍具有焦虑、神经症，以及由内心的创伤所引起的情绪不稳。①

巴伦研究了56位职业作家与10位学写作的学生，在这些职业作家中，有30位是在美国已经成名的，其余只是稍有成绩，并没有表现卓越的才华。结果发现，卓有成就的作家表现出以下特征：有高度的智能；真诚地推崇智慧与认知的活动；尊重自己的独立与自主；非常灵敏，可以有技巧地将观念表达出来；作品丰富，可以将事情完成；对哲学问题很感兴趣；自我期望很高；具有多方的兴趣；具有超俗的思想过程，并有异常的思考与联合观念的能力；非常有趣且引人注意；与人交往直率而坦白；行为合乎伦理与个人的标准。其中的前5项是富于创造性作家最突出的特征。②

2. 科学家与发明家

早在1903年卡特尔就已经研究美国的科学家，后来安妮·罗研究多位自然科学家和社会科学家，另一个卡特尔从各种科学家的传记中研究科学家的人格特征，推孟等人对科学家人格的研究不下10项。巴伦从中归

① 周国莉，周治金．情绪与创造力关系研究综述．天中学刊，2007，3：131-133.

② 郭有遹．创造心理学（第三版）．北京：教育科学出版社，2002.

纳出10种共同的特征：（1）具有高度的自我强韧力以及情绪稳定性；（2）对于独立与自治有强烈的需要，自我满足、自我指导；（3）高度地控制冲动；（4）具有超越的能力；（5）喜欢抽象思考，并有求知与赞美的欲望；（6）具有高度的自我控制以及强烈的意见；（7）在思考上拒绝群众的压力；（8）有较强的感应力和洞察力，但不喜欢与人交往，喜欢探索物质和抽象的问题；（9）只要在力所能及的范围内，科学家们乐于“对未知下赌注”；（10）对秩序、方法感兴趣，追求正确，但也不排斥矛盾、例外和无秩序的挑战。①

高夫曾经研究45位科学研究者的研究方式与人格之间的关系，得到八种个人因素的类型：（1）热心型。这种人献身于研究活动，视自己为勇往直前、不屈不挠的研究者，具有异常的数学技术及生气蓬勃的好奇心；别人觉得他们非常认真、尽责，且富有容忍力；但是与他人相处并不是很容易，也不是马上就能与他人合在一起。（2）主动者。这种人对于研究的问题反应迅速，才思敏捷，乐意提拔人才；他自认比较没有教条偏见，并且是一个很好的共同合作的人；旁观者将之视为野心勃勃，有条有理，勤奋不懈，是一个有效率而卓越的领袖。（3）诊断家。这种科学家视自己为一个好的评价员，能够很快而正确地诊断一个计划中的优点与弱点，并且具有改善解答研究难题的技巧；在方法上他没有很强的爱好与偏见，并尽量避免严词指责他人的错误；旁观者认为这些科学家有坚强与自信的态度，没有自私自利的意图。（4）学者。这种科学家记忆特强，爱好寻找细节与秩序；他不是一个完美的研究者，也不是一个没有休止的、刨根究底的寻求者；当工作发生困难时，他会毫不犹疑地去找人帮助，并自觉可以适应他人的思考；他在他那一门中知道得颇多，但也不会虚张声势；旁观者认为这类科学家相当勤勉周到，并非常可靠，但缺少自信心与决定

① Barron，F.，Harrinton，D.M. Creativity， intelligence， and personality. Annual Reviews of Psychology， 1981， 32： 439–476.

心。（5）巧匠。这种科学家可以很自由地给出他的时间，并乐于与其他科学家交流；他清楚自己的缺陷，不做能力之外的研究；相信自己可以将他人不成熟的观念整理重组成更有价值的观念；给他人一种诚实直率，好相处，善于观察，能共情的印象，并予以适当的反应。（6）审美者。这类研究者比较喜用分析的方式思考；对于研究的问题追求具有美感的解答；不喜欢进展迟缓，太规整和有条理的研究，对远大的目标感兴趣；他是以审美的眼光来看人生。（7）讲究方法者。这种科学家对于方法学上以及数量分析与观念化的问题极感兴趣。（8）独行者。这种人避免集体创作，不喜欢并避免与研究有关的行政琐节；他并不是一个进取而充满精力的研究者，但对于学术的确有一种蓬勃而富有生气的好奇心。[①]

菲斯特（Feist，1998）在一篇元分析的研究中发现，科学创造人才在人格上具有支配的、傲慢的、敌意的、自信的、自主的、内向的、动机强的、有抱负的特征[②]。西蒙顿（Simonton）在总结了近 40 年来对科学创造人才的研究后指出，科学创造人才都具有高出一般的智力、对新经验开放、自我强韧性、独立、内向、情绪倾向于不稳定等特征[③]。我国学者王极盛比较了创造型科学家与一般科学工作者的特征，认为在非智力因素方面，科学创造人才在事业心、勤奋、兴趣、责任心、求知欲、进取心、意志、自信心、意志顽强性、情绪稳定方面表现得更好[④]。张景焕和金盛华运用 Q 分类及多尺度分析方法，研究具有创造成就的科学家关于创造成就

① 杨国枢，余安邦，等．台湾地区心理学论著摘要汇编 人格及社会心理学（1954—1955）（上）。中央研究院民族学研究所，1999：152-269.

② Feist，G.J. A meta-analysis of personality in scientisfic and artistic creativity. Personality and Social Psychology Review， 1998， 4： 290-309.

③ Simonton，D.K. Expertise， competence， and creative ability： The perplexing complexities. In Sternberg R J， Grigorenko EL ed competence， ability， and creativity. The Psychology of Abilities， Competencies， and Expertise. New York： Cambridge University Press， 2003，213-239.

④ 王极盛．科学创造心理学．北京：科学出版社，1986.

的概念结构发现，取得科学创造成就的重要特征是“成就取向”和“主动进取”①。这些研究结果有很多一致的地方，但也有一些相互矛盾之处，矛盾主要体现在中国学者和西方学者的研究结果之间。这种中西方研究的差异也许正如谢光辉和张庆林所指出的，创造性人格中有一部分内容是与文化密切相关的，它们是创造性人格的外壳，是在特定文化条件下得以存在的条件②。

3. 社会科学家

心理学家对社会科学家人格的研究相对少些，最具有代表性的是马斯洛用整体分析法对一些众所周知的精英（如杰佛逊、林肯、罗斯福等）进行的人格研究，列出了 14 点印象：（1）比较有效地观察现实，而且与现实的关系也比较和谐；（2）接纳自己、他人以及自然；（3）自然流露，他们的行为没有矫揉造作，只有随遇而安，颇能达到率性的地步；（4）以问题为中心而非以自我为中心，他们通常有一个生命的目标，有任务尚待完成，有工作使其忘我；（5）超然物外，有保持不受他人打扰的需要，使他们能集中精神睡觉或从事工作；（6）自立自主，比较不受文化与环境的影响，他们不以现实环境为满足，不为环境所给予的种种打击与挫折而感懊丧；（7）不断地体验到新鲜的滋味；（8）有洞察玄奥与物我两忘的感觉；（9）具有大慈大悲、济世救人的社会兴趣；（10）具有很深厚的人际间的关系；（11）具有民主的风度，对各种各样的人都一视同仁；（12）对于方法与目的区分得很清楚，方法总是以目的为依归；（13）具有非敌意但又富于哲理性幽默；（14）创造性并不一定表现在写作、音乐、

① 张景焕，金盛华 . 具有创造成就的科学家关于创造的概念结构 . 心理学报，2007，39（1）：135–145.

② 谢光辉，张庆林 . 中国大学生实用科技发明大奖赛获奖者人格特征的研究 . 心理科学，1995，1：50–51.

绘画以及不朽的发明上，而主要是表现在健康的人格及日常的生活上。[①]

4. 建筑家

麦金农（Macrinnon）研究最富创造性的建筑家。研究的开始先由五名最著名大学的建筑系教授分别推选40位在美国最有创造性的建筑家。五名教授所推选的建筑家不尽相同，因此总共推选了86位。其中13位由五位教授不约而同共同推荐，9位由四位教授推荐，11位由三位教授推荐，13位由两位教授推荐，其余40位只由一位教授推荐，这40位建筑家再由其他没有推荐他们的教授重新就创造性评分。根据各位建筑家的创造性平均分数与工作的评语，最终选定了64位建筑家作为研究被试，有40位接受了邀请。此次至少研究了40位全美具有高度创造性的建筑家，发现100%富于创造性的建筑家都很有警觉性、艺术性，也都很有智慧，颇负责任；90%的人都积极，有自信心、勤奋、可靠；88%很有良心，富于想象力，并且很达理；85%很有进取心，有多方的兴趣以及独立性；82%精力旺盛、适应力颇强，有决心、有毅力，既率真而又诚恳；80%个人主义很强，而且也很庄重［郭有遹. 创造心理学（第三版）. 北京：教育出版社，2002］。麦金农在结论中总结富于创造性的建筑师的人格为“具有高度有效的智慧，愿接受各种经验，不受琐事所节制，也不受贫穷所束缚。他们具有艺术美之感受性，以及认知的伸缩性，思想与行动独立，精力旺盛，一心一意献身于创造，不断地给自己找来相当困难的建筑问题，然后又殚精竭虑地寻找各种创造的解答。”[②]布洛克则对建筑家进行了观察研究，并将结果记录如下：（1）崇美，有较好的审美能力和较强的反应能力。（2）对自己有很高的期望。（3）需要独立和自治。（4）多产，可以将事情完成。（5）表现有高度的智能。（6）真诚地推崇智慧与认知的活动。（7）

① 郭有适. 创造心理学. 台北：正中书局，1972.

② 转引自管炜. 天才与创造性——西方人才研究综述. 江苏社会科学，2011，12.

有意或无意地关心自己的妥当性。（8）非常可靠与负责任。（9）具有多方面的兴趣。（10）行为一向合乎伦理以及个人的标准。（11）在社交场合，常能从容大方，泰然自若。（12）爱好感官经验。（13）具有批评性、怀疑性，很难给予好印象。（14）在人与人交往中，表现直率而坦白。（15）谈风甚健。

从以上报告中可以看到，富于创造性的建筑家在人格特征上与富于创造性的艺术家、科学家以及社会科学家有一些类似之处：他们的智慧都很高，都很富于独创力、领悟力与抽象思考力；他们具有独立的思考与行动的习惯；他们求知与求美的兴趣很高，因此对经验有广大的开放性；除此之外，他们的生命都有一个明确的方向，以使他们夙夜匪懈，朝着理想的方向奋斗。

（二）以高创造力的儿童为研究对象

托兰斯通过调查 87 名教育家得出高创造力儿童的人格特征：调皮、荒唐不羁，行为不守常规，有幽默感，偶尔有玩世不恭的态度，有异性特征。具体表现为以下 17 条特征：（1）时常集中精神听别人说话、观察事物和注意别人的行动；（2）说话和作文时常用类比和推理；（3）较好地掌握了阅读、书写和绘画技能；（4）喜欢向权威挑战；（5）总想寻根究底，弄清事物的来龙去脉；（6）喜欢精细地观察事物；（7）非常希望把自己发现的东西告诉别人；（8）有较强的好奇心；（9）能在嘈杂的环境中专心工作，且不太注意时间；（10）能从乍看起来互不相干的事物中找出相互间的联系；（11）随时随地都在探究学问；（12）有自己独立的实验方法和发现问题的方法；（13）喜欢预测结果，并能努力地去证明这一预测的正确性；（14）很少有心不在焉的时候；（15）具有敏锐的观察能力，习惯对已知的事物和理论进行再思考；（16）习惯于自己决定学习和研究的课题；（17）喜欢寻找所有解决问题的可能性，习惯于从多方面探索事物发展的可能性。托兰斯对富有创造性的人格特点的概括比较全面，有可操作性。[①]这 17 条特征成为国际上许多创造性测验制定的基础。

追踪研究天才儿童数十年的美国心理学家推孟，所选择的天才儿童具备身体、智力和社会性三方面的优越性。他们的体重在出生时均在标准体重之上，在小学里他们的身高比其他同龄儿童平均高出约 3.3 厘米；他们开始说话和走路的时间都比较早；上学之后，绝大多数都显示出高度的领导能力和社会适应能力。他发现，在他的研究对象中，有一部分人成年后成就很大，另一部分人则成就一般。经过分析发现，前者具有四种共同的人格特征：完成任务的坚毅精神；自信而有进取心；谨慎；好胜心强。[②]

弗莱切（French）比较了超常儿童与同性别、同年龄的常态儿童的行为表现，归纳出超常儿童发展的特点：生理构造优异，说话、走路早，耐力及一般健康均超过常态标准；注意范围较广，能觉察常态儿童所不能觉察的事情；一般学习迅速，重复少，喜欢接受挑战；成熟地运用各种说话技巧；对事物能提出较多的问题，想探索深层的原因，以学习为乐；对有兴趣的事物，不管是否是儿童学习的东西，都不惜耗时而求之；适应能力强；有高度的独创力；具有一种或多种特殊才能；不轻易因失败灰心气馁；情绪较为稳定。[③]

钱曼君对 65 名 12~18 岁的青少年创造发明获奖者进行了人格调查，发现其显著的人格特征有：好奇心强、求知欲高、兴趣广泛、勤奋、有恒心、责任心强、自信、自我期望高、有独创性、适应力强、精力旺盛[④]。刘邦

① 高玉祥 . 健全人格及其塑造 . 北京：北京师范大学出版社，1997：305-306.

② 李红 . 幼儿心理学 . 北京：教育出版社，2007.

③ 刘文，李明 . 儿童创造性人格的研究新进展 . 湖南师范大学教育科学学报，2010，3：64-67.

④ 钱曼君，邹泓，肖晓莹 . 创造型青少年学生个性特征的研究 . 心理学通讯，1988，3：44-47.

惠等用“卡特尔十六种人格因素量表”测试获实用科技发明大奖的大学生，发现他们具有较高的敏感性、控制性和较低的乐群性[①]。杨素华等也用该量表对中国科大少年班的学生进行人格测查，发现了高稳定性、高恃强性、高敢为性、高创新性、高自律性、低乐群性、低兴奋性、低敏感性、低怀疑性和低紧张性等创造性人格因素。[②]

（三）以普通人为研究对象

许多研究者认为创造并不仅限于人群中极少的一部分人，而是人人具有创造力，创造力在个体身上只是存在程度上的差异。通过对普通大众的研究，一方面发现创造性人格的特点，另一方面发现创造性人格发展的轨迹。

崔淑范和翟洪昌研究管理人员创造性人格特征，研究对象来自机关 84 人、事业单位 12 人、企业 2 人，发现管理人员创造力总分略高于平均数，具有缄默孤独、严肃审慎、聪明、富有幻想、独立性强等特征。[③]

刘文对学前儿童的研究发现，3 ～ 6 岁幼儿都具有创造潜能。我国幼儿的创造性人格呈波浪式发展趋势，总体发展存在显著的年龄差异，但每个年龄阶段发展速度不均衡。4 岁是幼儿创造性人格发展的转折点。男生创造性人格的发展呈逐渐上升趋势，女生创造性人格的发展在 5 岁时稍有下降，但总体依然呈上升趋势，总体上女生创造性人格得分要高于男生。[④] 陈国鹏等对中小学生研究发现，高创造力者有以下人格特征， 即高乐群性，高智慧性，高好强性，高乐观性，高敢为性，低敏感性，低忧虑性，低紧张性。[⑤]

---

① 刘邦惠，张庆林，谢光辉 . 创造型大学生人格特征的研究 . 西南师范大学学报：自然科学版，1994，10：553–557.

② 查子秀 . 超常儿童心理学 . 北京： 人民教育出版社，1993.

③ 崔淑范，翟洪昌 . 管理人员创造性人格特征研究 . 健康心理学杂志，2000，3：243–245.

④ 刘文，李明 . 儿童创造性人格的研究新进展 . 湖南师范大学教育科学学报，2010，3：64–67.

⑤ 陈国鹏，宋正国，林丽英，等 . 我国中小学生创造力与智力和人格相关研究 . 心理科学，1996，3：154–159.

韦楠舟运用16PF研究广西少数民族高中生的创造性人格，每种因素分数高低评价的依据是标准分数（T），T ≥ 8 为高分，T ≤ 3 为低分，即标准分在8分以上的属于高创造性者，而标准分在3分以下的则为低创造性者，其他以此类推，结果发现，低乐群性、低兴奋性、高敏感性、低世故性、高实验性、高独立性是其创造性中极其显著或较为显著的人格特征。①

聂衍刚和郑雪研究来自广东省不同学段（小学三年级～高中三年级）、学校（省级、市级与农村学校）、年龄（9~19岁）和家庭类型（双亲与单亲）的3729名在校学生，发现9~19岁中小学生创造性人格发展可以分为几个不同阶段。②

三、研究方法

（一）质性研究

创造性人格研究之初，人们认为高创造力者在人群中所占比例是非常低的，因此可以获得的研究样本非常少，一旦获得研究样本，都希望能进行深入的研究，因此常常采用深入的访谈或传记分析法，对创造性个体进行描述性分析。

1. 访谈法

从1990年到1995年，米哈伊·奇凯岑特米哈伊与其学生研究了91位富有创造力的人物的创造性人格，其主要采用的方法为访谈法。③除了极少数的例外，采访都在采访对象的办公室或家里进行。采访过程被录下来，然后逐字逐句转录出来。访谈通常耗时2小时左右。研究者的采访表

---

① 韦楠舟．广西少数民族高中生创造性人格的研究．广西师范大学硕士论文，2003.

② 聂衍刚，郑雪．儿童青少年的创造性人格发展特点的研究．心理科学，2005，28（2）：356-361.

③ ［美］奇凯岑特米哈伊，夏镇平译．创造性：发现和发明的心理学．上海：上海译文出版社，2001.

上有一些用来询问采访对象的普通问题，顺序与措辞根据不同采访对象稍作调整，尽可能使采访像自然的谈话一样。采访表包括四部分内容，第一部分是事业和生活重心，第二部分是人际关系；第三部分是工作习惯；第四部分是注意力结构和动力。然后从采访对话中提取出共同的规律性的东西。

以下三段谈话分别来自于雕塑家尼娜·霍尔顿、发明家雅各布·拉比诺夫、物理学家和发明家弗兰克·奥夫纳的采访谈话。从中看到创造性个体具备的一个共同特征：对待工作一方面是玩笑的态度，另一方面有一种顽固、坚持、不懈的态度。

“无论你告诉谁说你是一个雕塑家，他们都会说：‘哦，多开心呀，真奇妙’。而我就要说：‘这有什么奇妙的？’我的意思是，干这个工作就是半个泥水匠，或半个木匠。但他们却不愿听到这种话，因为他们确实只想到这行当的第一方面，即令人兴奋的方面。然而，正如赫鲁晓夫曾经说过，那可不是煎薄饼，你明白吗？一种想法的萌芽并不会让一座雕塑竖立起来。它就搁在那里。因此，接下来的一步当然就是艰苦的工作。你真的能把它转变成一座雕塑？或者它只不过是你一个人坐在工作室里看起来像是令人兴奋的野性玩意儿？它会不会像什么东西？你真的能动手干？你能亲手把它做成？你有哪些材料？因此，第二步就是大量艰苦的工作。你瞧，雕塑就是这么回事。它是奇妙的、野性的想法和大量艰苦工作的结合。”

“是的，我赞成用一种技巧。当我要干一项需要费很大的劲、慢慢地干的工作时，我就设想自己在监狱里。不要笑。如果我是在监狱，时间就无足轻重。换句话说，如果需要花一个星期来干，我就花它一个星期。否则我又能干什么呢？我要在监狱里待上 20 年？你明白吗？这是一种智力技巧。因为否则你就会说：‘天哪，这行不通。’于是你就犯了错误。但用我的方法，你会说时间根本就无足轻重。人们开始说，这样干会花掉我多少时间？如果我同别人一起干，那就是一小时 50 美金、一小时

100美金。这全是废话。你要忘记一切，只想着必须要把它干成，这对我一点问题也没有，通常我都干得很快。但如果某件工作需要我花一天时间拼这一部分，然后第二天再拼另外的部分，那将花我两天时间——我对此根本不在乎。”

“啊，我也许是在半夜想到答案的。当我刚开始研究耳膜问题时，我的妻子会在半夜踢踢我，对我说：别再去想你那耳膜问题，上床睡觉吧。”

访谈法往往是现象的描述，所以关于创造性人格的研究成果基本上是描述性的。如米哈伊·奇凯岑特米哈伊访谈91位富有创造力的人物，认为创造性个体身上有十对明显对立的品质以一种辩证的对立结合在一起：（1）体力充沛，但时常处于休息与静止状态；（2）既聪明又很天真；（3）既顽皮又守纪律，既负责任又不负责任；（4）既扎根于现实生活中，但又时常徜徉于幻想之中；（5）既有外向的一面又有内向的一面；（6）自卑与骄傲同时存在；（7）创造者身上都体现出与自己性别相反的性格特征；（8）既是反传统的又是立足于传统的；（9）创造者对工作既热情同时也不乏客观冷静的态度；（10）创造者的敏感与开放的特点既带给他们无限痛苦也使他们获得了灵感从而得到无限快乐。

由于高创造力的个体十分稀少，而愿意作为心理学研究被试的更是少之又少，因此采用访谈法十分必要，因为访谈法能够真实、深入地了解每一位被试，这对于充分挖掘和利用被试的有效信息，获得规律性的结论是非常重要的。

2. 传记分析法

传记分析法是以某些名人的传记为研究对象，从中分析出其创造性人格特征。该研究方法所研究的对象都是已经做出创造性成果的名人，其创造性成果是为世人所公认的，因此以这种方法来研究的对象基本上都是高创造力的人。Cox选取在1450—1850年之间的252名天才的传记加以研究[①]，Therivel 分析了莫扎特的人格特点[②]，他们都认为情绪稳定、独立自制、控制冲动、卓越的能力、喜欢抽象思考、能自我控制、拒绝群众压力、喜欢冒险探索、喜欢秩序但也接受矛盾的挑战是创造个性的典型特征。甘自恒从数十位有代表性的中国当代科学家的传记和相关文献中概括出中国科学家创造性人格的 10 种基本素质：高尚的理想和志向；爱国主义精神；善于合作的精神；善于提出和讨论问题的精神；善于综合、勇于创新的精神；甘于奉献、敢冒风险的精神；求实严谨的治学精神；逆境发愤、老当益壮的精神；尊敬师长、关爱晚辈的精神；争创一流、再创辉煌的精神。[③]

（二）量化研究

1. 测验法

自陈量表是研究者研究创造性人格常用的工具。使用最多的有以下几种：

卡特尔 16 种人格因素（16PF）问卷测量 16 种根源特质，能够较全面反映个体的人格特征。卡特尔用该问卷搜集了 7500 名从事 80 多门职业及 5000 多名有各种生活问题的人的人格因素测验结果，详细分析了各种职业部门和各种生活问题者的人格特征和类型，通过综合多种人格因素得分提出了“预测应用公式”，其中有一个公式是测验创造力强者的人格因素。国内学者经常选用 16PF 研究不同人群的创造性人格特点。

威廉斯创造力倾向测验是美国著名的创造力教学研究专家威廉斯（F. E. Williams）设计的，被认为是一个“信度高、效果好”的测量创造性人格的工具。主要测量被试的好奇心、想象力、挑战性和冒险性四个特质。好奇心是指：（1）有刨根问底的精神；（2）想法多；（3）能接触模

---

① 陈昭仪：创造者人格特质研究 . 资优教育季刊 .1989，35：43-45.

② Therivel，William. A. Creative genius and the GAM theory of personality：Why Hozart and not Salieri？ Journal of Social Behavior&Personality，1998，13（2）：201-234.

③ 甘自恒 . 中国当代科学家的创造性人格 . 中国工程科学，2005，5：35-42.

糊情境；（4）乐意深入探索事物的奥秘；（5）对于非同寻常的事物有较强的把握能力。想象力是指：（1）建立画面感；（2）多幻想；（3）有较好的直觉能力；（4）不拘泥于直观感受和现实。挑战性是指：（1）喜欢多种可能；（2）能看清可能性与现实的距离；（3）善于从乱中理出秩序；（4）对复杂的问题有探究欲望。冒险性是指：（1）有勇气面对失败或批评；（2）敢于猜测；（3）能在杂乱的环境下完成任务；（4）努力维护自己的观点。

加州心理调查表（CPI）也被用来研究人格与创造力关系。如 Parloff 等人使用 CPI 对高低创造力青少年和成人进行了对比，结果显示，与低创造力者相比，高创造力者更坚定自信、更有进取心、更坚强、更狂放不羁等。Runco 和 Albert 使用修订的 CPI 对天赋高的青少年与父母的人格进行研究，发现高创造力青少年的发散思维与 CPI 相关显著，与其父母的 CPI 无显著相关。①

艾森克人格测验（EPQ）也被用来研究人格与创造力的关系，许多研究发现 P 值与创造力间有联系。另有研究使用 EPQ 研究发现，创造力除了与精神质相关外还与外倾性相关。NEO-FFI 作为人格五因素量表，也被用来研究人格与创造力的关系。

专门用来测量儿童的创造性人格的量表有：中国少年非智力个性心理特征问卷（CA-NPI）、小学生非智力个性特征问卷、学前儿童非智力个性特征测验。CA-NPI 分别测试六项非智力个性特征：抱负、独立性、好胜心、坚持性、求知欲、自我意识，适用于 12~15 岁的中国男女少年。小学生非智力个性特征问卷以独立性、好胜心、坚持性、求知欲、自我意识等五个非智力个性心理特征作为测试的项目，适用于 6~12 岁的小学儿童；学前

① Runco，M.A.，Albert，R.S. Parents 'personality and the creative potential of exceptionally gifted boys. Creativity Research Journal，2005， 17：355- 367.

儿童非智力个性特征测验以六个与智力发展有密切关系的非智力个性特征作为测试项目，它们分别是：主动性、坚持性、自制力、自信心、自尊心和性格的情绪特征，该量表适用于4~6岁的幼儿。

投射测验也被心理学家用来研究创造性人格。安妮·罗采用罗夏墨迹测验和主题统觉测验研究富有创造力的生物学家、物理学家、植物学家和解剖学家，发现物理学家有冲动与自我中心的倾向；植物学家性情相当平和，对环境有良好的适应，并没有什么怪僻的行为；解剖学家缺少对智慧的控制；生理学家对切身的问题最为关心；遗传学家则比较多姿多彩，对情绪有比较高度的支配。投射测验显示艺术家有很严重的罪恶感，而且普遍具有焦虑、神经症，以及由内心的创伤所引起的情绪不稳。

自陈量表能快捷、方便地大量测验受测者，被研究者广泛采用，但由于每种量表都有一定的理论前提，而目前关于创造性人格没有形成统一的结论，因此形成了研究结果各不相同的局面。投射测验具有隐蔽性的特征，它能弥补自陈量表测验、访谈法的一些不足，能够发现被试不愿意呈现的特征，但由于其经验性的特征使其难以大规模地操作，国内心理学界采用比较少。

2. 公众观调查法

公众观调查法是调查普通群众区分创造性与非创造性的标准的方法。这种方法是将已存在于人们心中的对于创造性人格的观念组织起来，而不是要建立一个新的理论。这些观念与理论是来自于现实生活，具有很高的生态效度，因此被认为是一种十分重要的方法。该方法一般以大规模的问卷调查的形式存在，有预调查与正式调查两个环节。Rudowics 在香港境内使用公众观调查法探讨了香港民众对创造性人格的看法。[①] 国内蔡华俭等

① Rudowicz E., Hui, A.The creative personality: Hong Kong perspective. Journal of Social Behavior&Personality, 1997, 12 (1): 139-157.

也采用此方法在上海地区做了一次调查。调查对象都是普通民众，调查问卷都为自编的关于高创造性者的重要特征的评定表。综合这两个研究的结果发现，想象力丰富、思维方式独特、思维活跃、思维清晰、积极思考是创造个性的共同特征。[①]

（三）定量与定性研究相结合

为了弥补单一方法的不足，研究者在创造性人格研究当中倾向于将定性研究与定量研究结合起来使用。

巴伦对富于创造性的作家进行创造性人格研究，采用的是心理测量、谈话法和实验法等多种方法相结合的方式。从投射测验、谈话和在评估背景中的自然观察中获得的材料本身，很难整理成能在其他研究中加以检验的论据形式。研究者采用了 Q 分类描述。这种综合描述是用如下常用的方法获得的：每个评估人员在为期三天的评估结束时，在彼此不进行讨论的情况下，使用由常用的 100 个句子组成的一套特定措词对每个被试进行描述。这种分类卡片的构思主要是为了便于分析推论。分类依据一个 9 分制的量表，它勉强呈正态分布。然后，根据整个评估小组的意见算出选定句类的平均分，以获得对每个被试的综合描述；而且，这些选定的句类又依次算出平均分，以获得对这群作家的综合描述。

谷传华和陈会昌对创造性历史人物的传记分析法加入了量化分析元素。他们以孙中山等 30 位 1840 年以后去世的历史资料相对充分的政治家、军事家、社会活动家为研究对象，研究资料以纪实性的名人传记、人物自传、回忆录、日记和有关档案为主，排除史实性不强的杂记、传说，考察了他们在童年和青少年时期、成年初期、成年中期、成年晚期 4 个时期人格的主要特征及其变化。研究所采用的研究工具是在黄希庭等编制的人格

① 蔡华俭，等．创造性的公众观的调查研究（Ⅰ）——关于高创造性者的特征．心理科学，2001，1：46–51.

形容词检测表基础上形成的具有良好的结构效度的人格形容词检测表，包括254个词项，采取7级评定，分别为“完全不符合”、“比较不符合”、“有点不符合”、“不能确定”（或“在该特征上不明显”）、“有点符合”、“比较符合”、“完全符合”。请评定者根据人物的实际情况，核对每个形容词符合每个人物的程度，并进行评价。然后，运用主成分分析法对人格特征变量进行探索性因素分析，根据特征值和因素解释率，从中抽取若干个主因素并命名。结果表明：各个时期的人格均可抽取5个主因素；成年中期是社会创造性人格的“转折期”，前2个时期以有为性为主，后2个时期以自律乐群性与尽责有为性为主，社会创造性人格的发展具有明显的连续性和间断性。①

张景焕和金盛华在研究科学家关于创造的概念结构时，先通过质性研究的访谈法收集相关资料，然后通过Q分类方法和多尺度分析方法将收集到的现象学资料进行量化分析。②这种结合既能获得具体生动的研究材料，又能实现科学研究所必要的数量分析，是创造性人格研究中比较常用的做法。

第三节　创造性人格的发展规律及培养

一、创造性人格发展的年龄特征

在幼儿阶段，齐璐和刘文在研究中发现：3~5岁幼儿的创造性人格发展水平随着年龄的增长而提高，总体发展上存在显著的年龄差异；在性别上，女生的总体创造性人格得分略高于男生但不显著；幼儿创造性人格发

① 谷传华，陈会昌．社会创造性人格发展的历史测量学研究．湛江师范学院学报，2006，27（4）：91-95.

② 张景焕，金盛华．具有创造成就的科学家关于创造的概念结构．心理学报，2007（1）.

展的关键期为4岁[①]。邓晨曦以超常幼儿为研究对象的研究发现了基本一致的发展趋势，即3~5岁超常幼儿创造性人格的发展存在显著的年龄差异，在3~4岁迅速发展，4~5岁缓慢发展，同样，关键期也是4岁，而且也不存在性别差异；但通过与普通幼儿的对比显示，3~5岁超常幼儿的发展水平无论在总体还是在不同特质上都显著更高；3~5岁超常与常态幼儿在自控能力的发展上存在显著差异，超常幼儿自我延迟满足的延迟时间较长，高级延迟策略使用较多[②]。

进入儿童青少年后情况又有所不同。聂衍刚和郑雪对3729名（9~19岁）中小学生的创造性人格发展的总体情况进行了调查，结果发现：在11岁以前呈先快后慢的下降态势；从11岁到12岁略有回升，其后至15岁期间基本保持稳定但稍有下降；15岁至17岁是创造性人格发展的突变期，先是迅速下降，16岁降到最低点，之后又迅速上升；17岁至19岁之间虽然速度减缓，但仍然保持上升势头；到19岁速度恢复到15岁以前的水平后又重新有所下降[③]。申继亮和王鑫也发现了这种下降，得出青少年创造性倾向的发展趋势在总体上呈倒V型趋势的结论，初一阶段是创造性倾向发展的关键期[④]。支持这一结果的还有孙慧明、钱美华的研究结果[⑤⑥]。可见，儿童青少年创造性人格的发展不是一个简单上升或下降的过程，而会有所起伏。

斯契夫尔（Schaefer，1973）对一些青年人进行测试后，开展了5年的

① 刘文．创造性人格与儿童气质研究．北京：中国大地出版社，2010.

② 邓晨曦．3–5岁超常儿童创造性人格发展特点及相关影响因素研究．辽宁师范大学硕士学位论文，2012.

③ 聂衍刚，郑雪．儿童青少年的创造性人格发展特点的研究．心理科学，2005（2）.

④ 申继亮，等．青少年创造性倾向的结构与发展特征研究．心理发展与教育，2005，4：28–32.

⑤ 孙慧明．中小学生创造性人格问卷的编制及其相关研究.2007.

⑥ 钱美华．青少年创造性人格结构和发展特点的研究．北京师范大学硕士学位论文，2006.

跟踪调查。他把这些青年人按四个标准分成四组（每组100人）：创造性男作家/艺术家、创造性男科学家、创造性女科学家、创造性女作家。每个组中大约有一半的人5年后再次测试，这时他们都已进入成年期（成年早期）。结果发现，创造性人才在青年时期得分高的项目，在成年后依然很高①。这说明从青年期到成年早期创造性人格是具有一致性的。在另一项研究中，杜代克和哈尔（Dudeck & Hall，1991）通过研究三个建筑家群体发现，低创造群体在25年中一直保持较好的社会合作性，而高创造性群体则有较高的自主性和独立性②。

上述结果说明，创造性人格在不同年龄阶段不仅在发展水平和发展趋势上有所差异，甚至在具体特质和内容上也有明显的年龄烙印。这给我们的启发是，不可用单一僵化的眼光看待创造性人格，对创造性人格的审视需要有创造性眼光。

二、创造性人格发展的影响因素

显然，根本不可能用某种单一的因素来解释创造性人格的发展问题，它是各种因素通过极其复杂的方式交互作用而成的。我们在这里只能从几个大的方面加以介绍。

（一）家庭方面

家庭环境对个体创造性人格的影响已得到大量研究的证实。Feldman概括指出，在家庭环境诸因素中，家庭的遗传史、父母的生育年龄、儿童的出生次序和性别、父母的职业或职位、家庭资源的数量和种类、宗教信

① Schaefer，C.E. A five-year follow up study of self-concept of creative adolescents. Journal of Genetic Psychology，1973，123（1）：163-170.

② 转引自邹枝玲，施建农．创造性人格的研究模式及其问题．北京工业大学学报：社会科学版，2003（2）：93-96.

仰等都会影响到父母对孩子才能的认同、鼓励、训练和指导，进而导致创造性发展的差异[①]。Simonton对有关创造性的历史测量学研究进行总结，发现创造性发展最常见的6种影响因素包括出生顺序、智力早熟、童年创伤、家庭背景、教育和训练、角色榜样和导师[②]。Runco指出，促进创造力发展的重要的环境特征是宽容、有节制以及资源丰富[③]。研究显示，家庭环境中的知识性、独立性、娱乐性、控制性和道德宗教观都能影响儿童的创造性态度，如，在家庭环境娱乐性气氛中，家庭成员“经常去朋友家玩”、“常看电影和体育比赛、外出郊游”，这种环境有利于儿童培养出向往新奇和奇迹、对于新颖好玩的事物能倍感欢欣的创造性态度。而控制性家庭环境下的儿童可能会习惯于接受和听从，不利于培养出创造性的态度。[④⑤]

关于早期家庭教育对创造性人格的影响，有两点共识：首先，早期教育在创造性个体形成上具有积极作用，早期教育并不是一个人最终取得创造性成就的保证，但它有助于这种可能性。其次，不适当的早期教育具有一定负效应。例如，对儿童进行严格训练可能造成其智力早熟，从而使其失去发展一些非智力因素的机会。此外，父母对孩子的过分关注也会造成负面影响。例如，在“温室”中成长起来的儿童难以形成那些必须通过生活实践才能获得的个人品质。

豪（Howe，1998）曾以早期家庭教育与创造性的关系为主题做了比较系统的研究。他依据个人早期家庭背景条件（有无良好的早期教育背景）、

① 张庆林，Sternberg. 创造性研究手册 . 成都：四川教育出版社，2002，3.

② Thomdike，R.L. Factor analysis of social and abstract intelligenee. Jomal of Education Psychology，1936，（27）：231-233.

③ 转引肖雯 . 中学生社会创造性的发展及其相关因素 . 华中师范大学硕士论文，2008.

④ 李金珍，王文忠，施建农 . 儿童实用创造力发展及其与家庭环境的关系 . 心理学报，2004，36（6）：732-737.

⑤ Khasky，A.D.，Smith，J.C. Stress，relaxation states and creativity. Perceptual and Motor Skills，1999，88：409-416.

儿童期的特别进步（是否是神童）、成年后的成就（有无创造性成就），将人分为八种类型，并对其中六种类型进行了分析（另两种人是早期无良好的早期教育条件，也不是神童，在成年后也无创造性成就的人和有良好的早期教育背景，但没变成神童，成熟后也无创造性成就的人）。这六种类型分别是：（1）有良好的早期教育背景、儿童期是神童、成人后有创造性成就的人；（2）有良好的早期教育背景、儿童期是神童、成人后无创造性成就的人；（3）有良好的早期教育背景、儿童期不是神童、成人后有创造性成就的人；（4）无良好的早期教育背景、儿童期是神童、成人后有创造性成就的人；（5）无良好的早期教育背景、儿童期是神童、成人后无创造性成就的人；（6）无良好的早期教育背景、不是神童、成人后有创造性成就的人。

对中国科技大学 79 级少年班的 29 位学生的调查研究发现，其中绝大多数受过系统的学前教育。许多家庭在孩子出生以后，就为其制订了系统的家庭教育计划，并能严格有效地加以执行。在个体成长早期，父母不仅会尽力为孩子提供良好的发展环境和有利条件，激发其求知欲，而且能够采取各种有效方法对孩子因势利导，培养包括读书、写字、计数在内的各种能力，以及良好的学习习惯和行为习惯[①②]。家庭的早期教育本质上是要孩子在智力发展最关键的时期抓住充分发挥潜能的机会，为将来的发展奠定基础。

家庭的教养方式也是影响儿童形成创造性人格特征的一个因素。Radin 提出了四种发展儿童创造力的家庭教育方式：1. 允许孩子参与，明确规定和限制；2. 鼓励孩子表达期望，适当运用惩罚；3. 提供给孩子各种玩具和材料；4. 家长参与孩子的学习活动。Lim 等发现，高接受性的父母教育方

① 刘玉华，朱源 . 中国科技大学少年班学生心理特点初探 . 心理学探新，1983（7）.

② 刘玉华，等 . 社会环境在少年大学生个性形成中的作用 . 教育与现代化，1988（12）.

式与孩子的高创造性相关显著[①]。还有研究者采用《威廉斯创造倾向量表》和《父母教养方式量表》对小学生进行研究，结果显示，母亲情感温暖、理解与好奇心具有显著的正相关；而母亲的拒绝否认、惩罚严厉与想象力维度具有显著的正相关；相比之下，父亲教养方式各维度与其创造性人格各维度分以及总分都不存在显著的相关[②]。

父母的文化程度和职业不同也会影响创造性人格的发展。研究显示，父亲文化程度不同的被试，其联想力和创新力存在显著的差异；父亲职业不同的被试，其在联想力、创新力、灵活性维度上的得分存在显著差异；母亲文化程度不同的被试，其想象力和灵感维度的得分存在显著的差异；母亲职业不同的被试，其联想力、创造力维度的得分存在显著的差异[③]。

还有研究表明，母亲的人格特征以及她对孩子的态度也会影响儿童创造性人格的形成。Nichols 对母亲抚养儿童的态度的调查发现，母亲的专断性抚养态度与儿童的独创性和创造性是呈负相关的。也就是说，专断性抚养态度倾向于促进遵从，却抑制儿童的创造性。多米诺关于母亲特点的研究表明，具有创造性的学龄男孩的母亲表现出较高的自信、主动、自我能力强、喜欢变化和无系统的要求、更具直觉、更易宽容别人、珍惜自治和独立性。但她们同时又缺乏认真、可靠性、欠守纪律、不善交际、不太关心是否给人留下好印象、对别人更少关心和帮助。另有研究发现，高创造性儿童的母亲兴趣爱好更广泛，更能平等待人，更能鼓励孩子与外界联

---

① Lim，S.，Smith，J. The structural relationships of parentingstyle， creative personality， and loneliness. Creativity Research Journal， 2008， 20（4）： 412–419.

② 陈秀娟，葛明贵 . 小学生创造性人格与父母教养方式的关系研究 . 卫生软科学，2009，3：301–303.

③ 单玲玲 . 创造力内隐观和家庭教养方式对大学生创造性人格的影响 . 华中科技大学硕士学位论文，2006.

系[①]。这似乎暗示着创造性儿童的母亲可能本来就有较高的创造性，具有创造性人格特征，并由此影响孩子创造性人格的形成。

（二）学校方面

学生到了入学年龄以后，大部分的时间都在学校中度过的，而且学校教育是有目的、有组织、有系统的教育。因此，在进入学校后，学校比家庭对学生创造性人格的形成有更大的影响。聂衍刚和郑雪的研究表明，不同类型学校学生的创造性倾向水平在各个学段都存在差异，并存在不同的发展趋势，其中重点学校学生创造性人格倾向的变化方向是向下的，其显著的下降发生在初高中之间[②]。

在学校，教师对学生创造性人格形成影响最大。要培养学生的创造性人格特征，就需要创造性的教师。王静采取质性研究的方法对我国现阶段在社会人文和艺术领域公认取得创造性成就的高创造个体进行研究，发现人文社会科学与艺术创造关键影响源按重要程度从大到小依次为：老师，家庭，密切交往对象，虚体人物，政治人物，思想引领者[③]。教师与学生是直接相互作用的。有研究探讨了教师的态度对学生创造性的影响：教师对学生自主的重要性的认识与儿童倾向于挑战、好奇心、独立控制自己的愿望有明显的相关，而且当学生认为自己的教师是从内心积极工作时，学生就会把自己看成是较有能力的并认为自己也是受到内部推动的。有访谈对象认为，所谓创造性的教师，就是那些善于吸收最新教育科学成果，将其积极运用于教学中，并且有独特见解，能够发现行之有效的新教学方法的教师。创造性的教师具有创造性的人格特征，如自信心强，热爱创造性

① 王灿明．儿童创造教育论．上海：上海教育出版社，2004，01.

② 聂衍刚，郑雪．儿童青少年的创造性人格发展特点的研究．心理科学，2005，28（2）：356-361.

③ 王静．系统教育在创造性人才塑造中的作用的质性研究．心理科学，2009，4：873-876.

学生，好奇心重，具有幽默感，有较高的智力，兴趣广泛，言谈自由，开放等。教师在学生创造性人格特征形成的过程中起着非常重要的作用，因此，教师应从多方面培养学生的创造性人格。

首先，也是最重要的，教师要热爱有创造性的学生。一般说来，没有教师不希望自己的学生成为有创造性的人，但不一定每一位教师都喜欢有创造性的学生。创造性高的学生通常也是比较有个性的学生，因此不太合群，对集体活动兴趣不大。创造性学生的一些人格特征，如孤僻、淘气、爱怀疑权威等，都是很多教师不能容忍的。由于传统教学观念的影响，教师们更喜欢听话的学生，不喜欢课堂上的质疑问难。这对于学生创造性人格的发展是不利的，因此，教师应该意识到，那些不守常规的行为中也许含有创造性的种子。教师应该热爱这类学生，善意引导，扬其长而避其短，不要动辄指责。

其次，要注意区别学生的创造性人格特征和不良的人格特征，发展和促进创造性人格特征。关于这一点，曾有人为教师提出了这样几条意见：（1）区别独立个性和倔强的个性。（2）区别保留个性和畏缩、退避的病态行为。（3）区别深思熟虑与犹豫不决。（4）区别学习、求知、好奇和念书、背诵、应考的行为。（5）区别客观评判和故意非难。富于创造性的学生多采取较新颖的、想象性的、与众不同的思想和行为。因为思想和行为不遵守成规，他们对于本身或社会群众都会有意或无意地特别严谨。估价和批判是精益求精的必要过程，但是过分的非难和挑剔可以消灭正在孕育的新思想，阻塞新的思路。

托兰斯提出了发挥孩子创造潜力的5条具体建议：（1）尊重非同寻常的疑问；（2）尊重非同寻常的观念；（3）让学生意识到其观点是有价值的；（4）给予尽可能多的学习机会；（5）给予做出评价的原因。

最后，教师的教学风格也是影响学生创造性人格特征发展和培养的因素。如果教师的教学风格生动有趣，有声有色，赋予教材以新意和活力，这将极大地促进学生的创造性人格特征的培养。曾有学者总结创造性教师的教学风格后，列举出了其中有利于学生的几条方法：（1）放弃权威态度。权威态度极大阻碍创造性的发展。教师要培养学生的创造性人格特征，就必须在班级内倡导合作、融为一体的作风。创造良好的气氛也很重要，使学生在一定限度内自由地行动和自己负责实验。（2）使学生变得积极，自己主动学习，自己去发现问题、实验和提出假设。教师必须促进学生的自我首创精神。（3）延迟判断。教师要学会不立即对学生的创新成果予以评价，而是给他们足够的时间去创造。（4）鼓励学生独立评价。也就是用自己的标准去评价别人的想法。（5）重视提问。教师要对学生的提问表现出浓厚的兴趣，并认真对待。同时他们自己也提一些不拘泥于课本的问题以刺激学生的思维。（6）尽可能创造多种条件让学生接触各种不同的概念、观点、材料、工具等。（7）注重对学生挫折忍受力的培养。（8）注重整体结构。教师应注重知识各组成部分的联系，不是机械地、零散地、无联系地传授给学生，而是把知识系统地教给学生。

其他因素，如班级的构成也有一定作用。刘文和魏玉枝以幼儿为研究对象，发现混龄班中4、5岁幼儿创造性人格的发展水平显著高于同龄非混龄班，混龄的教育方式对4岁和5岁幼儿创造性人格的发展与培养具有积极的作用①。

（三）社会文化方面

一些心理学家从跨文化的角度研究了社会的开放程度及价值观念对创造性人格形成和发展的影响。雷纳（Raina）以印度男女学生为对象，比较了两性间创造力的异同。由于印度社会女性倍受环境限制，社会期望女性表

① 刘文，魏玉枝．混龄教育中幼儿心理理论与创造性人格的关系．学前教育研究，2010，8：33-38.

现坚强的自制、和气、服从以及从众，不期望女性表现任何野心，以及表现超越常理的或独立创造的思想，因此，印度女性在创造力上显著低于男性。[①]斯特劳斯（Straus）的“从众与抑制”原理指出，儿童的创造力随着要求其从众的程度而异。要求从众程度越高，儿童创造力便越低。为此，他对印度孟买与美国明市两所初中的学生进行了一种非语文的创造力测验。结果发现，明市的儿童在流畅性与应变性上均较孟买儿童高。这是由于印度社会不鼓励儿童表达个性，社会期望儿童多方面服从。美国则甚为重视个性表现，儿童的意见常受到尊重，父母也关心儿童的兴趣与潜能的发展。何昭红在高中生创造性人格发展与教育研究中，发现学生独立性得分都很低，这可能与中国文化注重群体关系有关，个体只是群体中的一员，他必须服从群体[②]。

（四）个体差异性

许多研究者认为创造性人格也因个体各方面的差异性而表现出不同。Taylor 和 Holland 认为，学生的创造力与思维间存在一定的关系[③]，创造者的灵活性、新奇性、渗透性、自律、坚持性、适应性、幽默感、容忍性、冒险性、自信心、怀疑精神及对问题的记忆和再认都会受到发散思维的影响；正是由于个体创造性思维的类型和倾向不同，创造性人格的类型和表现也有所差异。人类的创造性活动同其他所有活动一样，也需要动机的激发和维持。Prabhu 的研究证实了内在动机对创造性与人格的经验开放性特质的潜在调节作用，指出自我效能与创造力的发展关系密切，而外在动机对自我效能与创造性以及坚定性与创造性的关系的影响是消极的。[④]内

① 董烈霞．创造性人格及其教育建构．武汉：华中师范大学，2004.

② 何昭红．高中生创造性人格发展与教育研究．南宁：广西师范大学，2004.

③ Christine Fiorella Russo. A Comparative Study of Creativity and Cognitive Problem-solving Strategies of High-IQ and Average Students. The Gifted Child Quarterly，2004，48（3）：179-189.

④ Prabbu，V.，Sutton，C.，Sause，W. Creativity and Certain Personality Traits：Understanding the Mediating Effect of Intrinsic Motivation. Creativity Research Journal，2008，20（1）：14.

部动机激发着儿童青少年的好奇心，他们学习是为了自我满足、挑战高难度的任务，他们渴望独立自强，并能从学习活动中获得更多乐趣。此外，Rogers 指出，富于创造的人都具有与众不同的创造气质。国外相关研究揭示，气质是个体创造性人格发展的“探测器”。二者的关系研究表明，儿童的去抑制性是其成年后人格特征的“预测器”，去抑制性与外倾性和自我效能感密切相关，儿童的气质和人格特征间的关系在很大程度上也受社会因素的影响①。高创造性个体的神经质、循环型情感、情绪不良和开放性似乎与其创造力有差异性的联系，神经质与消极情感有关，循环型情感反映了情感的多变性，而开放性中认知灵活性的成分则有助于个体创造力的发展②。

认知和神经科学的发展也开始探讨创造性人格的脑机制问题。几个针对爱因斯坦的研究团队发表研究成果认为，爱因斯坦的高创造性与大脑皮层的神经细胞分布密度以及顶叶的特异性有关③④⑤。采用不同脑结构影像技术的研究可能证明，脑的总体积与创造力有明显的正相关，且与额叶这类脑前部结构相关关系较为明确⑥⑦。由于额叶与人格的密切关系，这些脑

---

① Marek，B.，Martin，J.，Terezie，O. Assertive Toddler，Selfefficacious Adult：Child Temperament Predicts Personality Over Forty Years.Personality and Individual Differences，2007（43）：2127-2136.

② Connie，M. Strong，Cecylia Nowakowska，Claudia M. Santosa，et al. Temperament-creativity Relationgships in Mood Disorder Patients，Healthy Controls and Highly Creative Individuals. Journal of Affective Disorders，2007（100）：41-48.

③ Diamond，M.C.，Scheibel，A.B.，Murphy，G.M.，et al. On the brain of a scientist：Albert Einstein. Experimental Neurology，1985，88：198-204.

④ Anderson，B.，Harvey，T.Alterations in cortical thickness and neuronal density in the frontal cortex of Albert Einstein.Neyroscience Letters，1996，210：161-164.

⑤ Witelson，S.F.，Kigar，D.L.，Harvey，T. The exceptional brain of Albert Einstein. The Lancet，1999，353（19）：2149-2153.

⑥ Jung，R.E.，Segall，J.M.，Bockholt，et al.Neuroanatomy of Creativity. Human Brain Mapping，2010，31（3）：398-409.

⑦ Takeuchi，H.，Taki，Y.，Sassa，Y.，et al.White mater structures associated with creativity：Evidence from discussion tensor imaging.Neuroimage doi：10.1016/j.neuroimage，2010，02.035.

科学的成果似乎更为有力地证明了创造力对人格特征的依赖。

本章小结

德国心理学家艾宾浩斯说：心理学有一个漫长的过去，但只有短暂的历史。这个说法其实也可以用来概括创造性人格的研究历程。在漫长的过去中，人们就已经意识到那些成就非凡的人同时也是与众不同的人，但真正从科学的角度来研究这种“与众不同”却只有很短暂的历史。

人们相信，高创造性的人是一些具有高创造性人格特质的人。然而，对于何为创造性人格，却众说纷纭。有人从特质论的角度将与创造力关系密切的人格特征称为创造性人格，有人把创造性人格等同于任何智力范畴之外的因素（即所谓非智力素质），也有人把一切心理现象都看成是人格的外延。人们对创造性人格的争议还表现在其他方面，如创造性人格是某些人群专有的，还是人人皆有？是创造性人格导致了创造性，还是相反？这些争议凸显出人们对创造性人格这一概念的困惑和不确定。最直接的结果是，人们对于创造性人格的结构表现出更多的不同观点：有整体心理现象框架下的创造性人格结构，有个性心理框架下的创造性人格结构，有人格结构框架下的创造性人格结构，还有整合观点的创造性人格结构。这些观点从不同的角度对创造性人格结构进行了剖析，为我们理解创造性人格提供了思路，但同时增加了我们理解创造性人格的难度。

创造性人格无疑是非常复杂的，但这并不影响人们对它的研究热情，因为人们坚信它在创造性活动中起着不可替代的重要作用。人们相信，创造性人格是推动创造性活动最原初最持久的动力，是高智商最终转化为高创造的内在动力，也是使个体长久维持某种活动并最终产生高创造性成果的根本原因。创造性人格对创造性活动还有着非常重要的协调作用。正是创造性人格与创造性活动之间的这种密切关系，让人们相信探究创造性人格是解开人类创造性之谜的有效途径。

在并不太久远的研究历史中，人们找到了几种创造性人格的研究模式：个体差异的研究，时间一致性的追踪研究，创造性人格的结构研究。不同的研究模式有不同的研究目标，解决不同的研究问题。人们还根据对创造性人格的不同理解确定了不同的研究对象，这些对象包括精英人物（如艺术家、科学家与发明家、社会科学家、建筑家），高创造力的儿童，普通人。在研究方法上，也包括了质性研究方法，如访谈法和传记分析法，和量化研究，如测验法、公众观调查法，以及定量和定性研究相结合的方法。

创造性人格的发展一直是心理和教育工作者关注的重点。研究者相信，创造性人格将随着年龄的增长而表现出某种发展的趋势，如能探明这种发展趋势，对于创造性人格的培养将是有帮助的。研究结果也确实表明了这一点，创造性人格在不同年龄阶段不仅在发展水平和发展趋势上有所差异，甚至在具体特质和内容上也有明显的年龄烙印。至于是哪些因素影响了创造性人格的发展，人们相信，家庭、学校、社会文化以及个体本身的差异都是影响因素，而且是以极其复杂的方式起作用。

总之，在创造性人格不长的研究历史中，尽管为数众多的研究者将关注的目光放在了它的身上，但要想更清楚地揭示其内涵、结构以及发展规律等显然还有很长的路要走。

第二章
创造性人格研究的理论反思

创造性人格概念的提出尽管为创造性的研究提供了新的视角，却也因为其自身的复杂性而使这一领域变得难以把握。正如第一章所述，创造性人格是一个非常难以精确界定的概念，研究者们只能从不同侧面对其进行描述和释义，从而造成众说纷纭、莫衷一是的局面。这一方面说明了研究者们对创造性人格这一概念的重视，并对其进行了大量思考，昭示着继续深入分析和探讨其内涵、结构、功能等的必要性和重要意义；另一方面也凸显出了把握创造性人格这一心理现象的困难。本章当然无法解决这一问题，但有意在已有研究的基础上，从一个新的角度做一些思考，希望通过这样一种理论反思为创造性人格研究的未来发展提供某种启发。

本章首先针对创造人格的概念和结构进行讨论，并提出我们的观点。我们认为，创造性人格不应该是创造性和人格的简单相加，而是一个有别于两者的新概念；并提出，人格的特质论模型适用于创造性人格结构的分析，但创造性人格的各种特质之间不是并列的，而是一个同心圆的分布状态。其次，以问题为主线提出创造性人格研究上的新思路，包括创造性人格研究的跨文化问题，创造性人格结构研究的突破方向，以及创造性人格发展规律研究的可能途径。最后，在上述观点的基础上，提出创造性人格研究的总体框架和基本思路。

第一节　创造性人格概念及结构的再思考

一、创造性人格≠创造性 + 人格

创造性人格中包含了“创造性”和“人格”两个概念，因此很自然地，在分析这一概念的本质内涵时必须考虑创造性和人格的内涵。遗憾的是，无论是创造性，还是人格，都是非常难以精确定义的概念，创造性 + 人格就更加界定不清了。何况，弄清了创造性和人格的含义，创造性人格是否就清楚了呢？问题并没有这么简单，这是因为这一观念的逻辑前提是创造性人格 = 创造性 + 人格，隐含的逻辑是一个人只要具有高创造性，其人格就是创造性人格，其结果必然不适当地扩大了创造性人格的外延。例如，在台湾学者郭有遹对创造性人格的定义中，即“以生命法杖为创作对象，使自己的生命不断地向身心进步的方向转变的特性，包括创造者自创的属于自己的独特风骨，如清高绝俗、风采翩翩、放浪不羁、狂狷桀骜等”①，就典型地反映了这一问题。这一定义把一个高创造性者的全部人格都看成创造性人格，其实是不适当地抹杀了创造性人格和人格之间的差异，使创造性人格变得难以捉摸。一个高创造性者固然可以是“清高绝俗、风采翩翩、放浪不羁、狂狷桀骜”，却也可以是木讷朴实、不修边幅、谦虚谨慎的（如爱因斯坦）。既然如此，这些所谓独特风骨对于创造性人格就是不具代表性的，将其纳入创造性人格的范畴只会混淆与人格的差异。

---

① 郭有遹．创造心理学（第三版）．北京：教育科学出版社，2002.

将创造性人格＝创造性＋人格带来的直接后果，是研究者们在界定创造性人格时对“什么是人格”的激烈争论（见第一章的第一节）。在这些争论中，创造性人格被隐身了，争论者真正关心的问题变成了人格的内涵和外延问题。我们认为，要想让创造性人格真正成为创造性现象研究中的核心概念，必须将其从人格概念的附庸中解放出来，彰显其独特内涵。也就是说，有必要将创造性人格重新释义为一个不同于人格的全新概念。

为了达到这一目标，需要回到创造性人格这一概念提出的初衷。吉尔福特是第一个提出：“创造性人格”概念的心理学家。他在深入探讨有助于创造性倾向的理智能力及其特征、功能后，认为这些并不代表有创造性的所有因素。他指出：“具有某种才能是一回事，启用这种才能是另一回事，而在需要时或在可以有效地使用这种才能时利用这种才能，则又是一回事。”而且，“有些人具有某些才能，但他们的表现并没有达到他们可能达到的水平。”[①] 为什么如此？吉尔福特认为这一切都与人们的各种人格特性有关。“创造性才能决定个体是否有能力在显著水平上显示出创造性行为。具有种种必备能力的个体，实际上是否能产生创造性质的结果，还取决于他的动机和气质特征。”[②] 可见，创造性人格的提出并不是要确立一种独特的人格，而是要确立一种不同于创造性思维且与创造性密切相关的其他心理因素。如果实在要用一个词来概括这些极为复杂宽泛的因素，“人格”无疑是最合适的，因为人格本就是一个无法精确定义但能广泛推衍的概念。从这个意义上说，对创造性人格的理解就完全无需纠缠于人格是什么了，而只需突出创造性人格是一种不同于创造性思维且与个体创造性密切相关的心理因素。林崇德将创新人才等同于“创造性思维＋创造性

① Guilford，J.P. 创造性才能．北京：人民教育出版社，1991.

② Guilford，J.P. Creativity. American Psychologist，1950（5）：444–454.

人格”[①]即有此意。Eysenck 也反复强调，创造力不仅是一种能力，而且是一种人格变量[②]。

因此，不能简单地将创造性人格 = 创造性 + 人格，创造性人格是一些不同于创造性思维的独立的心理特质，它不必然带来创造性成果，但却与个体的创造力密切相关。也就是说，创造性人格并不直接参与问题的解决、产品的生成（那是创造性思维的功能），但是为创造性地解决问题提供了心理基础，是个体之所以能有如此创意的思维和行为的背后的原因，其本质属性是功能性的。

二、创造性人格的同心圆结构假说

创造性人格表现为一些心理特质，但由于对人格的理解不同，不同的研究者探讨这些心理特质时所依据的框架也大有差异（见第一章的第一节）。然而，有趣的是，尽管所依据的框架很不相同，最后得出的结论却又是殊途同归。例如，在心理现象框架下探讨创造性人格结构的研究者发现，创造性人格结构应该包括开放性、对模糊的耐受性、热情、独立、乐观等（普文，约翰）；在个性心理框架下探讨创造性人格结构的研究者发现，创造性人格结构应该包括好奇、独立、乐观等（陈红敏，莫雷）；在人格结构的框架下探讨创造性人格结构的研究者发现，开放性与创造性高相关（Laure 等）。不同角度下的相似结果似乎说明，创造性人格真正要突出的问题是哪些非思维的心理因素影响了创造力，而不是这些非思维的心理因素到底属不属于人格。这也是有些研究者在讨论创造性人格结构的时候有意无意地将外延无限扩大的原因（如傅世侠、罗玲玲所持的整合观点）。

---

① 林崇德 . 培养和造就高素质的创造性人才 . 河南教育，2000（1）：1.

② 转引自刘文，李明 . 儿童创造性人格的研究新进展 . 湖南师范大学教育科学学报，2010，9（3）：64-67.

可见，研究者们在探讨创造性人格结构时所持的尺度是个体心理现象中那些对创造力具有某些功能的特征，即功能性是创造性人格结构探讨中唯一需要考虑的标准。陈红敏和莫雷提出了创造性人格包括创造性人格倾向性、创造性人格心理特征和创造性自我意识三大部分[①]，实质上就是从对创造性的动力、维持和调节等功能加以划分的。

于是，在个体心理特质中有哪些是与创造性相关的特质就成了创造性人格结构问题的首要问题，现有的相关研究其实都是针对这一问题进行的。那么，与创造性相关的心理特质到底有哪些？几乎每个研究者都会得出不尽相同的结论来。例如，吉尔福特提到八个方面：高度的自觉性和独立性；旺盛的求知欲；强烈的好奇心；知识面广，善于观察；工作讲究条理、准确性、严格性；丰富的想象力和敏锐的知觉，喜欢抽象思维和智力活动；富有幽默感；意志坚定，能长时间专注于感兴趣的活动。斯滕伯格提出七个特征：对含糊的容忍；愿意克服障碍；愿意让自己的观点不断发展；活动受内在动机驱使；有适度的冒险精神；期望被人认可；愿意为争取再次被人认可而努力等。大概很少有人会去讨论吉尔福特和斯滕伯格谁更正确，因为我们能够很直观地从某些高创造性的个体中看到这些特质。但这些优秀特质显然还远远不能描述高创造性个体的创造性人格，有研究者甚至发现，高创造性个体并不完全是“优秀的”，他们更多的是矛盾体，如，Csikszentmihalyi 出了 10 对辨证存在的常见的高创造性者具有的人格特质：他们拥有充沛的体能，但是通常都是很安静的休息者；聪明又天真；既贪玩又遵守纪律，或者说既有责任感又无责任感；有时想象、幻想，有时又有根深蒂固的现实感；既外向又内向，有时谦逊有时自傲；某种程度上回避刻板的性别角色；既反叛又传统；大多数人对自己的工作充满热情，同

① 陈红敏，莫雷．幼儿科学创新人格的架构及其培养．当代教育论坛，2005（2）：83-85.

时对工作又极端地拒绝；他们的开放性和敏感性使得他们经受苦难和痛苦，同时也带给他们无穷的乐趣[①]。事实上，还可以罗列出更多的特质。这就意味着创造性人格特质到底包括7种、8种，还是10种，其实是无法达成一致的，我们总能够从不同角度找到不一样的特质。因此，不能把罗列特质当作创造性人格结构的核心问题。

对于以功能为标尺的创造性人格结构问题，除了探明哪些心理特质具有创造性功能之外，更重要的问题是这些心理特质的功能大小如何。换句话说，现有研究发现的这些心理特质对创造性的影响大小可能并不一致。美国人格心理学家奥尔波特在研究人格特质时就认为，个人所具有的个人特质并不对一个人的人格起相同的影响和作用。他还进而把个人特质按其对人格不同的影响和作用，区分为三个重叠交叉的层次：首要特质、中心特质和次要特质。首要特质是个人最重要的特质，通常只有一种，代表整个人格，在人格结构中处于支配地位，具有极大的弥散性和渗透性，影响到个人行为的所有方面，但并非每个人都有；重要特质是人格的构件，不像首要特质那样有明显的支配作用，但对人格有一般意义的倾向；次要特质不是决定人格的主要特质，不明显，渗透性极小，容易为情境所制约[②]。奥尔波特这一思想同样适用于创造性人格结构的研究中。在诸多的心理特质当中，有没有可能存在一种或者几种对于创造性而言最为核心的具有支配性的特质？如果答案是肯定，我们同样可以找出那些次一级的、再次一级的……根据创造性的功能大小，这些心理特质形成一个同心圆结构。

相对于简单罗列各种心理特质，创造性人格的同心圆结构具有更大的

---

① Csikszentmihlyi M. The creative personality. Psychology Today，1996，29（4）：36.

② ［美］弗里德曼，舒斯塔克著．徐燕，等译．人格心理学：经典理论和当代研究（原书第4版）．北京：机械出版社，2011.

合理性。首先，创造性人格的同心圆结构有助于解决有关“创造性是有或无的存在还是程度不同的存在”的争论。我们认为，之所以会产生如此争议，在于人们对于创造性的衡量标准有所不同。持有或无的观点者往往将创造性成就的有无作为判断创造力的指标，而持程度不同的观点者更多地将创造性人格特质的多寡作为判断标准。马斯洛在《动机与人格》中谈道：“自我实现者的创造性首先强调的是人格，而不是成就，因为这些成就是人格的附产物，是从属于人格的。自我实现创造性强调的是性格学上的品质，如勇敢、勇气、自由、自发性、清楚明了、整合性和自我接受等。这些品质使我所谈论的一般创造性成为可能。这些创造性通过创造性的生活、创造性的态度和创造性的个人将自身表达出来。”[①] 从这个意义上讲，创造性存在于每个人身上，人与人的创造性差异不是有或无的差异，而是程度高低的差异。问题是，即使在具有很多相似性人格的基础上，人与人之间在创造性上仍然会有很大的差异，原因何在？奥尔波特在谈人格理论的时候曾有所提示，他认为就首要特质而言，并不是人人都具有的。同样，对于那些最核心的创造性人格特质，普通人可能是缺乏的，但这并不妨碍普通人具有一些更外围的创造性人格特质，因此也时常表现出某种程度上的创造性来。

其次，创造性人格的同心圆结构还有助于理解不同领域中高创造性个体之间的共性和差异。任何高创造性都表现为高质量的创造性成果，但创造性成果的具体形式却可以完全不同，如，可以是科学发明、理论创新，也可以是艺术造型、文学作品等。无论有多么不同，其共性都是创造力的表达。罗杰斯曾说，创造力的表达受心理上安全与自由的影响，因此要想培养学生的创造力，必须形成和发展学生的“心理安全”和“心理自由”。

---

① ［美］亚伯拉罕·马斯洛著．许金声，等译．动机与人格（第三版）．北京：中国人民大学出版社，2008.

这实际上是对创造性人格核心特质的敏锐捕捉。爱因斯坦也说过，想象力比知识更重要。丰富大胆的想象不也是“心理安全”和“心理自由”的结果吗？而“心理安全”和“心理自由”又与吉尔福特反复强调的发散性思维密切相关，可以说是其心理背景。所以说，创造性人格中最核心的特质与创造性思维有着内在的联系。至于不同领域创造性人格的差异性则主要表现为同心圆结构的外围特质。例如，巴伦将情绪稳定看成是自然科学家的创造性人格特质之一，而情绪不稳定是艺术家的重要特质[①]。这充分说明具体到不同领域，即使完全相反的心理特质也可以具有同样的创造性功能。换句话说，不同领域的创造性人格结构在最核心的内容上可能是一致的，其区别主要表现在外围特质上，核心特质可能决定创造性的表现力（创造性思维），而外围特质可能决定创造性的表现形式。这大概也是我们很少去比较不同领域创造性的高低，却经常描述其形式不同的原因吧。

总之，创造性人格的同心圆结构能够帮助我们更合理地解释现实生活中的创造现象，从而有更强的现实意义和理论意义，因此有理由将其作为创造性人格研究的新方向。

第二节 创造性人格研究的新思路

一、创造性人格在跨文化研究中的困难及对策

（一）创造性人格在跨文化研究中的困难

荣格说过：文化最终都沉淀为人格。讨论人格（尽管创造性人格不是一个严格意义上的人格概念）不可避免地要考虑到文化。跨文化比较和人

① Barron，F，Harrinton，D.M. Creativity， intelligence， and personality. Annual Reviews of Psychology， 1981， 32： 439–476.

类学个案研究都表明了创造性的表达在不同的文化中是不一样的，他们的研究还指出：不同的文化对创造性进取心的重视程度是不同的[①]。还有研究显示，在具有互赖概念和关系取向的中国文化背景下，个体对控制性动机激发类型的理解并非西方文化背景那么负面，即使采用中度控制的激发类型，学生也能将其内化为自主性动机，并促进学生的创造性思维[②]。因此，在多元文化的今天，这样的问题总是有价值的，如，中西文化下的高创造者在人格上是一致的吗？如果有所差异，主要表现在哪些方面？回答这些问题需要以文化为自变量来分析文化效应，即所谓的跨文化研究。然而，“（人格特质）往往是根据某一文化的要求而创造出来的，其含义也会经常变化，而且有些特质名称很快就销声匿迹了”[③]。这就使得跨文化研究存在多个方面的难题。

跨文化研究首先涉及一个概念对等性的问题。概念对等性（construct equivalence）指概念是否在对比的文化之间具有相同的含义。创造性人格这一概念及相关的各种特质名称都是来自于西方（尤其是美国），其中一些概念可能在中国文化中具有不同的内涵。同样地，在中国文化下建立的一些概念，可能在西方文化中也具有不同的内涵。比概念对等性更难以把握的是测量对等性。例如，在西方文化中，富有幽默感是创造性人格的一种重要特质，而在中国文化中，这一特质对于高创造性者似乎并不太重要。即使研究的概念在不同文化间具有概念对等性，来自不同文化的、在这个概念上具有同等水平的受试者，在相关条目上的分值也可能并不等同[④]。

---

① 罗伯特·J. 斯滕博格，王利群，译 . 智慧，智力，创造力 . 北京：北京理工大学出版社，2007，119.

② 张景焕，刘桂荣，师玮玮，等 . 动机的激发与小学生创造思维的关系：自主性动机的中介作用 . 心理学报，2011，43（10）：1138–1150.

③ 王登峰 . 人格特质研究的大五因素分类 . 心理学动态，1994，2（1）：34–41.

④ 梁觉，周帆 . 跨文化研究方法的回顾及展望 . 心理学报，2010，42（1）：41–47.

这些问题导致了很难使用同一种工具研究不同文化下被试的创造性人格，而如果工具不同，又如何来进行跨文化的比较呢？

创造性人格的跨文化研究还涉及样本的选择性以及被试对研究所使用的测量或操纵的反应方式上面的文化差异。样本的选择性指的是研究者选取的样本之间除了文化差异以外，还存在其他方面的差异，而正是这个差异而不是文化差异本身是导致结果的原因。由于东西文化方面的差异，研究者在选择被试的时候，会有意无意地出现某些偏向。例如，西方文化中可能更偏向选取高创造性成果者，而中国文化中可能更偏向选取高身份地位者。除此之外，被试反应方式的文化差异也可能降低研究内部效度。

（二）解决创造性人格跨文化研究困境的对策

基于创造性人格在跨文化研究中的上述困难，有研究者[①]认为可以从以下几个方面尽可能地降低文化差异带来的偏差：

1. 跨文化概念对等性问题的解决

首先，研究者需要探讨概念的结构，如果是多维度结构，可以比较维度结构在不同文化之间是否一致；其次，研究者可以考察这个概念与其他概念之间的关系在不同文化中是否存在显著的差异，如果是，则可能表明这个概念的涵义存在文化间差异；最后，可以考察与这个概念存在因果关系的变量之间的关系，如果这些关系存在文化间差异，并且研究者可以排除其他可能的情景变量的解释，则也可能表明概念在不同文化之间并不对等。此外，在研究设计的时候，宜采用一种文化平衡的方式（decentered approach），即同时从所关注的不同文化的角度来进行概念分析和研究设计，而不是以某个文化为主导。

① 梁觉，周帆．跨文化研究方法的回顾及展望．心理学报，2010，42（1）：41–47.

2. 解决跨文化测量对等性问题

研究者认为可以通过现代统计测量技术来检测和实现测量对等性，这些方法包括方差分析（ANOVA）、项目反应理论（IRT）、验证性因素分析（CFA）。方差分析和项目反应理论从探查测量条目是否存在文化偏差的角度来探讨测量对等性问题；验证性因素分析方法从总体上探查测量在不同文化间对等性及对等性的水平。

3. 通过汇聚方法弥补跨文化研究本身的固有不足

对于跨文化研究本身存在的固有不足，研究者提出了汇聚方法，即通过“汇聚”多方面的证据互相印证。跨文化研究中的汇聚方法有4种类型：

（1）多重情景的汇聚（contextual consilience）收集多个不同文化情景或文化群体的数据，如果这些结果都与理论预期吻合，则为所论证的关系提供了有力支持；

（2）多重方法的汇聚（methodological consilience）是使用多种方法，例如调查法、实验法、纵向研究等方法，来验证某个研究假设，考察这些不同方法是否得到相同的结论；

（3）多种预测的汇聚（predictive consilience）指从该因果关系理论中推导出一些预期假设，如果这些假设都得到验证，那就大大增强了对这个因果关系的确信程度；

（4）排他的汇聚（excluesive consilience）指除研究者所论证的因果假设以外，研究者提供证据排除其他多种替代性假设，可以解释观测到的结果的可能性。

二、创造性人格结构研究的突破方向

（一）创造性人格特质同心圆结构的确立

现有研究将探讨创造性人格特质作为创造性人格结构研究的终极目标

显然是不够的。罗列心理特质最大的困境在于心理特质几乎是无穷的，而且似乎都或多或少与创造性有点关系，结果就是不同的研究者在自己的研究中总会得出一些不同的心理特质，并宣称这些心理特质就是创造性人格特质。这样的研究越多，只会把问题搞得越复杂，对于解决问题和启发现实几乎毫无帮助。科学的价值在于找出那些对于解释现象最有力的因素，并确定这些因素之间的关系。因此，寻找有助于创造力的心理特质只是创造性人格结构研究的第一步，在此基础上还有必要进一步确立这些心理特质之间的内在联系。

与创造性的关系是判定创造性人格特质的核心标准，这就意味着能够通过检验非思维的心理特质对创造性的预测力来确定创造性人格结构。这个结构可以通过同心圆来加以描述，那些对创造性影响最大的心理特质处于同心圆的圆心位置，越是外围的心理特质与创造性的关系越小。同心圆的层次可以是非常多的，但真正有决定意义的内核部分在层次上是有限的。每一层次不一定只有一种心理特质，它也许是两种或者三种。而且，每一种层次之间也许并没有必然的联系。例如，一个心理自由的高创造者在行为上可以是放荡不羁的，也可以是谦虚低调的。很可能，心理自由和创造性关系更密切，因此处于同心圆更内核的部分，而放荡不羁的行为方式可以是创造性的非必要表现，但也可能具有某种联系，因此处于更外围的范围。当确定了创造性人格结构中的几种最内核的特质后，就能够通过这几种特质比较好地预测个体的创造性，或者比较有针对性地去培养个体的创造性。

确立创造性人格的同心圆结构首先需要对大量的已有研究结果进行分析，找到被大多数研究所证实了的比较可靠的心理特质；然后对这些特质与创造性的关系进行深入细致的研究和分析；最后根据对创造性的预测力建构创造性人格的同心圆结构。

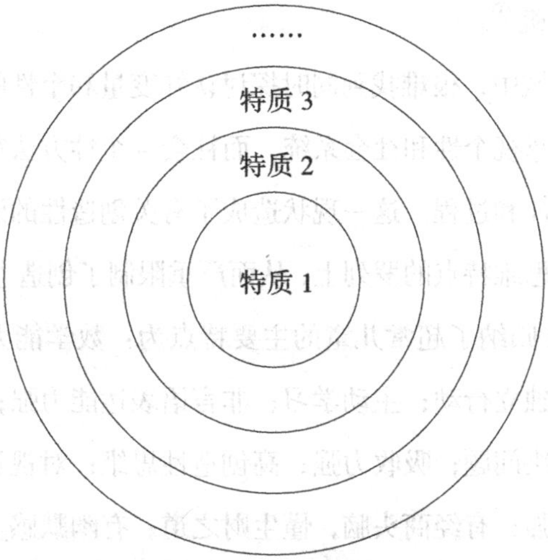

图 2–1 创造性人格同心圆结构构想图

（二）创造性人格与创造性思维的内在关系

如前所述，创造性人格这一概念是针对创造性思维提出来的，其初衷是为了突出创造力除了需要考虑创造性思维之外，还应强调人格基础的观点。这种强调对于单纯地将创造性理解为一种特殊的思维能力是一个重要补充。然而，现有研究似乎很少讨论两者之间的内在关系，而是更多地将两者看成一种平行独立的关系。例如，"创造力 = 创造性人格 + 创造性思维"的公式就是把创造力等同于创造性人格和创造性思维的简单相加；而王极盛在比较创造型科学家与一般科学工作者的特征时，更是旗帜鲜明地将智力因素和非智力因素分开来单独比较[①]。由于人格概念的抽象性和复杂性，创造性思维有时被隐身，创造性完全成了一种人格体现。例如，人本主义将创造力理解为健康人格的一种表现特征，是人之内在本性或本质的体现[②]。在创造性和问题解决的过程中，个体表现出的一致性就是他们的勇于奉献、责任感、坚定性、充满活力等方面的特点，甚至是他们进行

① 王极盛．科学创造心理学．北京：科学出版社，1986：172–175，301–304.

② 赵春音．人本主义心理学创造观研究．中国出版集团，2013：45.

创造性活动的动机[①]。

在创造性领域中，很难找到同时探讨认知变量和个性的研究，对创造力的认知研究往往忽视个性和社会系统，而社会－个性方法往往不关心创造力所依据的心理表征和过程。这一现状造成了有关创造性的研究还主要停留在对创造性人格和思维特点的罗列上，从而严重限制了创造力的培养思路。如，Baldwin 和 Farrell 归纳了超常儿童的主要特点为：数学能力强；有强烈的好奇心和警觉性；独立行动；主动学习；非言语表达能力强；联想能力强；运用灵活的方法解决问题；吸收力强；高创造性思维；对视觉媒体反应快；兴趣鲜明；责任心强；有经商头脑，懂生财之道；有幽默感。这样的罗列给教育者提出的一道难题就是：培养该从何处着手？就如同面对一团乱麻，需要从千头万绪中找出一条基本线索来。对于创造性的培养来说，找到这条线索的关键是理清创造性思维和创造性人格之间的关系，因为只有理清了创造性人格与创造性思维的关系，即到底是哪些人格特征能够有效地预测创造性思维，才能够通过培养相应人格以提高创造性思维，从而实现创造性的培养。张景焕等在动机与创造力相关的基础上，对不同类型的动机激发与小学生创造思维的关系进行了研究，发现中度控制 / 中度自主 / 高度自主的动机激发类型和自主性的动机调节方式均能显著正向预测创造思维，中度控制 / 中度自主 / 高度自主的动机激发类型通过促进自主性动机进而促进创造思维，并具体体现在思维的流畅性和独创性上；并在此基础上提出，若要培养小学生的创造思维，作为“重要他人”的教师及父母就需要通过自主支持性的方式（高度自主、中度自主）以激发自主性动机并促进学生创造力[②]。显然，研

① Edwin，C.S.，Emily，J.S.，John，C.H. The creative personality. The Gifted Child Quarterly，2005，49（4）：300–357.

② 张景焕，刘桂荣，师玮玮，等．动机的激发与小学生创造思维的关系：自主性动机的中介作用．心理学报，2011，43（10）：1138–1150.

究创造性人格与创造性思维的内在关系更符合心理科学的应用性质。

了解创造性人格不是目的，重要的是培养创造性人格，甚至培养创造性人格也不是最终目的，最终目的是培养能够将创造性人格转化为创造性行动并最终形成创造性产品的人。而实现这些目的的所有前提都是对创造性人格与创造性思维内在关系的揭示。因此，在将来的研究中应将创造性的“认知方法”和“社会－个性方法”结合起来，才能更深刻地揭示创造性人格的功能性本质。

三、创造性人格发展规律研究的可能途径

对创造性人格发展规律的探讨直接关系到创造性人格的培养实践。现有相关研究主要有两个大的方向：一是以年龄为自变量，从发展的角度考察创造性人格在不同年龄阶段的特点，以寻求创造性人格的动态趋势和规律；二是以各种内外因素为自变量，考察与创造性人格可能相关的因素，以确定稳定的创造性人格影响因素。应该说，这两个方向对于揭示创造性人格发展规律都有其重要意义。如，研究者们通过对不同年龄段儿童创造性人格特点的研究发现，4 岁是其发展的关键期①②。作为关键期，意味着这段时期的儿童应引起成人的特别注意，正确的引导或许能够取得最大的效果。而对于家庭教育、学校教育、社会文化、脑的功能和结构等与创造性人格关系的研究则对于创造性人格的培养有直接的指导作用。尽管如此，现有相关研究对于创造性人格发展规律的揭示仍然相当有限。如，不同的教育（家庭的和学校的）在不同年龄阶段的创造性人格特征形成中所起的作用是一样的吗？既然某些社会文化会限制创造性人格的发展，创造性人格存在的进化机制又是什么？既然创造性人格有脑的生物学基础，那么与

① 刘文．创造性人格与儿童气质研究．北京：中国大地出版社，2010.

② 邓晨曦．3–5 岁超常儿童创造性人格发展特点及相关影响因素研究．辽宁师范大学硕士学位论文，2012.

创造性人格有关的脑的个体差异是结构上还是功能上的？对于这些问题的回答需要开辟创造性人格发展规律研究的新途径。

（一）整合横断研究和追踪研究以探讨教育在不同年龄阶段创造性人格发展中的作用

探讨创造性人格发展的规律就应该探讨教育与年龄之间的交互作用。当研究者发现不同年龄阶段表现出特定的创造性人格特征时，不能简单地说是年龄决定了这些特征。也就是说，年龄在某种程度上只是代表个体生理发展水平的一个标识，而创造性人格作为先天和后天的“合金”是不能简单地归结为生理发展水平的。因此，需要深入探讨后天环境（尤其是教育）在不同年龄阶段创造性人格形成中的作用。

现有研究一般采取两种方式探讨年龄的作用：一是横断研究设计。同时收集不同年龄组群被试的数据，通过比较不同群组的差异，鉴别个体心理发展的某些方面是否与年龄有关。这种方法的问题是面临群组效应与年龄效应的混淆，不能真正提供关于个体发展的信息，因此，通过横断研究描述个体的心理发展过程有很大的局限。另一种是追踪设计。在一段时间内对研究对象进行多次测量，描述心理与行为发展变化的方法。它可直接研究心理与行为的变化过程，分析个体随时间变化在发展水平、变化速度上的差异，鉴别不同结果的影响因素，但由于要求长时间对一组被试进行追踪研究，有着经济消耗大、面临严重的被试缺失、重测效应及研究结果过时等问题，从而影响研究结果的有效性。为了取长补短，有研究者介绍了加速追踪设计的方法，即选择相邻多个群组同时进行短期的追踪研究，获得在测量上有重叠的多个群组追踪数据，对多个数据的连接和合并建构一条时间跨度较长的发展趋势或增长曲线的方法[①]。

---

① 唐文清，张敏强，黄宪，等. 加速追踪设计的方法和应用. 心理科学进展，2014，22（2）：369-380.

在采用加速追踪设计的过程中，除了收集创造性人格特征的相关信息之外，还应收集环境相关信息，包括父母及父母教养相关信息、学校相关信息等。同时，收集的这些信息不应该是固定不变的，而应该是根据具体情况随时改变的，如孩子在5岁时也许只有家庭教育的相关信息，7岁时就应该加入学校相关信息。只有这样才能充分考虑到教育与成熟在创造性人格发展中的交互作用。

（二）从进化的角度探讨环境在创造性人格形成中的作用

斯腾伯格说：创造是一种选择。他认为，那些具有创造性的人在想法的世界中选择“低买高卖”，即他们产生的想法往往“公然对抗众人”（某人的高卖意味着他人的高买），然后，当他们说服了很多人，他们就“高卖”，这促使他们又继续下一个不受欢迎的想法[①]。作为一种社会性的动物，人类是非常重视一致性的。可是即使如此，在人群中，仍会有人去贩卖“不受欢迎的想法”，且能很好地生存下来，这是为什么？事实上，在人类的任何时期，总有人在选择那些“不受欢迎的想法”，而且也正是这些想法推动着整个人类社会的进步。这说明做出创造性行为选择是具有进化意义的。

唐纳德·坎贝尔（Donald Campbell）提出，用于研究生物体进化的机制可以运用到研究观念的进化之中。进化方法研究创造的基本想法是：创造性想法的产生和传播有两个基本步骤，第一步是“盲目变化”。研究者认为，创造者通常会提出很多想法，但不知道哪些想法是有用的，其依据是在创造者的职业生涯中，成功想法的比例是相对不变的，因此，想法越多越容易成功[②]。第二步是选择性保留。在这一阶段，创造者工作的领域

① 罗伯特·J. 斯滕博格 . 王利群，译 . 智慧，智力，创造力 . 北京：北京理工大学出版社，2007，106，101，102.

② Simonton, D.K. Creative expertise: A life-span developmental perspective. In K.A.Ericsson(Ed.), The road to excellence（pp.227-253）. Lawrence Erlbaum Associates.

可能会保留创造者的想法，也可能让它慢慢消失。那些保留下来的想法就是新异的、有价值的，即创造性的想法。对于这样的进化模型，斯腾伯格等是质疑的。斯腾伯格认为，如果说莫扎特、爱因斯坦，或者毕加索这些伟大的创造者，都只能使用盲目变化，是令人难以置信的。他认为，优秀创造者的想法胜在质量而不是数量。其实，这两种观点并不冲突，前者更多地涉及创造性人格问题（即所谓非智力因素），后者则更多地涉及创造性思维（即所谓智力因素）。高创造力者常常表现为高创造性的思维特点（会想），同时也表现出某些非智力的心理特征（敢想）。二者的伴随出现意味着二者有着非常密切的关系。或许正是由于“敢想”（有冒险精神、开放性等）奠定了“会想”（创造性思维）的心理基础，才使人类在环境适应中保留了“敢想”这一人格特质。也就是说，创造性人格本身就具有进化的意义。

从进化的观点看，那些采取相同策略的个体之间的竞争应该最为激烈。所以当选择某种生态位（niche）[①]的个体变得越来越多时，与那些采用其他生态位的竞争者相比，这些个体的生存和繁殖活动处于较为不利的位置。自然选择塑造了相应的心理机制，促使一部分个体去寻求竞争不太激烈的生态位，因为这些生态位的平均收益可能更高。那些能够经常使用其他生态位的人也就是更敢想的人。个体使用某种生态位的能力，取决于他所拥有的资源和人格特质。例如，进化心理学家发现，在人类的进化历史中，长子和幼子很有可能面临着截然不同的适应性问题。长子采用的生态位通常都表现为强烈地认同父母和其他现存的权威人士，而幼子却更可能发展出一种不同的人格特征，表现得更加叛逆、不大负责任，以及对新鲜体验持更为开放的态度。因此，在科学家史上，幼子常是科学革命的倡导者，

① 生态位是指有机体在其生态系统中的地位和角色，是有机体生活的方式。

而长子常是反对者①。这种使某种策略生态位变得专门化的进化机制对于理解创造性人格的个体差异以及创造性人格的形成机制是非常有启发的。

（三）研究不同领域创造性人格的脑机制以确定脑的发展对塑造创造性人格的基础性作用

从著名的美国“铁棒事件”②到现代脑科学，都证实了人格和脑有着十分重要的关系。例如，坎利及其同事在研究中发现，人格与对正负性情绪图片产生反应时脑区的激活程度有关。神经质者看负性情绪图片时，前额叶活性增强；外向者看正性情绪图片时，前额叶活动性增强③。这是对一般意义上的人格研究的结果。创造性人格和一般意义上的人格最大的区别在于创造性人格对于创造性活动（创造性思维）的功能性特点，因此，在探讨创造性人格的脑机制时，必须将其与个体的聪明才智联系起来。换句话说，应重点考察那些聪明大脑的人格脑区的特点及其发展趋势。

现代神经学研究发现，髓磷脂（myelin）和髓鞘决定人的聪明程度。髓磷脂的作用是对轴突进行包裹，形成髓鞘（myelin sheath）。这种髓鞘有一种“绝缘”的作用，以保证神经网络中通行的信号不走漏流失，同时加强信号的速度、强度和准确性。一般而言，在轴突中传送的信号越多越强、越频繁，就越刺激髓鞘的增长。因此，那些不喜欢舒舒服服、按部就班的成功，而要打破成规、体验新的经验、喜欢在失败和挫折中学习的人往往也会变得更聪明④。那么，“打破成规、体验新的经验、喜欢在失败和挫

① D.M. 巴斯，熊哲宏，张勇，晏倩，译 . 进化心理学 . 华东师范大学出版社，2007，449.

② 1848 年，一个名叫菲尼亚斯·盖奇（Phineas Gage）的铁路公司工头，不慎被一根铁棍刺穿大脑，挖掉了很大一块额叶。尽管没过多久，菲尼亚斯和那根铁棍都回到了工作岗位，但他的个性却发生了很大的变化，变得让人讨厌，非常粗鲁，喜欢说下流肮脏的话。

③ ［美］兰迪 . 拉森，戴维 . 巴斯，郭永玉，等译 . 人格心理学——人性的科学探索 . 人民邮电出版社，2011，184.

④ 薛涌 . 卓越天才的秘密——天才是训练出来的 . 江苏文艺出版社，2010.

折中学习”的心理特质与那些喜欢“舒舒服服、按部就班的成功”的心理特质在脑结构或者功能上会有所不同吗？这种不同是先天的结构上的差异还是后天的功能上的差异？这需要从对各个领域的高创造者与普通工作者的对比中寻找答案。通过研究不同领域创造性人格的脑机制以揭示创造性人格的物质基础，对于科学探究创造性人格的发育和培养无疑是十分重要的。就像有学者在智力研究领域中发现的，“不断对大脑进行总动员，不停地在新领域犯错，促使髓磷脂或髓鞘增长速度超过常人，从而造就天才”，同样，对创造性人格的研究也可以探讨出哪些环境影响促进了相应脑区的发展，使之更具有自由安全的心理品质，从而变得更有创造性。

总之，对于创造性人格发展规律的研究不能仅仅停留在对各年龄阶段创造性人格特征的描述上，还应更深入地揭示环境（家庭教养、社会文化等）和生物学因素（脑）在其发展过程中的作用机制问题，也唯有如此，才能为创造性人格的培养提供真正的有效依据。

第三节 创造性人格研究方案初探

一、研究目的

创造性人格研究的目的应该满足理论和实践的双重要求。

在理论上，创造性人格领域需要进一步确定创造性人格特质及其结构，以及与创造性思维的关系问题。这有助于对创造性人格提出更具合理性和普适性的假设。

在实践上，如何培养创造性人格始终是该领域的最终研究目的，因此，研究仍然应将重点放在创造性人格发展规律的揭示上。但研究目的不应再简单地停留在对各年龄阶段创造性人格特征的描述上，而应多方面、多角度地考察创造性人格的影响因素与年龄的交互作用，以理解其复杂的动态发展趋势。

二、研究内容

根据研究目的，创造性人格应从以下方面加以展开。

（一）创造性人格特质的确立

确立重要的创造性人格特质始终是一个基础性的工作。在特性领域的历史中，有三种基本的研究取向用于识别重要的特质。第一种是词汇学取向。这种取向是在辞典中找出所有的特质词汇以及它们的定义，这些词汇形成描述人际差异的自然途径。因此词汇学取向的逻辑起点是自然语言。第二种是统计学取向。这种取向采用因素分析或其他类似的统计方法，确定重要的人格特质。第三种是理论取向。研究者依靠理论指导识别重要特质。三种方法可以单独使用，也可综合使用。

（二）创造性人格的结构

创造性人格结构是以创造性人格特质的确立为前提的。在确立了重要的创造性人格特质的基础上，根据对创造性的贡献大小将各种特质进行排序是必要的。也就是说，对于创造性而言，在众多的非智力因素中，哪些是更重要的，哪些是次重要的，哪些是不太重要的。这些具有不同重要性的特质构成一个类似同心圆的结构，从最核心的特质向外层发散。

在这个内容上，还有很重要的一些问题就是，有没有一个创造性人格的一般模型？各种特殊领域中的创造性人格模型会有所不同吗？创造性人格的一般模型和特殊模型之间又有何关系？这些问题的回答对于解释不同领域的创造性人格之间的联系和差异有着非常重要的意义。

（三）创造性人格与创造性思维的关系

创造性人格与创造性思维的关系是令人迷惑的。如果根据人本主义的观点，即创造力乃健康人格的一种表现，是人之内在本性或本质的体现[①]，创造性思维仅仅是创造性人格的一种表现。事实上，无论怎么表述，非智力因素（创造性人格）和智力因素（创造性思维）的区别和联系在创造性的活动中都是显而易见的，却又难以说得很清楚。例如，人格开放性和创造力是两个完全不同的概念。尽管很多研究证实了二者的显著关系，却并没有说明人格开放性是如何影响创造力的。困惑就在于，是因为有了开放性的人格特质，才慢慢发展出创造性思维的，还是因为培养起了创造性的思维特点（如发散性思维）才造就了开放式的人格特点。如果是前者，意味着只要培养起开放性的人格特质，创造性思维自然就有了；如果是后者，则情况相反。显然，这仍然是对创造性人格和创造性思维的混淆。要想破除这种混淆，或许需要从更深层次的心理结构中寻求联通二者的联结点。

（四）创造性人格的发展规律

创造性人格具有一种动态的发展性，而不是一种终极的固定模式，因此，很自然地，探寻其动态发展的规律性远比描述现象更为重要。然而，首先需要明确的是，研究创造性人格发展规律的目的在于培养创造性人格。在此目的的指引下，创造性人格发展规律的研究重点应着眼于以下几个方面：（1）创造性人格在不同年龄阶段的发展趋势；（2）遗传因素和环境因素在创造性人格发展中的作用及机制；（3）创造性人格与环境的双向作用。

这三个方面的内容又需分别确立其核心要点。对于创造性人格发展趋势的考察应着重关注其转折点，尤其要深入探讨其发展的关键期（如果有的话）；对于其影响因素的考察则应从诸多影响因素中找出最具决定意义的几种因素，并加以深入分析；而对于其与环境的双向作用，需重点分析

---

① 赵春音．人本主义心理学创造观研究．中国出版集团，2013.

创造性人格对环境的改造作用，使环境变成一种促进因素。

三、研究方法

（一）横断设计和追踪设计相结合

为了探明创造性人格的基本特征及其影响因素，需要对大量不同年龄、不同领域的群体进行分析。横断设计是同一时间对某一年龄或某几个年龄的被试的心理发展水平进行测查并加以比较。这种方法对于探讨某一年龄阶段的静态心理特征有着非常好的优势，如，同时研究较大样本，较短时间内就能收集大量数据资料，成本低等。但如果要探究创造性人格的发展特征，由于其面临群组效应[①]和年龄效应相混淆的问题，不能真正提供关于个体发展过程的信息，所以还应将其与追踪设计相结合。追踪设计是在一段时间内对同一组被试的心理特质进行反复观测，获得长时追踪数据。相比横断设计，追踪设计能够直接用于研究心理与行为的变化过程，分析个体随时间变化在发展水平、变化速度的差异，鉴别导致不同结果的影响因素。其缺点在于长时间对一组被试进行追踪，经济消耗大，面临严重的被试缺失、重测效应及研究结果过时等问题。尤其是如果只对一组被试进行追踪研究，难以确定心理与行为的变化是由自身发展成熟引起的，还是由不同测量时间下的历史、文化因素引起的，即年龄和历史时间效应的混淆。

为了综合两者的优势，现在越来越多的研究采取将两种设计相结合的方式进行研究。前文中提到的加速追踪设计就是比较典型的例子，这里不再赘述。

（二）量化研究和质性研究相补充

为了达到创造性人格研究的多重目的，应尽可能地发挥量化研究和质

① 群组效应（cohort effects）是指所出生的特定时代对心理发展的影响。

性研究的作用。

实验法和相关研究是量化研究的两种方式。实验法要求操控一个或多个变量，并确保每种实验条件下的被试在实验开始时相互之间是同质的。实验法最大的优势就是能较有效地确定变量之间的因果关系，即发现一种变量对另一种变量的影响。在创造性人格研究中，无论是确立其心理特质，还是探讨其影响因素，都关涉到与其他变量之间的因果关系问题。实验法显然应该在其中发挥重要作用。但是，实验法有其局限，例如，难以确定日常生活中自然发生的各种变量之间的关系；有些实验操作不切实际或者有违道德伦理。当碰到这类情形时，就可以使用相关研究作为必要的补充。相关研究主要是通过统计程序来确定两个或多个变量之间的关系。在相关研究中，可以直接确认各种变量在自然条件下而不是操控或影响之后的关系。

质性研究方法是相对于量化研究而言的，是一种注重人与人之间的意义理解、交互影响、生活经历和现场情景，在自然状态中获得整体理解的研究态度和方式，包括多种不同的方法[①]。在创造性人格研究中，个案研究是一种常用的质性研究方法。个案研究能使研究者洞悉人格，在描述人类经验的丰富性和复杂性上非常适用。这是量化研究所不具备的优势。但是，一般而言，个案研究（也包括其他质性研究方法）更常用于提出假设，这些假设在被定量研究验证之前，是不能推广到所研究个体之外的其他人的。因此，在创造性人格研究中，常将质性研究和量化研究相结合，以达到互补的效果。

四、本研究的内容框架

通过前文的分析，现有的针对创造性人格的研究依旧处于很基础的阶

① 陈向明．质的研究方法与社会科学研究．北京：教育科学出版社，2000：12.

段，我们的研究自然不能不顾现实而盲目追求高远。事实上，任何高远目标的实现都离不开坚实的基础，本研究的工作就是要为这个基础添砖添瓦。根据创造性人格研究的理论目标和实践目标，本研究也拟从两个方面加以开展：一是试图从理论上确立创造性人格的基本维度；二是在此基础上，从应用的角度编制有关中学生的创造性人格量表，并对中学生创造性人格的发展现状进行调查。

基于创造性人格结构的同心圆假说，本研究在分析过程中的基本思路是以统计结果为依据，对创造性人格的特质进行层次上的区分，旨在明确不同特质在创造性活动中重要性上的差异。通过文献回顾，我们还认为，对于不同的创造性活动，起作用的心理特质也应该有所不同，因而我们在研究一般人群的创造性人格特质的同时，还针对不同的领域进行了探讨。我们相信，勾画不同活动领域的创造性人格同心圆结构图是有意义的，有助于人们理解不同领域（如艺术和自然科学）的创造者在内在气质和行为风格上的同与不同，并为创造性人格的培养提供理论依据。

本研究有一个基本假设，即不同领域的创造性活动对创造性人格有不同的要求，或者说创造性人格在不同的活动领域有不同的表现，因此在研究内容上按领域划分不同的章节。首先是一般领域，然后分别是社会科学领域、自然科学领域、艺术领域和管理领域。对每个领域创造性人格的探讨包括三个内容：①勾画每个领域创造性人格的同心圆结构。这一内容既是对前述理论构想的一种实证探索，也是后续研究的基础，因此在整个研究中起着非常重要的承前启后的作用。②中学生创造性人格量表的编制。这一内容是在前一内容的基础之上进行的，旨在形成一整套有关中学生创造性人格的测量工具，由于不同的活动领域需要不同的创造性人格特质，不同的创造性人格特质量表对于诊断和筛选创造性人才显然更为合理。③㈢中学生创造性人格的现状调查。该部分使用第二部分编制的工具对中学生的创造性人格发展状况做一个较为全面的考察，旨在了解中学生在各个不同领域创造性人格上的现状和特点，以便对中学生创造性人格发展中的问题和优势做出判断。这三个内容在逻辑上是一脉相承的，以期回答这样的问题：创造性人格的一般模型是什么？不同领域的创造性人格结构会有所不同吗？中学生的心理发展水平正处于从幼稚走向成熟的过渡阶段，其创造性人格发展状况如何？我们相信，对这些问题的回答，有助于更好地理解创造性人格的本质及其发展特点，从而为找到有效的培养策略奠定基础。此外，既然有促进创造性的人格特质，就一定有阻碍创造性的人格特质，因此我们认为，仅仅从正面探讨创造性人格至少是不全面的，只有同时考察那些对创造性起着负面作用的人格特质，才能更完整地理解人格特质，也才能制订出更有效的创造性人才培养方案。由此，在本书的最后一章中将对创造性的负性人格进行初步探讨。

总体而言，本研究将重心放在创造性人格领域的一些基础性工作上，与其说是为了获取一些新的成果，不如说是为了提供一种新的视角，或者说是为这种新视角下的下一步工作奠定一些基础。

本章小结

自创造性人格概念提出至今，人们争论得最多的仍然是：什么是创造性人格？按照惯常的思维，创造性人格常被等同于“创造性＋人格”，以为弄清楚创造性和人格的概念就可以弄清楚创造性人格的内涵和外延。这其实是一种误解，先不说创造性和人格本身就是两个难以厘清的概念，即使真的澄清了两个概念，对于我们理解创造性人格也不会有所帮助。因此，我们回到提出创造性人格概念的初衷，把创造性人格理解为一种不同于创造性思维且与个体创造性密切相关的心理因素。这一界定对于撇开有关人格概念的争论，直抵创造性人格的功能性本质是有用的。

在探讨创造性人格结构时，我们也有了组建模型的基本方向，即以对创造性的贡献为标准确立结构。于是，我们提出了创造性人格的同心圆结构模型。这一模型承认创造性人格包含多种特质，但每种特质对创造性的重要性有所差异。它有助于解决有关“创造性是有或无的存在还是程度不同的存在”的争论，也有助于理解不同领域高创造性个体之间的共性和差异。

在讨论完创造性人格的基本问题之后，进一步的研究应将问题锁定在下列方面：

1. 创造性人格的跨文化研究。文化与人格的关系决定了研究这一问题的必要性。只有通过跨文化的比较研究，才有可能更清楚地理解中国文化下创造性人格的内涵。尽管创造性人格的跨文化研究存在种种困难，但通过多种途径可以在一定程度上克服这些困难。

2. 确立创造性人格同心圆结构。现有研究在讨论创造性人格时，往往满足于罗列各种与创造力有关的人格特质，而事实上这些特质之间是有某种内在联系的。创造性人格同心圆结构就是试图根据这些特质对创造性贡献的大小将其整合为一个整体。当然，进一步的问题是每一种特质与创造性思维的关系，只有厘清了二者的关系，创造性人格同心圆结构才算真正完成。

3. 深入探讨创造性人格的发展规律。揭示创造性人格的发展规律是有效培养创造性人格的前提。目前研究应注意整合横断研究和追踪研究以探讨教育在不同年龄阶段创造性人格发展中的作用，从进化的角度探讨环境在创造性人格形成中的作用，研究不同领域创造性人格的脑机制以确定脑的发展对塑造创造性人格的基础性作用。

最后，我们对创造性人格（包括创造性负性人格）的研究方案进行了初步探索。我们认为，创造性人格的研究既要注意理论上的创新，又要注意实践上的应用。在研究内容上要重点从四个方面加以展开：明确创造性人格特质，建构创造性人格结构，揭示创造性人格与创造性思维的关系，厘清创造性人格的发展规律。在方法上要注意横断设计和追踪设计相结合，量化研究和质性研究相补充。具体到本研究，我们在以上研究方案的框架内，将放在两个方面：创造性人格的维度确立和中学生创造性人格量表编制及发展现状。这也是将来更深入地研究创造性人格的基础性工作。

第三章
一般创造性人格的实证研究

人格心理学与创造心理学都是研究独特性的，不同的是前者关注的是个体差异性，后者关注的是创意与行为的独特性。在有关创造性的心理学研究历史中，对于创造性产品和创造行为的研究一直占据了绝对的重要位置。但自从吉尔福特于1950年首先提出和使用“创造性人格”这一概念，越来越多的研究者开始关注人格和创造性之间的关系。大量的研究发现许多人格特质和创造性相关显著，高创造性个体具有不同于普通个体的人格特征。创造性人格的研究热潮也随之形成。

国内外学者对创造性人格的研究取得了较为丰硕的成果。首先，研究者对不同领域内个体的创造性人格进行了研究，其范围遍及自然科学领域、社会科学领域、艺术领域、建筑领域、管理领域等，使我们看到创造性个体的人格共性及在不同领域内表现出的特殊人格特点。其次，研究者采用多种方法进行研究，既以高创造性个体为样本进行研究，也采用公众观调查法，既有个案研究也有大样本研究，既有追踪研究也有横断研究等，多种方法的研究使我们能够对创造性人格有更客观的认识。但在以往的研究中，大多数研究还停留在对创造性人格特质的罗列上，即使部分研究进一步探究了创造性人格的结构，由于研究对象、研究方法的不一致，也造成研究结果复杂纷呈，难以比较。至今尚未能得出被普遍接受的创造性人格结构模型。而对于创造性人格的测量也较为缺乏本土化的可靠工具，因此也限制了对创造性人格现状的了解。

本章的任务就是从人格心理学的角度出发，首先探究创造性个体在人格上表现出的共性特质有哪些，这些特质是否可以通过某种结构模型来更为简洁、有效地进行表达，这些特质在整个创造性人格结构中占有怎样的重要位置；其次根据构建的创造性人格结构模型编制相应的测量工具并对我国中学生的创造性人格发展现状进行调查。具体来说，本章将先采用传记分析法和问卷调查法建构创造性人格结构的一般模型（即跨领域的创造性人格结构总模型），然后以此模型为基础编制中学生创造性人格量表，并以此量表为测量工具对中学生的创造性人格发展现状进行调查。

第一节　创造性人格一般模型的建立

多数研究者认为，创造性人格是指个体所具有的对创造力发展和创造任务完成起促进作用的个性特征。例如开放性、自信、内部动机、广泛的兴趣、好奇心、怀疑性、独立性、坚持性、冒险性、自我接纳、复杂性偏好、精力充沛、自治、直觉、模糊容忍性和自我效能等[①②③④⑤⑥]。研究者们几乎穷尽了各种角度来考察创造性人格特征，视野广泛，且均有所获。可以毫不夸张地说，几乎每一个研究者都能弄出一套所谓创造性人格的特质清单来，而且清单之间总会有相当的重合之处，同时又存在较大的差异，甚至矛盾之处。例如，陈利君的研究发现创造性人格结构与大五人格维度完全一致[⑦]，但是也有一些研究发现大五人格维度和创造性不相关[⑧⑨⑩]。

那么问题是，它们到底谁更科学一些？当然，这是没有答案的。事实上，人格心理学的研究也遇到过同样的问题。某一本关于人格特质的书的两位编辑甚至因为对人格特质分类缺乏一致性感到失望，干脆按字母顺序罗列

---

① Craig，J.，&Baron-Cohen，S. Creativity and imagination in autism and Asperger syndrome. Journal of Autism and Developmental Disorders，1999，29：319-326.

② Feist，G.J.A meta-analysis of personality in scientific and artistic creativity. Personality and Social Psychology Review，1998，2：290.

③ Feist，G.J.&Barron，F.X.Predicting creativity from early to late adulthood：Intellect，potential and personality.Journal of Research in Personality，2003，37：62-88.

④ Haller，C.S. & Courvoisier，D.S.Personality and thinking style in different creative domains. Psychology of Aesthetics，Creativity，and the Arts，2010，4：149.

⑤ Helson ，R，Roberts，B. & Agronick，G.Enduringness and change in creative personality and the prediction of occupational creativity. Journal of Personality and Social Psychology，1995，69：1173-1183.

⑥ Ivcevic，Z & Mayer，J.D.Creative types and personality. Imagination，Cognition and Personality，2007，26：65-86.

⑦ 陈利君 . 创造型人格研究——创造型人格结构模型的建立与中学生创造型人格量表的编制 . 长沙：湖南师范大学，2003.

⑧ Dollinger，S.J. & Clancy，S.M. Identitu，self，and personality：II.Glimpses through the autophotographic eye.Jouraal of Personality and Social Psychology，1993，64：1064-1071.

⑨ Haller，C.S. & Courvoisier，D.S.Personality and thinking style in different creative domains. Psychology of Aesthetics，Creativity and the Arts，2010，4：149.

⑩ McCrae，R.R.Creativity，divergent thinking，and openness to experience. Journal of Personality and Social Psychology，1987，52：1258-1265.

人格特质[①]。这其实也是创造性人格研究现状的写照。究其原因，不同的研究者采用不同的研究方法、不同的研究样本来研究创造性人格，不同的研究者对创造性人格的理解又有所差异，所以很多被标示为高创造性者的人格特质是不可靠的[②]。

另外，Helson 认为，没有哪种单一、同质的人格特质是所有高创造性群体的共同特征，并能够有效区分高创造性和低创造性群体[③]。Csikszentmihalyi 也认为高创造性群体是各种相互冲突属性的聚合物[④]。因此，高创造性群体的人格特质不是一个单一的特定人格剖面，而具有一定的复杂性[⑤]。

显然，在创造性人格研究中，仅仅罗列特质是不够的，还应该找到更坚实的基础来组织这些人格特质，因此，对创造性人格结构的探讨仍是重中之重。

基于此，本研究将综合利用多种方法探讨创造性人格特质，并在同心圆结构的框架下将这些人格特质加以整合，以求构建创造性人格的一般模型，同时为编制创造性人格量表及后续研究打下理论基础。

一、研究目的

根据现有研究存在的问题，本研究试图在同心圆结构的框架下建构创

① ［美］兰迪·拉森·戴维·巴斯，郭永玉，等译．人格心理学——人性的科学探索．北京：人民邮电出版社，2011，68.

② Helson，R，Roberts，B.& Agronick，G.Enduringness and change in creative personality and the prediction of occupational creativity. Journal of Personality and Social Psychology，1995，69：1173-1183.

③ Helson，R.In search of the creative personality. Creativity Research Journal，1996，9：295-306.

④ Csikszentmihalyi，M.Creativity：Flow and the psychology of discovery and invention.New York：Haper Collins.

⑤ Haller，C.S & Courvoisier，D.S.Personality and thinking style in different creative domains. Psychology of Aesthetics，Creativity and the Arts，4：149.

造性人格的一般结构模型，以对各种人格特质整合分类，明确各种人格特质在整个人格结构中的位置，从而有效区分高创造性个体与普通个体所不同的人格特质。具体来说，本研究将首先利用传记分析、开放式和半开放式问卷调查等方法形成创造性人格特质形容词表；再对自然科学领域、社会科学领域及艺术领域的高创造性个体进行词汇评定，并通过探索性因素分析和验证性因素分析提取人格特质，并将这些人格特质整合至同心圆结构之中。

二、研究方法

（一）被试

本研究的研究对象包括在自然科学领域、社会科学领域和艺术领域中表现出高创造性的个体。其中，自然科学领域选取的对象是主持过省级或省级以上课题的研究者，或者在 CSI 收录杂志中发表文章的研究者；社会科学领域选取的对象是主持过省级或省级以上课题的研究者；艺术领域选取的对象是其创作的艺术作品获得过市级及市级以上奖励的艺术工作者。他们被界定为高创造性群体。

研究对象主要来自湖南师范大学、广西师范大学、广西大学等高校和湖南省及广西壮族自治区教科院等科研机构。探索样本 1499 名，其中男性 733 名，女性 608 名，158 名没有填写性别；年龄从 18 到 72 岁，平均年龄 41 岁；专业包括医学、计算机、化工、物理与电子、数学、土木工程、机械、自动化、教育技术、中文、历史、政治、法学、教育学、心理学等，艺术工作者的工作类型包括舞蹈、音乐、绘画、广告设计、多媒体、工业设计、艺术设计、节目主持等。

验证样本 1429 名，其中男性 784 名，女性 532 名，113 名没有填写性别；年龄从 20 到 70 岁，平均年龄 40.8 岁；专业包括医学、计算机、化工、物理与电子、数学、土木工程、机械、自动化、教育技术、中文、历史、政治、教育学等，艺术工作者的工作类型包括舞蹈、音乐、绘画、广告设计、多媒体、工业设计、艺术设计、节目主持等。

（二）工具与材料

1. 自编的创造性人格特质形容词表

人格特质理论有一个重要的研究假设，就是人格研究的词汇学假设，即自然语言中蕴涵了人类人格结构的模型以及所有的人格特点。按照这一假设，如果将所有用于描写人类行为特点的中文人格特质形容词选出，通过被试评定和统计分析，应能揭示出中国人的人格结构①。研究者认为，这种思路同样适用于创造性人格结构的研究。因此，研究者自编了创造性人格特质形容词表。该词表包括 100 个人格词，采用 5 点记分，从 1 分（很不符合）到 5 分（很符合）。

2. 威廉斯创造性倾向量表

采用威廉斯创造性倾向量表作为效标量表。此量表为台湾王木荣修订，共 50 个项目，包括冒险性、好奇性、想象力、挑战性四个维度，从完全不符合到完全符合 3 级记分，测验后可以计算 4 个维度的分数及总分。

（三）步骤

首先形成创造性人格特质形容词表，再将创造性人格特质形容词随机排列，要求研究对象对每一个人格特质形容词与自己情况的符合程度进行 1 分（很不符合）到 5 分（很符合）的 5 级评分。然后对调查结果进行探索性和验证性因素分析，构建创造性人格结构的一般模型。

（四）统计处理

采用 EpiData3.1 进行数据录入与检查，采用 SPSS 11.5 进行探索性因

---

① 王登峰，崔红．文化、语言、人格结构．北京大学学报：哲学社会科学版，2000（4）：40.

素分析、信度分析等，采用 Lisrel8.7 进行验证性因素分析。

三、研究结果

（一）创造性人格特质形容词表的形成

1. 选词

参看国内外对人格和创造性人格研究选词的方法，本研究主要采用传记分析法和开放式问卷调查法两种方法选词，即词汇来源于高创造性人物传记和日常用语。

（1）传记分析法选词。传记分析法选词，是通过阅读中国创造性人物传记，从中选择出描述传主人格的形容词。具体做法是，首先查找湖南师大图书馆和广西师大图书馆所有传记书目，将其传主列出，共得到 508 位人物,其面涉及古代至近现代各个领域。请 12 位教授（分别属于社会科学、自然科学、管理和艺术等领域）从中选择出有创造性的人物，将有 3 人以上没有选择的人物和重复的人名删除，最后得到创造性人物传记共 214 本。其中社会科学领域 61 本，自然科学领域 17 本，艺术领域 66 本，管理者、军事家、领导人 68 本，混合传记 2 本。

（2）开放式问卷法选词。通过开放式问卷，从对目标人物（高创造性者）的描述中获得与创造性人格有关的日常用语。为此，在湖南师范大学和广西师范大学的教授中，将一些国家级、省级和校级的学科带头人定为目标人物（共 50 人）。编制开放式调查问卷，发放至与目标人物交往甚密的同事或研究生，让他们用尽可能多的形容词对目标人物的人格特征进行描述。指导语为：“____ 教授是省内乃至国内知名的专家，是公认的有高创造性的学者。作为他的同事（或学生），请您用尽可能多的形容词对他进行描述。”发放问卷 750 份，回收有效问卷 487 份。

2. 形成创造性人格特质形容词表

通过传记分析得出的描述人格的术语有 1152 个，通过开放式问卷得到的人格术语有 420 个。将以两种方法所得到的两个原始词表分别综合、整理，合并同义词，并找出其中描述稳定人格特质的形容词（参照王登峰等人关于中国人人格词汇的划分①），第一次合并相同词汇和删除不是描写“稳定性人格”的形容词，从两个途径分别得到 320 和 130 个词汇。经合并，删除相同词汇 80 个，剩余 370 个词汇。因为两个原始词表的总词频不同，分别计算出两个词表中各人格特质形容词除以词表中词汇总数的百分数，再由专家（两名副教授、两名博士、一名硕士）进行逻辑分析，将同义词进行合并，最后选定 100 个形容词形成正式的创造性人格特质形容词表。100 个形容词的词频分析结果见表 3-1。

表 3-1 创造性人格词汇的频数表（%）

和蔼	35.42%	精明	9.20%	镇定	5.73%	仁慈	4.17%
幽默	26.42%	机智	9.11%	敬业	5.71%	顽皮	4.17%
热情	25.90%	宽容	9.11%	抱负	5.64%	合作	4.08%
乐观	23.38%	大方	8.98%	温柔	5.64%	宽容	4.05%
自信	21.20%	慷慨	8.85%	自然	5.64%	开拓	3.99%
严格	20.67%	民主	8.85%	才华	5.47%	理智	3.99%
谦虚	17.87%	毅力	8.80%	忠厚	5.47%	磊落	3.91%
刻苦	16.93%	自由	8.68%	重感情	5.12%	专心	3.91%
真诚	16.39%	淡泊	8.57%	好奇	5.03%	腼腆	3.82%
正直	16.37%	开放	8.33%	儒雅	5.00%	世俗	3.82%
一丝不苟	15.39%	远见	8.25%	可爱	4.95%	冲动	3.73%
睿智	14.82%	深刻	8.07%	锲而不舍	4.95%	低调	3.65%
好学	13.34%	自尊	7.81%	怀疑	4.86%	焦虑	3.65%
坚韧	13.08%	乐于助人	7.52%	坦然	4.86%	率真	3.65%
进取	12.75%	愉快	7.29%	妥协	4.77%	兴趣广泛	3.33%
开朗	12.73%	固执	7.20%	雄心勃勃	4.51%	尽责	3.10%
灵活	11.99%	自负	7.12%	成熟	4.43%	精益求精	2.86%
勇敢	11.55%	深沉	7.03%	脚踏实地	4.43%	逻辑	2.86%

① 王登峰，崔红．中西方人格结构差异的理论与实证分析——以中国人人格量表（QZPS）和西方五因素人格量表（NEOPI-R）为例．心理学报，2008，40（3）：327-338.

续表

务实	11.43%	自强	7.03%	任性	4.43%	批判	2.86%
激情	10.82%	浪漫	6.51%	城府	4.34%	爱心	2.62%
天真	10.16%	洒脱	6.34%	狂妄	4.34%	感性	2.62%
博学	10.00%	深思熟虑	6.25%	叛逆	4.34%	活力	2.62%
敏感	9.90%	细心	6.08%	敢作敢为	4.25%	雷厉风行	2.62%
高傲	9.55%	活跃	5.73%	健谈	4.17%	友善	2.62%
幻想	9.39%	急躁	5.73%	偏激	4.17%	想象	2.38%

（二）项目分析

项目难度在人格、态度测验中称为“通俗性”，经统计分析，100 个词的通俗性在 0.4 到 0.8 之间，基本符合要求。再剔除区分度较低的词（鉴别指数小于 0.2 的词），剩余 46 个词语项目。

（三）探索性因素分析

对 1499 个探索样本的数据进行初步分析，结果显示 KMO 统计值为 0.938，Bartlett' 球形检验的 x^2 值为 19960.169，p=0.000，说明数据适合进行因素分析。

经过多次探索性因素分析，删除了载荷小于 0.3 的项目和在 2 个及以上因素上存在载荷差异小于 0.15 的项目，最后形成了一个有 38 个词语项目的结构模型。探索性因素分析抽取特征值大于 1 的因素，一共有五个因素，共解释了总变异的 48.66%，结果见表 3–2。这五个因素所包括的项目及因子载荷见表 3–3。

表 3–2　因素特征值及总变异解释率

因素	特征值	方差贡献率（%）	累积方差贡献率（%）
1	8.987	23.651	23.651
2	4.481	11.792	35.443
3	2.196	5.779	41.222
4	1.685	4.434	45.655
5	1.142	3.006	48.661

表 3–3　因素载荷表

项目	因素 1	因素 2	因素 3	因素 4	因素 5
锲而不舍的	0.808				
刻苦的	0.789				
一丝不苟的	0.704				
好学的	0.703				
严格的	0.676				
专心的	0.652				
精益求精的	0.639				
有毅力的	0.569				
进取的	0.556				
敬业的	0.538				
友善的		0.749			
仁慈的		0.722			
宽容的		0.721			
和蔼的		0.705			
忠厚的		0.688			
有爱心的		0.664			
乐于助人的		0.580			
幽默的			0.738		
健谈的			0.714		
开朗的			0.665		
活力的			0.649		
活跃的			0.643		
灵活的			0.585		
洒脱的			0.575		
乐观的			0.390		
偏激的				0.769	
焦虑的				0.723	
自负的				0.700	
狂妄的				0.699	
叛逆的				0.579	
急躁的				0.550	
冲动的				0.538	
任性的				0.491	
幻想的					0.797
好奇的					0.558
敏感的					0.424
顽皮的					0.380
富于想象的					0.357

根据各因素所包含项目的具体内容，对各因素进行命名。因素 1 的项

目涉及锲而不舍、刻苦、一丝不苟、好学、严格、专心、精益求精、毅力、进取、敬业等，命名为“勤勉严谨”。因素 2 的项目涉及友善、仁慈、宽容、和蔼、忠厚、有爱心、乐于助人等，命名为“友善仁慈”；因素 3 的项目涉及幽默、健谈、开朗、活力、活跃、灵活、洒脱、乐观等，命名为“外向活泼”；因素 4 的项目涉及偏激、焦虑、自负、狂妄、叛逆、急躁、冲动、任性等，命名为“神经质”；因素 5 的项目涉及幻想、好奇、敏感、顽皮、富于想象等，命名为“好奇幻想”。

（四）验证性因素分析

为了验证所探索出的“创造性人格结构一般模型”的有效性，采用 Lisrel8.7 对 1429 个验证样本进行验证性因素分析。模型拟合结果见表 3-4。

表 3-4 创造性人格结构一般模型的拟合指数

拟合指数	x^2	df	x^2/df	CFI	NFI	NNFI	RMSEA
研究模型	5199.30	655	7.94	0.93	0.92	0.92	0.078

从拟合指数来看，CFI、NFI、NNFI 都在 0.9 以上，RMSEA 小于 0.08，说明模型的总体拟合度比较好。可见，创造性人格结构一般模型包括 5 个维度，即“勤勉严谨”（10 个词语项目）、“友善仁慈”（7 个词语项目）、“外向活泼”（8 个词语项目）、“神经质”（8 个词语项目）、“好奇幻想”（5 个词语项目），具有较好的结构效度。

四、讨论

（一）词汇学方法和创造性人格特质形容词表

采用词汇学方法研究人格特质的历史由来已久。19 世纪末，高尔顿率先提出了基本的词汇学假设，即特质词能够反映人的心理特征，可以通过分析特质词来研究人的心理特征。他使用词汇学方法对人格进行研究，通过从词典中收集人格特质词汇，组成了有1000多个词的词表①。在心理学领域，以Allport（奥尔波特）为代表的人格特质流派自20世纪30年代以来就开始了人格研究词汇学分析方法的研究。奥尔波特和Odbert（奥德特）从1925年版的《韦伯斯特新国际字典》中挑选“任何能区分人类行为差异的术语”共17953个，并进行了系统分类②；Cattell（卡特尔）在奥尔波特和奥德特词表的基础上形成了具有171个丛类的词汇表，并对人格特质词汇进行聚类分析和因素分析③。我国的很多心理学研究者也对人格特质词汇进行了研究，如杨国枢和李本华④，宋维真和张妙清⑤，王登峰等。其中，王登峰等通过从词典和对目标人群的描述两种途径收集词汇，并对收集的词汇进行整理和归类，形成了人格术语词表⑥。在该词表的基础上，进行探索性因素分析，得到了中国人人格结构的7个维度⑦。目前，采用词汇法研究人格结构已经成为一种被广为接受的研究方法，其作用也日益被研究者们关注。

大多数的人格特质名称都会被编码到自然语言中去，这是从自然语言中寻找人格特质的基本设想。因此，在某一社会中长期使用的语言应能包含这一文化中描述任何一个人所需要的概念和构念，不同的文化（语言）

① 李英．当代中国大学生人格问卷的编制及特点的研究．郑州大学硕士学位论文，2011.

② Allport，G.W.，Odbert，H.S. Trait names：A psycho-lexical Study. Psychological Monographs，1936，1：41.

③ Cattel，R.B.The description of personality principles and findings in a factor analysis.American Journal of Psychology，1945，58：69-90.

④ 杨国枢，李本华.557个中文人格特质形容词的好恶度，意义度及熟悉度，台湾大学心理系研究报告，1973，11.

⑤ 宋维真，张建新，张建平，等．编制中国人个性测量班（CPAI）的意义与程序．心理学报，1993，22（4）：400-407.

⑥ 王登峰，方林，左衍涛．中国人人格的词汇研究．心理系报，1995，27（4）：400-406.

⑦ Yang，G.，Wang，D.Personality dimensions for the Chinese（in Chinese）.Paper presented to the Third Conference of Chinese Psychologists，1999.

也会对人格特点（维度）产生影响。因此，本研究试图采用传记分析法和开放式问卷调查法进行选词，编制出本土化的创造性人格词汇表，进而对中国本土高创造性人群的人格结构进行探讨。词汇来源于高创造性人物传记和日常词汇，由心理学研究生将两种途径获得的词汇综合、整理、合并同义词，最终形成了一个包括 100 个词的创造性人格特质形容词表。综上，本研究编制的创造性人格特质形容词表应能较全面地反映中国人的创造性人格特点，为深入系统地研究中国人的创造性人格提供了必要的基础性资料。该词表也将作为后续章节研究中的重要工具。

（二）创造性人格结构的一般模型

自人格心理学家奥尔波特将特质这一概念定义为人格基本单位之后，很多心理学家都试图用特质来建构复杂多样的人格结构。在创造性人格特质的研究中亦是如此。面对纷繁复杂的创造性人格特质清单，对其结构的探讨仍是重中之重。但由于创造性人格涉及科学研究和生活的各个领域，以往研究大多只针对某特定领域的创造性人格进行研究，因此在研究对象上有很大差异，再加上研究方法的不同，很难得出较为统一的研究结论。此外，不少研究在取样上也存在样本量偏小或样本代表性不够等不足。本研究为了深入探究高创造性群体区别于普通人的人格结构，在研究对象和取样上做了较大改进。研究对象涉及自然科学领域、社会科学领域和艺术领域，涵盖范围相当广；用于结构模型探索和验证的样本量均在 1400 以上。

本研究采用自编的创造性人格特质形容词表对多领域的高创造性人才进行词汇评定研究，得出创造性人格的一般结构由 5 个因素构成，即“勤勉严谨”、“友善仁慈”、“外向活泼”、“神经质”、“好奇幻想”。

因素一被命名为“勤勉坚毅”。它描述的是一个人对待事物的勤奋、认真和坚持态度。在 5 级计分中，高创造性个体在该因素所有项目上得分都在 3.7–4.1 之间，普遍较高。表明高创造性个体勤奋努力、做事情严谨认真、非常有毅力和专注，对所追求的事业坚持不懈。

因素二被命名为“友善仁慈”。它描述的是一个人的内在品质、人际关系上的友善、亲近、和睦的特点。在5级计分中，高创造性个体在该因素所有项目上得分都在3.9~4.2之间，得分非常高。表明高创造性个体友善仁慈、宽容忠厚、有爱心。

因素三被命名为“外向活泼”。它描述的是个体的内外倾向性和灵活性。在5级计分中，高创造性个体在该因素所有项目上得分都在3.5–4.0之间，得分较高。表明高创造性者开朗健谈、幽默、有活力、灵活、洒脱。

因素四被命名为“神经质”。 它描述的是一个人情绪不稳定的状态，包括偏激焦虑、急躁冲动、自负狂妄和叛逆任性。在5级计分中，高创造性个体在该因素所包含的8个项目上得分在2.1–2.8之间，平均得分2.5。表明高创造性个体在偏激、焦虑、自负、狂妄、叛逆、急躁、冲动、任性等方面并没有表现出高分的情况。

因素五被命名为“好奇幻想”。它描述的是一个人的想象力、好奇心、敏感性和顽皮。在5级计分中，高创造性个体在好奇心和富于想象上的得分为3.7，敏感上的得分为3.4，得分中等偏高。表明高创造性个体富有想象力，好奇、敏感。

从得分情况看，“勤勉严谨”、“友善仁慈”、“外向活泼”是分数最高的，也就意味着创造性个体在这些方面比较突出。这与特定领域创造性人格结构研究的结果有较高的一致性。例如，彭运石等分别研究了自然科学领域、社会科学领域和艺术领域的创造性人格结构，认为自然科学领域的创造性人格由7个因素构成，分别是神经质、勤勉坚毅、真诚友善、淡泊沉稳、激情敏感、逻辑性和孩子气①；社会科学领域的创造性人格有6

---

① 彭运石，莫文，彭磊．自然科学领域创造性人格结构模型的建立．湖南师范大学教育科学学报，2013，04.

个因素构成，分别是进取坚毅、博才好思、友善诚信、活泼风趣、高傲叛逆、沉着稳重[①]；艺术领域的创造性人格由7个因素构成，分别是神经质、勤勉坚毅、积极情绪、善良友好、深谋远虑、轻松直率、孩子气。在不同的领域中，高创造性个体均表现出了突出的“勤勉坚毅”、“友善”、“活泼”的特点。

根据各维度对创造性人格的贡献率建构同心圆结构（如图3-1）。

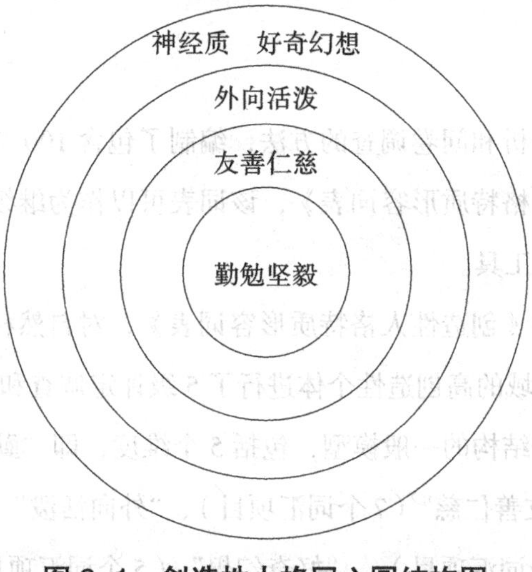

图3-1　创造性人格同心圆结构图

从同心圆结构图可以看出，首先，“勤勉严谨”在创造性人格中居于核心位置，即一个人对待事物的勤奋认真和坚持态度与创造性关系最为密切。个体越具备勤奋进取、严谨认真、有毅力和专注的特质，则越容易产生创造性产品。古今中外许多科学家、学者的非凡成就也说明了这一点。例如，发明家爱迪生有一句经典名言，“天才就是百分之九十九的汗水加百分之一的灵感”；作家高尔基说“天才就其本质而论不过是对视野、对工作过程的热爱而已”；数学家华罗庚说“聪明在于勤奋，天才在于积累”；

① 彭运石，段碧花．社会科学领域创造性人格结构模型研究．湖南师范大学教育科学学报，2011.01.

土木工程学家茅以升说“对搞科学的人来说，勤奋就是成功之母！”。第二，“友善仁慈”也是居于中心位置的人格特质。即高创造性个体表现出在人际关系中的亲和友善、有爱心。这一特点在后面的自然科学领域、社会科学领域和艺术领域的创造性人格结构研究中均有发现。第三，“外向活泼”与“勤勉坚毅”和“友善仁慈”相比，处于创造性人格结构中相对外围一些的位置。第四，“神经质”和“好奇幻想”位于创造性人格结构中最外围的位置。

五、结论

采用传记分析和问卷调查的方法，编制了包含100个词汇项目的本土化的《创造性人格特质形容词表》，该词表可以作为继续探索具体领域创造性人格特质的工具。

采用自编的《创造性人格特质形容词表》，对自然科学领域、社会科学领域、艺术领域的高创造性个体进行了5级评定调查和探索性因素分析，得出创造性人格结构的一般模型，包括5个维度，即“勤勉严谨”（10个词汇项目）、“友善仁慈”（7个词汇项目）、“外向活泼”（8个词汇项目）、“神经质”（8个词汇项目）、“好奇幻想”（5个词汇项目）。其中，“勤勉坚毅”是创造性人格中最核心的特质，意味着高创造性个体更多表现出勤奋进取、严谨认真、有毅力和专注等人格特点。验证性因素分析中，各拟合指数都达到统计要求。整个模型结构的信度、效度等指标也良好地达到心理测量学要求。因此，本结构模型可以继续为以后研究所用。

第二节 中学生创造性人格量表的初步编制

创造潜能的开发与创造性人格的养成与完善是分不开的。与此相应，如何鉴别与培养学生的创造性人格进而促进其创造潜能的发挥，就成了创造力研究领域亟待解决的重要课题之一，而编制创造性人格量表就是其中的重要一环。

研究显示，中小学生创造性人格总体发展趋势为：15 岁以前是第一个稳定期；15–18 岁为突变期，16–17 岁学生的创造性人格的水平显著降低；18 岁以后又进入第二个稳定期，其水平与第一阶段相当[①]。从中可以看出，中学阶段，尤其是高中阶段在创造性人格发展过程中有其特殊性。因此，如何理解这种特殊性，以及如何根据这种特殊性提出培养中学生创造性人格的有效途径就显得非常有意义了。而弄清这些问题的前提条件之一是编制一个科学实用的测量工具。然而，尽管国外研究者已经开始进行这方面的工作，如威廉姆斯编制的《威廉斯创造力倾向测量表》、高夫编制的《创造人格量表》、托伦斯编制的创造性人格自陈量表《你属于哪一类人》、Rimm 和 Davis 研制的《发现创造性人才集体调查表》，这些量表成为国外有关创造性研究的常用测量工具，但专门针对中学生的创造性人格量表还比较少见。而国内只有少数研究者在这方面做了研究，如谭和平和王彬照编制的《高中生创新心理素质评定量表》、陈利君利用高夫的词汇编制了《中学生创造性人格鉴定量表》等。其中，谭和平和王彬照编制的《高中生创新心理素质评定量表》的编制仅针对高中一、二年级的学生进行了取样；陈利君的《中学生创造性人格鉴定量表》基本是在高夫词汇的基础上修订而成，不够反映本土化特色。因此，尽快建立适合于我国中学生的创造性人格量表是我们当前应该进行的一个工作。

一、研究目的

在前期的研究中，我们已经形成了自编的《创造性人格特质形容词表》。

① 涅衍刚，郑雪．儿童青少年的创造性人格发展特点的研究．心理科学，2005，28（2）：356–361.

由于该词表是通过对我国自然科学领域、社会科学领域、艺术和管理领域的高创造性人员的调查研究而得，因而能够较好地反映中国人的创造性人格特质。在该词表的基础上，又构建出了创造性人格结构的一般模型。因此，本研究以该结构模型为框架，在创造性人格特质形容词的基础上，编制《中学生创造性人格量表》，然后在中学生群体中施测，并对量表的信度、效度进行分析。

二、研究方法

（一）被试

采用分层整群随机抽样，从湖南省长沙市、株洲市和岳阳市抽取4所学校，其中2所高中、2所初中；再从每所高中的高一、高二年级各取3个班，从每所初中的三个年级中各取2~3个班；最终对初一至高二的5个年级、24个班进行了问卷调查。共调查1208名中学生，有效被试1156名，有效率96%。其中，男生554名，女生599名，未填写性别3名；初一235名，初二247名，初三97名，高一281名，高二296名；最低年龄11岁，最高年龄19岁，平均年龄14.8岁。

（二）工具与材料

1. 自编《中学生创造性人格量表》

在已确立的创造性人格结构一般模型的基础上，根据自编《创造性人格特质形容词表》中与模型的五个因素相关的形容词所代表的人格特质含义，让1名心理学副教授、1名心理学讲师和1名心理学博士生各自给每个词汇编写1~2个有关中学生平时学习或生活的句子，以反映该词汇所代表的人格特质的行为表现或内心体验、欲求水平以及具备（或不具备）该特质的程度。再集中开会讨论，依据每一个形容词所代表的人格特质含义对原始项目进行逐个修改，并考虑中学生年龄特点，对项目的表达和措辞一并进行修改，最终确定《中学生创造性人格量表》共38个项目。采用1（特别不符合）到5（特别符合）的5级计分，让被试对每个项目与自己情况的符合程度进行评价。为了防止语言暗示和作答偏向，施测时将量表名称替换为“中学生学习、生活情况调查表”。

2. 威廉斯创造性倾向测量表

此量表为台湾王木荣修订，共50个项目，包括冒险性、好奇性、想象力、挑战性四个维度，从完全不符合到完全符合3级记分，测验后可以计算4个维度的分数及总分。

（三）施测

以班级为单位进行调查，先由班主任组织，然后由2名心理学硕士生做主试发放问卷并说明注意事项，最后由学生集中在课堂上完成《中学生创造性人格量表》和《威廉斯创造性倾向测量表》。

（四）统计处理

收回纸质问卷后集中编号，采用SPSS21.0进行项目分析、信度检验，用Mplus7.0进行验证性因素分析。

三、结果与分析

（一）项目分析

人格测验中，难度被称为“通俗性”，以各项目平均分除以该项目满分获得。经计算，本量表38个项目的通俗性在0.36–0.84之间，平均值为0.67。项目区分度的估计方法有多种，在本研究中，各项目的区分度将用总分高低分组（各27%）在各项目上的独立样本t检验来评估。从结果来看，各项目的通俗性和区分度均符合测量学要求，都可以保留。具体结果见表3–5。

表 3-5 各项目的通俗性和区分度

项目	平均分	通俗性	t	p
T1	3.10	0.62	10.755	0.000
T2	3.40	0.68	13.188	0.000
T3	3.57	0.71	16.570	0.000
T4	3.24	0.65	11.022	0.000
T5	2.97	0.59	10.903	0.000
T6	3.42	0.68	15.155	0.000
T7	3.32	0.66	15.055	0.000
T8	3.62	0.72	18.201	0.000
T9	3.51	0.70	14.213	0.000
T10	3.50	0.70	16.443	0.000
T11	3.96	0.79	13.604	0.000
T12	4.19	0.84	13.684	0.000
T13	3.85	0.77	14.359	0.000
T14	3.91	0.78	12.873	0.000
T15	3.88	0.78	15.927	0.000
T16	4.13	0.83	16.519	0.000
T17	3.80	0.76	13.518	0.000
T18	3.60	0.72	4.500	0.000
T19	3.69	0.74	15.193	0.000
T20	3.36	0.67	15.236	0.000
T21	3.91	0.78	18.132	0.000
T22	3.63	0.73	10.530	0.000
T23	3.76	0.75	19.730	0.000
T24	3.54	0.71	16.579	0.000
T25	3.47	0.69	21.507	0.000
T26	2.40	0.48	5.802	0.000
T27	3.07	0.61	1.290	0.198
T28	2.24	0.45	5.418	0.000
T29	1.80	0.36	3.319	0.001
T30	3.15	0.63	3.328	0.001
T31	2.86	0.57	2.565	0.011
T32	2.28	0.46	0.820	0.412
T33	2.04	0.41	4.222	0.000
T34	4.06	0.81	16.006	0.000
T35	3.90	0.78	17.578	0.000
T36	2.77	0.55	6.163	0.000
T37	3.79	0.76	13.300	0.000
T38	3.51	0.70	15.291	0.000

（二）信度分析

在对本研究编制的中学生创造性人格量表进行信度检验时，采用克龙巴赫 α 系数进行估计。结果见表 3–6。

表 3–6　量表的克龙巴赫 α 系数

量表	克龙巴赫 α 系数
“勤勉严谨”	0.906
“友爱仁慈”	0.862
“外向活泼”	0.821
“神经质”	0.822
“好奇幻想”	0.590
总量表	0.867

从表 3–6 可以看出，本研究编制的中学生创造性人格量表的五个分量表中，前四个分量表的克龙巴赫 α 系数在 0.821–0.906 之间，非常理想；“好奇幻想”分量表的克龙巴赫 α 系数接近 0.6，勉强可以接受但偏低；总量表的克龙巴赫 α 系数为 0.867，非常好；因此，本量表总体上达到了测量学的要求。

（三）效度分析

1. 内容效度

内容效度反映的是一个测验的内容代表了它所要测量的主题内容的程度，通常采用专家逻辑判断法。中学生创造性人格量表，由心理学 1 名副教授、1 名讲师、1 名博士生各自给每个词语编写了句子，再集中开会讨论，依据每一个形容词所代表的人格特质含义对原始项目进行逐个修改，最终形成大家都比较认可的测试内容。因此可以认为本量表具有较高的内容效度。

2. 结构效度

采用 Mplus7.0 对量表的结构进行验证性因素分析，该模型的拟合结果见表 3–7。

表 3-7　中学生创造性人格量表的模型拟合指数

模型	x^2	df	x^2/df	CFI	TLI	RMSEA	SRMR
初始模型	2034.504	655	3.11	0.891	0.884	0.044	0.044

从结果来看，模型的 x^2/df 的值为 3.11，小于 5，达到接受水平；RMSEA 和 SRMR 值为 0.044，小于 0.05，拟合非常好；CFI 和 TLI 接近 0.9，达到可接受的临界水平；综合来看，该模型拟合度基本可以接受。

3. 效标关联效度

以台湾王木荣修订的威廉斯创造性倾向测量表为效度测验，将中学生创造性人格量表的 5 个分量表与威廉斯创造性倾向测量表的 4 个维度进行了相关分析，结果见表 3-8。

表 3-8　本量表与效标测验的相关系数

	冒险性	好奇性	想象力	挑战性	W 量表总分
勤勉严谨	0.295**	0.234**	0.211**	0.267**	0.311**
友爱仁慈	0.346**	0.302**	0.267**	0.327**	0.380**
外向活泼	0.438**	0.349**	0.340**	0.395**	0.463**
神经质	0.030	0.111**	0.221**	0.088*	0.146**
好奇幻想	0.402**	0.497**	0.523**	0.474**	0.593**
总量表	0.372**	0.366**	0.347**	0.417**	0.455**

注： * 在 0.05 水平上显著相关； ** 在 0.01 水平上显著相关

从结果来看，除了“神经质”与“冒险性”没有达到显著相关外，本量表的各个维度及总量表得分与威廉斯创造性倾向测量表的各个维度及量表总分均达到了显著相关。说明中学生创造性人格量表具有较高的效标效度。

四、讨论

《中学生创造性人格量表》是在创造性人格结构一般模型的基础上编制的，数据分析产生的量表结构与理论模型相一致，说明最初的理论模型是合理的。该人格量表是针对中学生的创造性人格特质而编制的，对于评估中学生的创造性潜质是有价值的。

项目分析是根据测试结果对组成量表的各个题目进行分析，从而评价题目好坏，对题目进行筛选。本研究主要从测验的难度（通俗性）和区分度来对量表的项目进行分析。从通俗性分析的结果来看，整个量表各项目的通俗性都达到中等到良好的程度。从各项目的区分度来看，各项目的高低分组的独立样本 t 检验也都达到了显著差异，说明区分度达到了非常好的效果。

测验信度是指测验的稳定性、可靠性。从克龙巴赫 α 系数的值来看，5 个分量表的 α 系数的值在 0.590–0.906 之间，总量表的 α 系数为 0.867，因此本量表总体上达到了测量学的要求。

从测验的内容效度来看，中学生创造性人格量表是多名心理学工作者根据相关词汇编写句子，再集中开会进行讨论和修改，最终形成了大家比较认可的测量内容。因此可以认为本量表具有较好的内容效度。从测验的结构效度来看，本研究采用验证性因素分析的方法对量表的结构效度进行估计，各拟合指数也达到了基本或理想的数值，反映了测验结构与理论结构之间有比较好的一致性，说明本量表具有良好的结构效度。

从测验的效标关联效度来看，本研究采用台湾王木荣修订的威廉斯创造性倾向测量表为效度标准，将中学生创造性人格量表的 5 个分量表与威廉斯创造性倾向测量表的 4 个维度进行了相关分析。除了“神经质”与“冒险性”没有达到显著相关外，本量表的各个维度及总量表得分与威廉斯创造性倾向量表的各个维度和量表总分均达到了显著相关。说明中学生创造性人格量表具有较高的效标效度。究其原因可能是威廉斯创造性倾向测量表中没有关于神经质相关的测量内容，本量表是在中国文化下以中国人为主体建构的模型的基础上编制的。相较于国外现有的创造性人格测量工具，本量表更适合于中国人的特点，其有其独特的理论价值和应用价值。总的来说，中学生创造性人格量表的效度表现良好，达到测量学要求。

经过对中学生创造性人格量表的项目分析和信度、效度分析，绝大部分指标达到了心理测量学要求，因此该量表可以推广使用。中学生创造性人格量表包括五个分量表，其中“勤勉严谨”包括10个项目，测量中学生在学习和生活中对待事情的勤奋认真和坚持态度；“友善仁慈”包括7个项目，测量中学生在人际关系上的友善态度；“外向活泼”包括8个项目，测量中学生的内外倾向性和灵活性；“神经质”包括8个项目，测量中学生的情绪不稳定的状态；“好奇幻想”包括5个项目，测量中学生的想象力、好奇心、敏感性方面的特点。

五、结论

1. 中学生创造性人格量表包括5个维度：“勤勉严谨”（包括10个项目）、“友善仁慈”（包括7个项目）、“外向活泼”（包括8个项目）、“神经质”（包括8个项目）、“好奇幻想”（包括5个项目）。

2. 中学生创造性人格量表具有良好的信度、效度，可以作为评价中学生创造性人格的良好测量工具。

附录：

中学生创造性人格量表

（施测名称：中学生学习、生活情况调查表）

姓名________ 学校________ 年 级________

年龄________ 性别________ 文理科________

亲爱的同学，下面是一些和您学习生活相关的条目，如果完全符合您的情况请在5打钩，有些符合请在4打钩，不太确定请在3打钩，不太符合请在2打钩，不符合请在1打钩，题目没有好坏之分，也不和您的学习成绩挂钩，研究人员也会对个人结果进行保密，请您放心填写。非常感谢您的合作！

	完全符合	比较符合	不太确定	不太符合	完全不符合
1. 即使事情遇到困难，我也会不断尝试，直到成功为止。	5	4	3	2	1
2. 我常常学习到很晚，不怕吃苦，不怕困难。	5	4	3	2	1
3. 写作业或考试时我会反复检查，不放过一丝最细微的错误。	5	4	3	2	1
4. 我对学习很有热情和主动性。	5	4	3	2	1
5. 做什么事情我都按规则进行，严格要求自己。	5	4	3	2	1
6. 即使在嘈杂的环境中我也能专心学习。	5	4	3	2	1
7. 我做事情往往要求精益求精。	5	4	3	2	1
8. 一旦设定了目标，我总能克服困难，坚持到底。	5	4	3	2	1
9. 学习中，我一直努力上进，力图达到更高的水平。	5	4	3	2	1
10. 我对待学业非常勤勉认真。	5	4	3	2	1
11. 别人觉得我很友善。	5	4	3	2	1
12. 我富于同情心和怜悯心。	5	4	3	2	1
13. 我能宽容别人，即使他做了对不起我的事情。	5	4	3	2	1
14. 我性情温和、态度可亲，让人心里感到温暖。	5	4	3	2	1
15. 我做人忠厚老实。	5	4	3	2	1
16. 我常有同情、怜悯的心态。	5	4	3	2	1
17. 碰见陌生人遇到困难时，我会主动帮助他们。	5	4	3	2	1
18. 我会不经意间讲一些可笑且意味深长的话。	5	4	3	2	1
19. 即使面对陌生人，我也很健谈。	5	4	3	2	1
20. 我性格豁达、乐观。	5	4	3	2	1
21. 我每天都充满活力。	5	4	3	2	1
22. 在学校里，我活泼好动，参与活动很积极。	5	4	3	2	1
23. 我善于应变，做事情很灵活。	5	4	3	2	1
24. 失去的，不能挽回的，就让它过去，不要太在意。	5	4	3	2	1
25. 我是一个乐观的人。	5	4	3	2	1
26. 我觉得是好的事情就不能有人说它不好。	5	4	3	2	1
27. 我容易紧张、焦虑。	5	4	3	2	1
28. 我认为自己很了不起，只是还没有得到赏识。	5	4	3	2	1
29. 觉得自己很厉害，觉得身边的人都不如我。	5	4	3	2	1
30. 凡是大人要我去做的事情，我都不想去做。	5	4	3	2	1
31. 为了赶快达到目的，我经常不经仔细考虑或准备就马上行动。	5	4	3	2	1
32. 我很容易头脑发热去做决定，之后又会后悔。	5	4	3	2	1
33. 为了得到自己想要的东西，就算大闹我也一定要拿到。	5	4	3	2	1
34. 我经常沉湎于幻想。	5	4	3	2	1
35. 我对新鲜事物充满好奇心，并会主动探究。	5	4	3	2	1
36. 我总能敏锐地觉察到别人感觉不到的事物的细微变化。	5	4	3	2	1
37. 我喜欢做一些恶作剧。	5	4	3	2	1
38. 我经常有奇思妙想。	5	4	3	2	1

第三节 中学生创造性人格的现状调查

当前基础教育改革的核心思想之一是培养具有创新精神与实践能力的学生。要开展“创新教育”或“创造教育”，首先要了解学生创造性发展的水平特点和变化规律，以便制定更有针对性的教育策略和方法。

自从上世纪50年代以来，已有越来越多的研究者认识到，人们的创造力不仅仅局限于一般的智力特点，也不单纯是由固定的理性方面的因素所组成。创造力是能力的最高表现，而能力作为人格结构的一个重要组成部分，总是和人格的其他部分处于复杂的联系之中，它的发展必定在一定程度上受到人格结构中其他因素的制约。这些人格因素是促进人们创造力发展的特殊的、必要的和充分的条件。因此，创造性人格研究成为创造性研究的一个热点方向。

在本节中，我们将以前期研究形成的“勤勉严谨”、“友善仁慈”、“外向活泼”、“神经质”、“好奇幻想”五大特质为核心的创造性人格模型为理论基础，以自编的中学生创造性人格问卷为主要调查工具，对中学生“创造性人格”的发展特点及影响因素进行考察。了解中学生创造性人格特征发展的特点及影响因素，对指导中小学开展创造性教育、培养学生的创造性有重要的意义。

一、研究目的

使用问卷调查的方法考察当前中学生创造性人格的现状、年龄发展趋势、性别、学校、文理科等差异情况。

二、研究方法

（一）被试

采用分层整群随机抽样，从湖南省长沙市、株洲市和岳阳市抽取4所学校，其中2所高中、2所初中；再从每所高中的高一、高二年级各取3个班，从每所初中每个年级各取2-3个班；最终对初一至高二的5个年级、24个班进行了问卷调查。共调查1208名中学生，有效被试1156名，有效率96%。其中，男生554名，女生599名，未填写性别3名；初一235名，初二247名，高一281名，高二296名；最低年龄11岁，最高年龄19岁，平均年龄14.8岁。

（二）工具与材料

自编的《中学生创造性人格量表》，包括5个维度："勤勉严谨"（包括10个项目）、"友善仁慈"（包括7个项目）、"外向活泼"（包括8个项目）、"神经质"（包括8个项目）、"好奇幻想"（包括5个项目）。采用1（完全不符合）到5（完全符合）的5级计分，整个量表的克龙巴赫 α 系数为0.867，效度、项目分析都达到了心理测量学要求。为了防止语言暗示和作答偏向，施测时将量表名称替换为"中学生学习、生活情况调查表"。

（三）步骤

由1名心理学硕士生做主试，以班为单位，在班主任组织下，集中在课堂上完成中学生创造性人格量表。

（四）统计处理

收回纸质问卷后集中编号，采用SPSS21.0进行统计分析。

三、结果与分析

（一）中学生创造性人格的基本情况

对中学生创造性人格进行描述性统计，结果见表3-9。

表 3–9　中学生创造性人格的描述性统计结果

	M	S
“勤勉严谨”	3.358	0.730
“友爱仁慈”	3.956	0.677
“外向活泼”	3.680	0.707
“神经质”	2.470	0.746
“好奇幻想”	3.520	0.746
总分	3.360	0.447

结果显示，中学生创造性人格量表中的“神经质”分量表的平均分为2.470，在5级计分中达到中等稍偏下的水平；其他分量表的平均分在3.358~3.956之间，总量表的平均分为3.360，均达到了中等稍偏高的水平。

（二）中学生创造性人格的性别差异

对中学生创造性人格的各维度进行性别差异分析，结果如表3–10所示。

表 3–10　中学生创造性人格的性别差异分析

	男（M ± SD）	女（M ± SD）	t	df	p
勤勉严谨	3.28 ± 0.735	3.43 ± 0.720	–3.655	1148	0.000
友善仁慈	3.86 ± 0.694	4.04 ± 0.648	–4.614	1148	0.000
幽默活泼	3.66 ± 0.733	3.70 ± 0.682	–0.992	1131	0.322
神经质	2.62 ± 0.771	2.33 ± 0.690	6.792	1108	0.000
好奇幻想	3.59 ± 0.684	3.46 ± 0.795	3.118	1141	0.002
总分	3.36 ± 0.456	3.36 ± 0.440	0.139	1133	0.890

结果显示，在中学生创造性人格量表的各分量表中，“勤勉严谨”、“友善仁慈”、“神经质”、“好奇幻想”四个分量表存在显著的性别差异，具体来说，男生在“勤勉严谨”和“友善仁慈”上的得分低于女生，在“神经质”和“好奇幻想”上高于女生；“外向活泼”方面不存在显著的性别差异；自然科学领域创造性人格总分上也不存在显著的性别差异。

（三）中学生创造性人格的年级差异

对中学生创造性人格的各个维度进行年级差异分析，结果见表3–11。

表 3-11 中学生创造性人格的年级差异分析

		平均数	标准差	F	p	多重比较
勤勉严谨	初一	3.60	0.670			
	初二	3.42	0.697			
	初三	3.73	0.706	28.337	0.000	2＜1，3；2＞4，5；
	高一	3.06	0.739			
	高二	3.27	0.677			
友爱仁慈	初一	4.01	0.672			
	初二	3.92	0.785			
	初三	4.24	0.637	6.181	0.000	3＞1，2，4，5
	高一	3.86	0.623			
	高二	3.94	0.618			
外向活泼	初一	3.79	0.662			
	初二	3.67	0.715			
	初三	3.95	0.630	8.280	0.000	1＞2，4，5；3＞2，4，5；4＜2，5
	高一	3.53	0.741			
	高二	3.66	0.689			
神经质	初一	2.20	0.690			
	初二	2.41	0.754			
	初三	2.73	0.852	13.750	0.000	1＜2，3，4，5；2＜3
	高一	2.59	0.730			
	高二	2.53	0.696			
好奇幻想	初一	3.59	0.831			
	初二	3.54	0.730			
	初三	3.71	0.722	3.797	0.004	4＜1，2，3；3＞5
	高一	3.41	0.738			
	高二	3.50	0.686			
总平均分	初一	3.41	0.407			
	初二	3.35	0.462			
	初三	3.62	0.540	13.956	0.000	3＞1，2，4，5；4＜1，2，3，5
	高一	3.25	0.422			
	高二	3.34	0.417			

注：1 初一；2 初二；3 初三；4 高一；5 高二

由表 3-11 的结果来看，中学生创造性人格量表的各个分量表得分及量表总分，均存在显著的年级差异；多重比较的结果显示，在“勤勉严谨”

维度上，初二显著低于初一、初三年级，但又显著高于高一、高二年级；在“友爱仁慈”维度上，初三显著高于其他四个年级；在“外向活泼”维度上，初一和初三没有显著差异，但二者都显著高于初二、高一、高二这三个年级，同时高一显著低于初二和高二；在“神经质”维度上，初一显著低于其他四个年级，同时初二又显著低于初三；在“好奇幻想”维度上，高一低于初中三个年级，同时初三显著高于高二年级；在总量表得分上，初三显著高于其他四个年级，高一显著低于其他四个年级。

为了更直观形象地表明创造性人格的年级发展趋势，我们以不同年级中学生在量表上的平均分来代表中学生创造性人格的一般发展水平，并绘制曲线图。结果见图 3-2 至图 3-7。

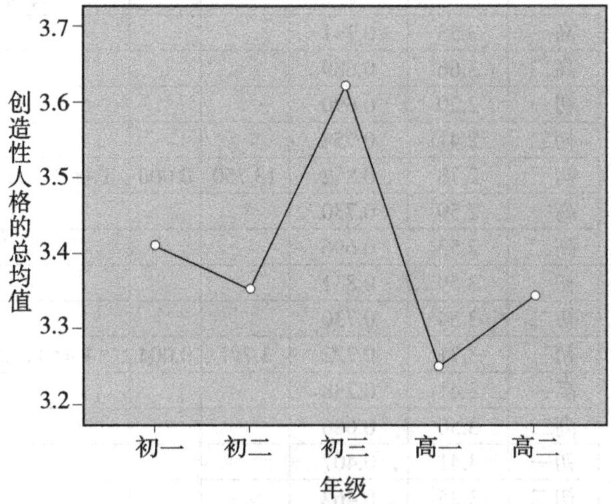

图 3-2　中学生创造性人格总体的年级发展趋势

从图 3-2 中的曲线可以直观地看到，随着年级的增长中学生创造性人格总体的发展情况。从量表得分的均值来看，从初一到初二有轻度缓慢下降，到初三有了明显的增长，在高一阶段又发生大幅陡降，然后高二时又有缓慢回升。总体上呈近似 W 形状，即初三为创造性人格发展的波峰阶段，高一为波谷阶段。

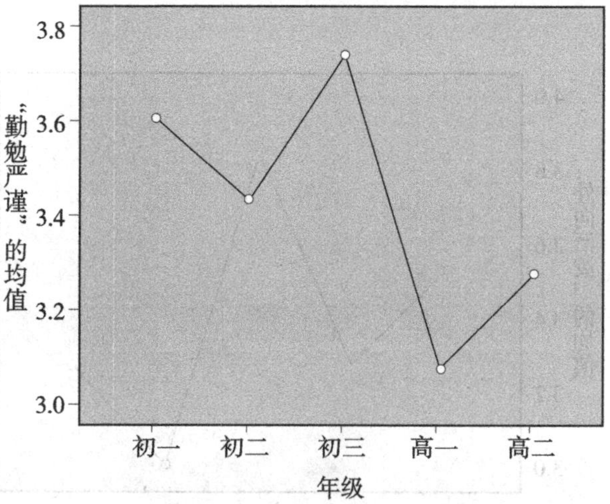

图 3-3 "勤勉严谨"维度的年级发展趋势

从图 3-3 来看，创造性人格中"勤勉严谨"维度的年级发展趋势与创造性人格总体的年级发展趋势近似，即初三为"勤勉严谨"的波峰阶段，高一为波谷阶段；初二年级要低于初一和初三年级，但高于高一和高二年级。

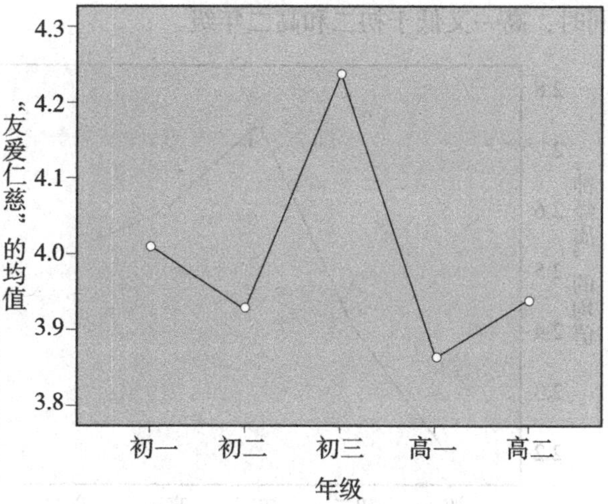

图 3-4 "友爱仁慈"维度的年级发展趋势

从图 3-4 来看，创造性人格中"友爱仁慈"维度的年级发展趋势与创造性人格总体的年级发展趋势近似，即初三为最高峰，明显高于其他四个年级。

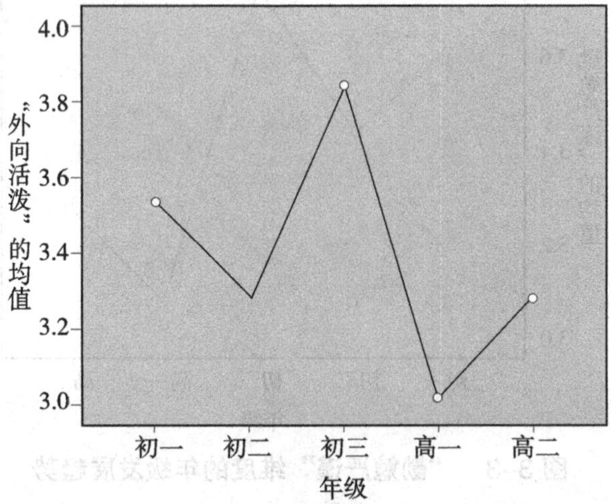

图 3-5 “外向活泼”维度的年级发展趋势

从图 3-5 来看，创造性人格中“外向活泼”维度的年级发展趋势与创造性人格总体的年级发展趋势近似，即初一和初三明显高于初二和高一、高二年级；同时，高一又低于初二和高二年级。

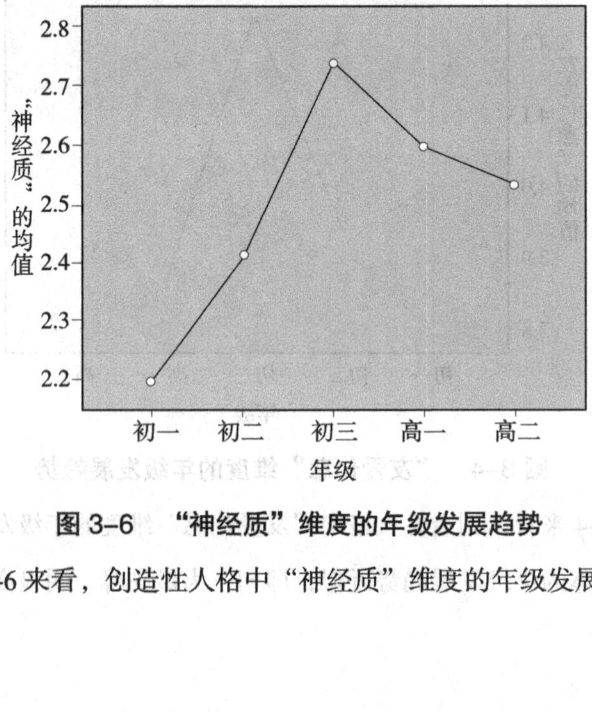

图 3-6 “神经质”维度的年级发展趋势

从图 3-6 来看，创造性人格中“神经质”维度的年级发展趋势与创造性人格总体的年级发展趋势有很大不同，呈近似倒V形。初一最低，在整个初中阶段呈急速上升趋势，在初三阶段达到峰点，然后在高一、高二阶段又有缓慢下降，但仍高于初一和初二阶段。

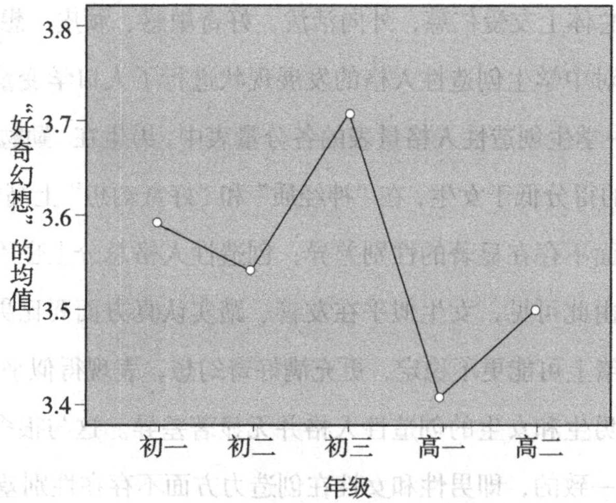

图 3-7　“好奇幻想”维度的年级发展趋势

从图 3-7 来看，创造性人格中“好奇幻想”维度的年级发展趋势与创造性人格总体的年级发展趋势近似，高一处于波谷位置，并且明显低于整个初中阶段，同时高二明显低于初三阶段。

综上，除了“神经质”维度呈近似倒V形发展曲线，创造性人格的其他维度在具体得分上虽然各不相同，但基本表现出与总体发展非常接近的态势，如在初三阶段表现出高峰，在高二阶段表现出低谷。

四、讨论

从中学生创造性人格量表的描述性统计结果来看，“神经质”得分为中等稍偏下的水平。在本量表中，神经质主要指高创造性个体在偏激、焦虑、自负、狂妄、冲动、急躁、叛逆、任性等情绪方面的特点。中学生在该维度上的得分偏低，说明中学生在这方面的情绪表现比较中庸平和，这与其心理发展特点是一致的，即他们已经懂得适当控制情绪。此外，部分题目的“社会称许性”也会在一定程度上让中学生“文饰”某种情绪。其他维度得分均达到了中等稍偏高的水平，说明中学生已经开始养成勤勉严谨的积极品质，总体上友爱仁慈，外向活泼，好奇敏感、顽皮，想象力丰富。

本研究对中学生创造性人格的发展现状进行了人口学变量的分析。研究发现，在中学生创造性人格量表的各分量表中，男生在“勤勉严谨”和“友善仁慈”上的得分低于女生，在“神经质”和“好奇幻想”上高于女生；“外向活泼”方面不存在显著的性别差异；创造性人格总分上也不存在显著的性别差异。由此可见，女生似乎在友善、踏实认真方面要比男生表现好，而男生在情绪上可能更不稳定，更充满好奇幻想，表现得似乎更为孩子气，但总体上，男生和女生的创造性人格并无显著差异。这与很多创造力的研究结果[①]是一致的，即男性和女性在创造力方面不存在性别差异。

在对中学生创造性人格的年级差异进行分析时发现，中学生创造性人格量表的各个分量表及量表总分，均存在显著的年级差异。具体来说，“神经质”维度上，初三要大于初二，而初二大于初一，明显地看到随着年级的增长，初中生的情绪变得不稳定，这可能与初中生的自我意识觉醒和学业压力增大有关。其余四个维度及创造性人格总体上均发现了初三阶段是高峰期，高二阶段是低谷期。这一趋势似乎显示中学生的创造性人格在进入高中以后遭受了某种程度的抑制，这或许与高中以后的“唯高考论”有关，以特定考试为目的的学习和训练抑制了个体的创造性品质的发展。例如，为了获取高分，学习者必须强化训练某种固定的获取知识、解决问题的模式，而类似这样“标准化”、“程式化”、“高度重复”的思维方式，正与创造性的核心特点“自由灵活性”相悖。因此，不难想象，在高考的

① Saeki，F.，van，D.. A comparative study of creative thinking of American and Japanese college students. Journal of Creative Behavior，2001，35（1）.

重压下，中学生创造性人格的发展受到了严重抑制，这也为我们的创新教育和创造性人才培养提出了值得深思的问题。

五、结论

1. 中学生创造性人格量表中的“神经质”维度得分处于中等稍偏下的水平；其余四个维度“勤勉严谨”、“友爱仁慈”、“外向活泼”、“好奇幻想”处于中等偏高的水平。

2. 中学生创造性人格仅在个别维度上存在性别差异，而在总体上不存在性别差异。

3. 中学生创造性人格存在一定程度的年级差异，初三和高二分别为创造性人格发展的高峰和低谷阶段。

本章小结

提高自主创新能力，建设创新型国家，关键在于拥有大批创造性人才。我国心理学家林崇德曾提出“创造性人才 = 创造性人格 + 创造性思维”。作为创造主体的内在特质，创造性人格是创造性人才培养不可或缺的重要部分。青少年是中国未来的建设者，要把我国建设成创新型国家，首先要重视培养青少年的创新精神和创造能力。这就必须要去研究创造性人格的核心特质，以及青少年创造性人格的成长规律，从而探索创造性人才的培养模式。

本章以中国自然科学领域、社会科学领域和艺术领域的高创造性个体为被试，对创造性人格结构进行了建模，并以同心圆结构将探索到的创造性人格特质进行整合，发现创造性人格结构的一般模型（即跨领域的创造性人格总模型）包括 5 个维度：“勤勉严谨”（10 个词汇项目）、“友善仁慈”（7个词汇项目）、“外向活泼”（8个词汇项目）、“神经质”（8个词汇项目）、“好奇幻想”（5个词汇项目）。其中，“勤勉严谨”是创造性人格中最核心的特质，意味着高创造性个体更多表现出勤奋进取、严谨认真、有毅力和专注等人格特点。同时，我们在此基础上编制了《中学生创造性人格量表》，为专门考察中学生的创造性人格特质提供了一个便于量化的有效工具。利用该量表，我们也对中学生的创造性人格进行了初步的考察。我们发现，中学生在创造性人格各个维度及总体上得分属于中等偏上的水平，意味着中学生有着较好的创造性人格基础。中学生在创造性人格的总体得分上并不存在显著的性别差异，但在具体维度上表现出了显著的性别差异，即男生和女生在具体的创造性人格维度上各有优势。因此说明，男生和女生在创造潜力方面并不存在差异，但可能在创造力表现的具体领域中各有优势。这一点有待在以后的具体领域创造性人格实证研究中进行验证。另外，中学生创造性人格存在一定程度的年级差异，初三和高二分别为创造性人格发展的高峰和低谷阶段。中学生的创造性人格在进入高中以后似乎遭受了某种程度的抑制，这跟中学的教育培养模式、考核评价体系是否有一定的联系，也有待进一步的考察和探究。

总之，本章在同心圆结构的理论框架下对创造性人格进行了模型建构，并编制了适用于中学生的相关测量工具，为该课题的深入探讨奠定了理论上和工具上的基础。在对中学生创造性人格的初步考察中，我们发现了一些有价值的结果，这些结果将引导我们对中学生这一人群的创造性人格发展及培养问题做进一步的思考和探讨。

第四章 社会科学领域创造性人格的实证研究

顾准勤奋好学，善于思索。他没有把自己局限、封闭在某些知识领域内。1953年，调去建筑工程部工作，为了搞建设，他从初等代数学起，进而学平面几何，乃至微积分。他认为平面几何帮他懂得形式逻辑的方法，导数和微分帮助他理解边际学派的观点。他对进化论、相对论、量子论都并不陌生。他认为研究经济的目的是推动历史前进。经济总是特定历史范畴、特定社会形态下的经济，不可能是简单地用一个数学公式就可以表达的东西，因此，研究经济就一定要研究历史。①

1953年，陈寅恪在给向他发出邀请的中国科学院的答复中说："没有自由思想，没有独立精神，即不能发扬真理，即不能研究学术……一切都是小事，惟此是大事。"②

当人们谈论社会科学家的时候，会很自然地想象一个知识渊博、独立自由的人格形象。这当然与社会科学本身的性质有关。社会科学是关于社

① 顾准．顾准文集．中国市场出版社，2007，4，395.

② 陆键东．陈寅恪的最后20年．生活·读书·新知三联书店，2013，6，495.

会事物的本质及其规律的系统性科学，是科学地研究人类社会现象的模型科学。它不同于自然科学只讲精深，也不同艺术领域只重个性，而是强调将渊博、精深、普适和个性齐集一身。一个优秀的社会科学家必定既是渊博的，又是某个领域的专家，既是独立自由的，又遵循一些共通的理性法则。这就意味着在社会科学领域的高创造者应该具备一些特有的人格特质。

严格的社会科学产生的时间并不很早，直到19世纪才在欧洲出现。19世纪的欧洲发生巨变，如人口激增、劳动条件恶劣、财产的变化、都市化、技术和机械化、工厂制度、参政群众人数的发展，以及实证哲学、博爱精神、进化观点等共同促成了社会科学的形成。社会科学要求人们对种种社会现实的现象做出科学的描述和探索其中原因。但是，研究者作为社会现实中的人不可能像研究自然科学那样完全站在一个旁观者的角度去研究，因此，社会科学研究者如何保持其独立创造的人格精神就成了一个问题。黄江平认为，社会科学家应该培养独立的主题意识，即坚持人格的独立和尊严，维护科学的严肃性，坚持正确的学术观点。并指出这在市场经济繁荣发展的现代中国并不容易，以文艺批评领域为例就存在四种依附关系：对名家的依附，对金钱的依附，对大众的依附，对传媒的依附。[①] 这就意味着社会科学领域的高创造者需要一种超越性独立人格的追求和塑造。

然而，除了从一些人物传记或者理论文章中查到为数不多的专门针对社会科学领域创造性人格的相关材料外，很难找到严格实证意义上的研究成果。尤其在中国学界，由于重理轻文的传统，自然科学领域的高创造者是科学创造者的代名词，社会科学领域的创造者往往被忽视。我们认为，基于社会科学领域的特殊性，将自然科学领域创造性人格的研究成果简单套用到社会科学不利于社会科学领域的人才发掘和培养。因此，本研究采取实证的研

① 黄江平. 论社会科学研究者的人格塑造. 社会科学，1995，8：53-56.

究方法，建构社会科学研究领域的创造性人格模型，并编制相应的研究工具，对中学生社会科学领域创造性人格的发展现状进行初步考察。

第一节　社会科学领域创造性人格结构模型的建立

由于自然科学和社会科学研究对象上的不同，二者在研究方法上也有着巨大的差异。这就意味着两个领域对于研究者的要求也会各不相同。大量心理学研究已证明，不同类型、不同领域的创造者有不同的创造性人格特征，各类创造性人才身上同时存在某些共有的人格特征[①]。

Holland认为，创造力与艺术兴趣联结最紧密，其次是调查型、社会型、企事业型，和常规传统型联系最少，他的研究表明，创造性人格主要发现于艺术和科学领域[②]。Roy和Richardson的研究又表明艺术领域和科学领域的被试在创造性人格的测试中有不同的表现[③]。Holland也注意到了创造力与调查性和社会性兴趣的联结相对紧密。在有关社会科学领域内创造性人格的研究中，国内对社会科学领域高创造性者的人格结构甚少。在国外，社会科学家也常被忽视。比较经典的有Roe对心理学家和人类学家的研究和Maslow对自我实现者的研究。Roe的研究表明，社会科学家大多颇为拘束，对环境的事物有丰富的反应，对情绪也能良好控制[④]。Maslow认为“自我实现者”是能发挥所有的才华或正在发挥才华的人。他用整体分析法将

① Dudek，S.Z.，Berneehe，R.，Berube，H. & Royer，S.. Personality determinants of the eommitment to the Profession of art. Creativity Research Journal，1991，（4）：367-389.

② Helson，R. Arnheim award address to division 10 of the American psychological association. Creativity Research Journal，1996，9（4）：295-306.

③ Roy，D.D. Personality model of fine artists. Creativity Research Journal，1996，9（4）：391-393.

④ Roe，A.A. A Psychological Study of Eminent Psychologists and Anthropologists，and a comparison with biological and physical scientists. Psychological Monographs，1953（2）：55.

他对一些历史人物的印象列出了14点，如：和现实的关系和谐、接纳自己、率真、超然、自立自主等①。

然而，现有研究还存在两个问题：一是创造性人格与人格一样，具有较强的文化特性，因此不能简单地将西方研究的结果照搬到中国，需要大力开展本土性研究；二是目前国内对创造性人格的研究主要集中于通过使用西方量表（尽管经过修订）对创造性人格特征进行描述②③④⑤，而较少对创造性人格结构进行探讨。基于此，本研究将以中国的社会科学工作者为研究对象，考察其创造性人格特质，并以创造性人格的同心圆结构假说为框架，建立社会科学领域创造性人格的结构模型。

一、研究目的

本研究试图依据自编的创造性人格特质形容词表，以我国社会科学领域中高创造者为被试，探索社会科学领域高创造性者的人格结构，并在同心圆结构的框架下进行整合分类。

二、研究方法

（一）自编的创造性人格特质形容词表

该词表包含100个描绘稳定人格的词汇，采用5点记分，从1分（很

① Maslow，A.H. Self-actualizing people，A Study of Psychological Health（1950）.On Dominance，Self-Esteem， and Self-Actualization. edited by Richard J.Lower. Monterey， Calif.： Brooks/Cole， 1973，177-201.

② 钱曼君，等. 创造型青少年学生个性特征的研究. 心理科学通讯， 1988（3）： 44-46.

③ 刘帮惠，等. 创造型大学生人格特征的研究. 西南师范大学学报：自然科学版，1994（5）：553-557.

④ 王德宠，等. 大学生创造性人格调查分析. 北京邮电大学学报：社会科学版， 2000（1）：28-32.

⑤ 崔淑范， 翟洪昌. 管理人员创造性人格特征研究. 健康心理学杂志， 2000（3）：243-245.

不符合）到5分（很符合）。详情见第三章第一节。

（二）模型结构的探索

1. 工具

根据创造性人格特质形容词表的词汇项目，编制成创造性人格调查问卷。词汇采取随机的方式排列，要求被试对每一个人格特质形容词与自己情况的符合程度做出1（很不符合）到5（很符合）的等级评定。

2. 被试

本研究将社会科学领域创造性人格操作定义为在社会科学领域中被试主持过省级或省级以上课题的专家的稳定性人格，他们具有较强科研创新能力，所主持的课题研究能为社会提供科研创新成果，他们主要来自湖南师范大学、广西师范大学等高校和湖南省教科院等科研机构。有效问卷407份。其中男性272名，女性135名；分布在中文、历史、政治、教育等学科。所用被试样本情况见表4-1。

表4-1 探索性因素分析被试样本

项目	类别	人数
性别	男	272
	女	135
来源地	湖南	355
	其他	52
学校类型	重点	290
	其他	117
专业	中文	37
	历史	29
	马哲	76
	政治	49
	法学	58
	教育	55
	心理	32
	外语	54
	社会学	17
合　计	407	

3. 数据处理

采用 SPSS14.0 统计软件包对数据进行探索性因素分析。

（三）模型结构的验证

1. 工具

根据探索性因素分析结果，从创造性人格特质形容词表中删除载荷量小于 0.5 和在两个或两个以上因子载荷大于 0.4 的形容词，共 43 个。编制成由 57 个形容词组成的创造性人格调查问卷（见本章附录），同样采取随机的方式排列形容词。要求被试对每一个人格特质形容词与自己情况的符合程度进行 1 分（很不符合）到 5 分（很符合）等级评定。有少数问卷由被试的高年级研究生对其进行评定而完成。

2. 被试

被试为湖南、广西等地主持过省级或省级以上课题的社会科学工作者。有效问卷 351 份。其中男性 250 名，女性 101 名；分布于中文、历史、政治、教育等学科。被试构成情况见表 4–2。

表 4–2　验证性因素分析被试样本

项目	类别	人数
性　别	男	250
	女	101
来源地	湖南	258
	其他	93
学校类型	重点	207
	其他	144
专业	中文	70
	历史	35
	马哲	46
	政治	47
	法学	35
	教育	24
	心理	6
	外语	30
	社会学	42
	其他	16
合　计	351	

3. 数据处理

采用软件 Lisrel8.0 进行验证性因素分析。

三、结果与分析

（一）探索性因素分析

在 KMO 和 Bartlett 球形检验中，KMO 值为 0.943，大于 0.8，而 Bartlett 检验对应的 p 值为 0.000，小于显著性水平 0.01，表明数据适合进行因素分析。

经对 100 个形容词进行主成分因素分析，删除负荷小于 0.5 的项目和有双重负荷的项目共 43 个，剩余的 57 个项目再经探索，可以由 8 个因素进行解释，总共能够解释总方差的 58.542% 。各因素的特征值及方差贡献率见表 4–3，因子载荷情况见表 4–4。

表 4–3 各因素的特征值及方差贡献率

因素	特征值	方差贡献率（%）	累积方差贡献率（%）
1	9.741	17.090	17.090
2	8.096	14.203	31.293
3	4.318	7.575	38.868
4	2.760	4.842	43.710
5	2.436	4.274	47.983
6	2.331	4.089	52.073
7	1.849	3.245	55.317
8	1.838	3.225	58.542

表 4–4 因素载荷表

因素 1		因素 2		因素 3		因素 4	
专心的	0.733	正直的	0.717	健谈的	0.746	高傲的	0.762
刻苦的	0.725	忠厚的	0.707	洒脱的	0.665	狂妄的	0.697
锲而不舍的	0.721	仁慈的	0.698	活力的	0.652	叛逆的	0.684
进取的	0.710	真诚的	0.680	活跃的	0.622	自负的	0.662
有抱负的	0.680	淡泊的	0.661	开朗的	0.621		
一丝不苟的	0.678	有爱心的	0.655	幽默的	0.617		
有毅力的	0.659	坦然的	0.622				
自强的	0.658	宽容的	0.612				

续表

因素 1		因素 2		因素 3		因素 4	
好学的	0.651	友善的	0.604				
严格的	0.636	谦虚的	0.590				
精益求精的	0.605	乐于助人的	0.587				
开拓的	0.602	和蔼的	0.584				
深刻的	0.591	磊落的	0.582				
探索的	0.587	合作的	0.567				
远见的	0.581	率真的	0.555				
坚韧的	0.572	大方的	0.545				
有才华的	0.539						
博学的	0.529						
逻辑的	0.526						
睿智的	0.502						
因素 5		因素 6		因素 7		因素 8	
深沉的	0.768	自信的	0.803	富于想象的	0.584	天真的	0.646
镇定的	0.626	愉快的	0.757	好奇的	0.563	可爱的	0.642
深思熟虑的	0.530	乐观的	0.599	温柔的	0.607		

（二）验证性因素分析

1. 结构调整

在八因素结构模型中，因素 1 和因素 2 包含的项目过多，因素含义稍显宽泛，这造成因素命名和解释存在一定的困难。依据理论分析，研究者对因素结构及其构成项目进行了一定的调整：将原本包含项目过多的因素予以分解，将原本包含项目过少的因素予以合并，最后形成了社会科学领域创造性人格的六因素结构模型，见表 4–5。

表 4–5　六因素结构模型

因素	构成项目
因素一	专心的 刻苦的 锲而不舍的 进取的 有抱负的 一丝不苟的 有毅力的 严格的 自强的 精益求精的 坚韧的
因素二	好学的 开拓的 富于想象的 深刻的 探索的 远见的 有才华的 博学的 逻辑的 睿智的 好奇的
因素三	正直的 忠厚的 仁慈的 真诚的 淡泊的 有爱心的 坦然的 宽容的 友善的 谦虚的 乐于助人的 和蔼的 磊落的 合作的 率真的 大方的 天真的 可爱的 温柔的
因素四	健谈的 洒脱的 活力的 活跃的 开朗的 幽默的 自信的 愉快的 乐观的
因素五	高傲的 狂妄的 叛逆的 自负的
因素六	深沉的 深思熟虑的 镇定的

2. 验证指数

采用软件 Lisrel8.0 对六因素结构模型进行验证性因素分析，结果见表 4–6。

表 4–6　社会科学领域创造性人格结构模型的拟合指数

拟合指数	x^2	df	x^2/df	RMSEA	RMR	NNFI	CFI	IFI	NFI	GFI
数值	3548.74	1524	2.27	0.063	0.056	0.96	0.96	0.96	0.94	0.73

由表 4–6 来看，模型的各个拟合指数都具有比较理想的值。因而，创造性人格六因素结构模型完全可以被接受。

3. 因素命名

因素一包括 11 个形容词，描述的是个体的动机程度、做事风格和意志方面的特点，将其命名为“进取坚毅”。因素二包括 11 个形容词，描述的是个体的认知风格及是否具有才干和开放的观念义，将其命名为“博才好思”。因素三包括 19 个形容词，描述的是个体的内在品质、处世态度和人际关系特点，将其命名为“友善诚信”。因素四包括 9 个形容词，描述的是个体的内外倾向性，将其命名为“活泼风趣”。因素五包括 4 个形容词，描述的是个体的自我意识和价值观特点，将其命名为“高傲叛逆”。因素六包括 3 个形容词，描述的是个体的情绪稳定性，将其命名为“沉着稳重”。

四、讨论

本研究使用的测量工具是通过传记分析和开放式问卷等方法形成的中文创造性人格特质形容词表，并由此得到六因素创造性人格结构模型。与同样是用创造性人格特质形容词表（Gough 形容词检查表）对自然科学领域高创造性者进行研究得出的“创造性人格由公正性、宜人性、开放性、内倾—外倾性和神经质五个因素构成”[①] 的结论相比较，不难发现，后者

① 陈利君 . 创造型人格研究——创造型人格结构模型的建立与中学生创造型人格量表的编制 . 长沙：湖南师范大学，2003.

研究结论与西方“大五”结构模型甚为相似。可以认为，这与其研究所使用的西方词表不无关系。此外，国内有人对西方开放性人格维度内容的本土化研究也否定了对西方量表哪怕是在结构分析基础上进行本土化修订的做法，而强调了首先对理论和概念本身进行本土化验证的必要性[①]。可见，要对中国人创造性人格进行科学的研究，必须首先建立自己本土性的创造性人格理论和概念体系。而本研究通过传记分析和开放式问卷调查等方法对中文创造性人格特质形容词的系统收集和整理，就为深入系统地研究中国人的创造性人格提供了必要的基础性资料。

根据社会科学领域高创造性者对100个创造性人格特质形容词的评定，研究得出，社会科学领域创造性人格由六个因素构成，即进取坚毅、博才好思、友善诚信、活泼风趣、高傲叛逆、沉着稳重。因素一：“进取坚毅”，描述的是个体的动机程度、做事风格和意志方面的特点。高创造性个体有强烈的进取心、理想和抱负，做事专心刻苦、一丝不苟，并有坚韧的毅力和锲而不舍的精神。因素二：“博才好思”，描述的是个体的认知风格及是否具有才干和开放的观念。高创造性个体思维深刻、逻辑性强，博学多才，好奇且开拓。因素三：“友善诚信”，描述的是个体的内在品质、处世态度和人际关系特点。高创造性者为人正直、真诚，对待名利淡泊、坦然，和人相处谦和友善，乐于与人合作。因素四：“活泼风趣”，描述的是个体的内外倾向性。高创造性者活跃开朗、富有活力、健谈幽默、乐观自信。因素五：“高傲叛逆”，描述的是个体的自我意识和价值观特点。高创造性个体通常给人的印象是高傲自负，不大遵循现有价值观念而反叛的。因素六：“沉着稳重”，描述的是个体的情绪稳定性。创造性个体沉着镇定、不冲动冒失。

---

① 王登峰，崔红．解读中国人的人格．北京：社会科学文献出版社，2005，286.

根据各维度对社会科学领域创造性人格的贡献率建构的同心圆结构（如图 4–1）可以看出，“进取坚毅”和“博才好思”处于核心位置，“友善诚信”处于稍外围的位置，“活泼风趣”“高傲叛逆”“沉着稳重”则又更外围一些。“进取坚毅”与已有研究[①]中关于自然科学领域创造性人格结构模型中的核心特质“公正性”在具体表现上有很大的一致性，都表现为事业性（进取心）、理性（逻辑的）等，但又带有强烈的领域特殊性，相对于自然科学要求的精深、艺术领域要求的新奇，社会科学领域要求“博才好思”。而“友善诚信”却又是中国儒家文化对君子人格的要求，因而反映的是创造性人格的文化特征。至于“活泼风趣”“高傲叛逆”“沉着稳重”则带有强烈的个人色彩，反映的是个人的行为风格，因而与创造性只有比较表面的关系。

图 4–1　社会科学领域的创造性人格同心圆结构图

西方“大五”人格结构模型中包含了一个代表创造性的维度——开放性，开放性高的人创造性也更高。然而中国人的“大七”人格结构模型中

① 陈利君 . 创造型人格研究——创造型人格结构模型的建立与中学生创造型人格量表的编制 . 长沙：湖南师范大学，2003.

却并没有独立的开放性人格维度，当然这并非说明中国人不具有开放性的特点，只是“西方的开放性人格维度中的部分内容……分散到中国人人格结构中的外向性、行事风格、才干和情绪性等四个维度之中”[①]。然而，在中国人创造性人格结构中，即从上述六因素的含义中就不难发现，这种“开放性”是显而易见的。其中，因素二，即博才好思，与“开放性”关联最为紧密，涉及了其中的开放性行为，如探索、开拓和观念（好奇心和开放的心态），如好奇心、好学；还有幻想，如富于想象的。因素五，即高傲叛逆，则与“开放性”中的价值内容（对社会价值观的重新评定）有一定关系。而这两个因素恰恰在中国人的“大七”人格结构模型中难以找到相应的位置。这就表明，六因素创造性人格结构模型确实反映出了中国高创造性个体在创造性上所具有的一般人格特征。同时，中国人的创造性人格又与中国人的人格一样具有一些独特的维度或特质，这主要表现在道德品质方面，例如，反映个体为人和品行的“善良友好”，反映个体对待名利的态度品质的“淡泊诚信”。

此外，六因素创造性人格结构模型还反映出了高创造性者的动机、情绪和意志等方面的特点。无疑，这种关涉从外显行为到内在动机的广大领域的人格定义，能更全面地反映出高创造性个体的真实特征和整体风貌，这与当前国内外研究对人格含义拓展的趋势[②]也是一致的。

五、结论

社会科学领域创造性人格主要由六个因素构成。根据每个因素所包含的项目内容可以将它们命名为：进取坚毅、博才好思、友善诚信、活泼风趣、高傲叛逆、沉着稳重。

---

① 王登峰，崔红．解读中国人的人格．北京：社会科学文献出版社，2005，281-282.

② 王登峰，崔红．解读中国人的人格．北京：社会科学文献出版社，2005，357.

附录：

创造性人格调查材料

性别________ 年龄________ 专业______ 学校________

是否主持过省级或省级以上课题：是口 否口

答卷说明（请仔细阅读）

这是一份自我评定问卷，共有57个项目。每个项目就是一个描述人的稳定人格特质的形容词 。请您根据自己的实际情况，对每一个人格特质形容词与自己情况的符合程度进行等级评定，从非常符合到非常不符合（5-1）共有五个等级。各数字代表的等级含意如下：

5——非常符合您本人的情况

4——符合您本人的情况

3——难以确定

2——不符合您本人的情况

1——非常不符合您本人的情况

请仔细阅读每一个词，选择最能代表您情况的数字，并把数字填在该形容词后面的括号里。例如：积极的（4），表示您认为“积极的”这一形容词符合您本人的情况。

本问卷仅做研究之用，我们绝不会外泄任何个人资料；答案亦无好坏之分，因此请您务必真实填写，勿有遗漏。衷心感谢您的合作！

镇定的（ ）	淡泊的（ ）	好奇的（ ）	有抱负（ ）
谦虚的（ ）	刻苦的（ ）	活跃的（ ）	洒脱的（ ）
温柔的（ ）	坚韧的（ ）	自负的（ ）	深思熟虑（ ）
开朗的（ ）	和蔼的（ ）	深刻的（ ）	一丝不苟（ ）
大方的（ ）	坦然的（ ）	乐于助人（ ）	率真的（ ）
富于想象（ ）	远见的（ ）	叛逆的（ ）	自信的（ ）
健谈的（ ）	自强的（ ）	真诚的（ ）	乐观的（ ）
宽容的（ ）	博学的（ ）	可爱的（ ）	高傲的（ ）

续表

忠厚的（　）	进取的（　）	有才华（　）	愉快的（　）
严格的（　）	逻辑的（　）	合作的（　）	活力的（　）
精益求精（　）	幽默的（　）	有爱心（　）	好学的（　）
仁慈的（　）	专心的（　）	友善的（　）	磊落的（　）
天真的（　）	探索的（　）	睿智的（　）	深沉的（　）
正直的（　）	锲而不舍（　）	有毅力（　）	开拓的（　）
狂妄的（　）			

第二节　中学生社会科学领域创造性人格量表的初步编制

随着人们对创造性研究的日益深入，个体的人格特征与创造力的发展有着密切的关系已被证实，智力因素不再独领风骚，长期被轻视的创造力之重要成分——创造性人格受到了应有的重视。大量心理学研究已证明，个体的人格特征与创造力发展有着密切的关系——不同类型、不同领域的创造者有不同的创造性人格特征，各类创造性人才身上同时存在某些共有的人格特征[①]。例如，对于自然科学领域，创造性人格需要“在人与人的关系上距离较远，态度较超然，但又不是没有感应力与洞察力；喜欢处理物质与抽象的问题而不喜欢与人来往”，而社会科学领域里却是“具有大慈大悲、济世救人的社会兴趣；具有很深厚的人际间的关系”等，这说明在社会科学领域的创造性人格研究中应该充分考虑领域特殊性，而不能笼统地用一般创造性人格量表加以替代。

社会科学作为相对独立的理论体系和科学知识，“从来不是一种消极

① Dudek，S.Z.，Berneehe，R.，Berube，H.，Royer，S.. Personality determinants of the eommitment to the Profession of art. Creativity Research Journal，1991（4）：367-389.

的教条；在维护或者摧毁一种社会制度上，这种知识总是起着积极的作用”。一部社会科学发展史，就是人类对自身、对社会认识的结晶。社会科学知识，是人对社会现象及其规律性的认识，人们对变动不居的社会现象的认识，主要是在社会科学的帮助下实现的。社会科学作为一种科学文化，广泛地渗透在社会意识的各种形式之中，影响着人们的意识活动和对社会的认识。社会科学通过它本身的各种认识形式，去覆盖社会认识领域并为社会提供认识的工具。社会科学还具有非常重要的决策功能、导向功能和生产经济功能。社会科学的这些重要功能决定了我们应把培养社会科学领域的人才放到一个应有的重要地位。

中学生正处于一个人格形成、发展和成熟的关键时期，如何从中有效地筛选、测量、甄别具有社会科学创造潜力的人才对于繁荣社会科学领域是至关重要的。然而，现有研究中虽然存在着为数不少的针对社会科学领域创造性人格的相关成果，却没有针对该领域创造性人格的专门工具。这一现状对全面客观准确地了解我国中学生社会科学领域创造性人格的发展现状及特点是不利的。基于此，我们认为有必要专门针对社会科学领域编制相应的创造性人格测量工具。在前述工作中，我们建构了“社会科学领域创造性人格结构模型”，包括进取坚毅、博才好思、友善诚信、活泼风趣、高傲叛逆和沉着稳重六个维度。以此为基础，我们完成了中学生社会科学领域创造性人格问卷的初步编制。

一、研究目的

本研究旨在以前期研究成果“社会科学领域创造性人格结构”为理想模型，初步编制中学生社会科学领域创造性人格量表，通过对中学生进行施测进而对量表进行信、效度等检验。中学生社会科学领域创造性人格量表可以为中学生社科型创造性人才的选拔和培养提供有益的参考。

二、研究方法

（一）量表编制

1. 编制原则

本研究编制的中学生社科型创造性人格量表主要遵循两大原则：（1）应首先建立清楚、明确的关于社会科学领域创造性人格的理论结构，这是编制量表的基础。（2）依据理想的社会科学领域创造性人格结构模型，结合中学生具体的生活经验来编写测验项目，这些测验项目应能反应社会科学领域创造性人格结构的全貌及中学生日常生活的经验。

2. 理论依据

以社会科学领域高创造性成人为样本研究得出社科型创造性人格由六因素构成，即进取坚毅、博才好思、友善诚信、活泼风趣、高傲叛逆、沉着稳重。各个因素的具体含义和名称如下：因素一“进取坚毅”，描述的是个体的动机程度、做事风格和意志方面的特点。高创造性个体有强烈的进取心、理想和抱负，做事专心刻苦、一丝不苟，并有坚韧的毅力和锲而不舍的精神。因素二“博才好思”，描述的是个体的认知风格及是否具有才干和开放的观念。高创造性个体思维深刻、逻辑性强，博学多才，好奇且开拓。因素三“友善诚信”，描述的是个体的内在品质、处世态度和人际关系特点。高创造性者为人正直、真诚，对待名利淡泊、坦然，和人相处谦和友善，乐于与人合作。因素四“活泼风趣”，描述的是个体的内外倾向性。高创造性者活跃开朗、富有活力、健谈幽默、乐观自信。因素五“高傲叛逆”，描述的是个体的自我意识和价值观特点。高创造性个体通常给人的印象是高傲自负，不大遵循现有价值观念而反叛。因素六“沉着稳重”，描述的是个体的情绪稳定性。创造性个体沉着镇定、不冲动冒失。这一结构模型清楚地展示了社会科学领域创造性人格的结构和含义，因而可以作为编制中学生社会科学领域创造性人格量表的应然结构和理论基础。

3. 项目编写

依据社科类创造性人格六因素结构及其包含的形容词所代表的人格特质含义，给每个词编写 2–3 个句子，以反映该词所代表的人格特质的行为表现或内心体验、欲求水平以及具备（或不具备）该特质的程度。同时，在编写项目时也充分考虑中学生的日常生活经验，并以他们能熟知或体验的内容表达出来。最终选出其中最符合理论构想也最适宜中学生阅读和理解的项目，总共 57 个。项目采取 3 级计分，即从 1（不符合）到 3（符合）。其中 1、2、6、9、24、26、46、47、48 共九道题为反向计分题。为了防止语言暗示和作答偏向，量表中均以 “性格” 一词替代“创造性人格”，测验名称即为《中学生性格测验》。

4. 项目修订

请 2 位心理学领域的专家对量表的题目进行评定和修改。首先，依据每一个形容词所代表的人格特质含义逐个修改项目，直到其中的每一个项目都能反映所需测量的心理构想；其次，依据因素含义或人格维度对有关项目进行修改，使每个项目都能反映该因素或维度的某种含义。同时，考虑中学生的年龄特点，对项目的表述和措辞也进行了修改。

（二）被试

从长沙市第四中学和沅陵县第二中学的初一、初二、高一、高二四个年级各随机抽取一个班，以班为单位，让他们完成《中学生性格测验》和 16PF 测验。总共发放问卷 480 份，回收有效问卷 409 份，有效回收率为 85.21%。一个星期后，对县中学初二和高一两个班的 130 名同学进行重测，回收有效问卷 124 份，有效回收率达 95.38%。被试样本见表 4–9。

表 4-7 被试样本构成

学校	初一		初二		高一		高二		合计
	男	女	男	女	男	女	男	女	
市中学	23	23	23	20	27	28	26	16	186
县中学	18	34	29	28	41	29	25	19	223
合　计	41	57	52	48	68	57	51	35	409

（三）工具

16PF，也称卡特尔十六种个性因素测验或十六种个性因素问卷。是美国伊利诺伊州立大学人格及能力测验研究所卡特尔编制的。该工具系经过因素分析统计法，系统观察法和科学实验法而慎重确定的。在卡特尔的指导下，伊利诺州立大学人格及能力测验研究所，先后发表许多凭借抽选 16PF 中不同的有关因素而拟订的测量内外向型、焦虑型、果断型、安详机警型或创造型等计算公式。它是了解学生既方便又可靠的工具。本研究采用 16PF 作为效标测验，测验版本为祝蓓、戴忠恒 1988 年修订版。包括乐群性（A）、聪慧性（B）、稳定性（C）、恃强性（E）、兴奋性（F）、有恒性（G）、敢为性（H）、敏感性（I）、怀疑性（L）、幻想性（M）、世故性（N）、忧虑性（O）、实验性（Q1）、独立性（Q2）、自律性（Q3）、紧张性（Q4），次级人格因素是适应与焦虑（X1）、内向与外向（X2）、感性用事与安详机警（X3）、怯懦与果断型（X4），四个特殊公式为心理健康因素（Y1）、专业而有成就者的人格因素（Y2）、创造能力强者的人格因素（Y3）、在新环境中有成长能力的人格因素（Y4）。16 种人格因素的平均重测信度 r=0.61（0.35-0.82），并且具有较好的结构效度。

（四）统计处理

采用软件 SPSS14.0 和 Lisrel8.0 进行数据处理和分析。

四、结果与分析

（一）项目区分度

测验项目与之所属的因素之间相关越高，而与其他因素的相关越低，就表明项目的区分度越高。统计结果表明本量表项目有着较好的区分度。项目与各因素间的相关情况见表 4–8。

表 4–8 项目与各因素间的相关系数

	进取坚毅	博才好思	友善诚信	活泼风趣	高傲叛逆	沉着稳重
专心的	0.531	0.192	0.208	0.218	–0.213	0.086
刻苦的	0.473	0.160	0.127	0.131	–0.066	0.077
锲而不舍的	0.466	0.095	0.063	0.090	–0.109	0.168
一丝不苟的	0.498	0.196	0.136	0.161	–0.057	0.134
进取的	0.482	0.064	0.118	0.146	–0.201	0.026
有抱负的	0.286	0.088	0.162	0.032	–0.033	0.002
严格的	0.498	0.233	0.213	0.146	–0.044	0.152
有毅力的	0.586	0.238	0.212	0.212	–0.117	0.168
自强的	0.552	0.352	0.218	0.243	–0.121	0.136
精益求精的	0.450	0.330	0.148	0.108	0.013	0.190
坚韧的	0.455	0.355	0.289	0.328	0.002	0.259
好学的	0.280	0.432	0.215	0.280	–0.090	0.079
开拓的	–0.131	0.254	–0.171	0.028	0.141	–0.075
深刻的	0.256	0.512	0.104	0.162	0.069	0.148
探索的	0.151	0.491	0.154	0.188	0.070	0.065
远见的	0.122	0.416	0.165	0.138	–0.056	0.034
有才华的	0.224	0.530	0.157	0.309	0.119	0.042
逻辑的	0.359	0.474	0.270	0.218	–0.041	0.189
博学的	0.207	0.541	0.161	0.296	0.058	0.147
睿智的	0.245	0.608	0.092	0.306	0.074	0.148
富于想象的	0.099	0.475	0.092	0.298	0.142	0.106
好奇的	0.102	0.396	0.140	0.145	–0.070	–0.023
正直的	0.250	0.190	0.498	0.208	–0.144	0.078
忠厚的	0.117	0.134	0.575	0.079	–0.165	0.065
仁慈的	0.112	0.038	0.357	0.106	–0.161	–0.053
真诚的	0.201	0.123	0.528	0.200	–0.123	0.069
淡泊的	0.099	–0.064	0.306	0.048	–0.167	0.011
有爱心的	0.283	0.126	0.511	0.245	–0.150	0.000
宽容的	0.114	0.195	0.389	0.142	–0.084	0.138
坦然的	0.163	0.089	0.349	0.193	–0.115	0.127
谦虚的	0.213	0.137	0.404	0.111	–0.101	0.132

续表

	进取坚毅	博才好思	友善诚信	活泼风趣	高傲叛逆	沉着稳重
友善的	0.116	0.053	0.589	0.204	–0.273	0.053
和蔼的	0.171	0.143	0.486	0.145	–0.160	0.031
磊落的	0.092	0.093	0.200	0.034	–0.053	0.035
率真的	0.105	0.076	0.341	0.195	–0.100	0.024
乐于助人的	0.217	0.171	0.396	0.210	–0.186	0.127
合作的	0.204	0.222	0.369	0.275	–0.138	0.052
大方的	0.127	0.183	0.418	0.194	–0.203	0.088
天真的	0.076	0.102	0.405	0.139	–0.072	–0.054
可爱的	0.120	0.210	0.443	0.277	–0.088	0.036
温柔的	0.016	–0.090	0.255	–0.158	0.074	0.092
健谈的	0.111	0.290	0.184	0.538	0.097	0.071
洒脱的	0.209	0.286	0.155	0.516	0.011	0.111
活力的	0.174	0.305	0.245	0.625	0.018	–0.005
开朗的	0.091	0.214	0.175	0.538	–0.042	0.024
活跃的	0.208	0.301	0.195	0.533	0.062	0.050
幽默的	0.094	0.301	0.266	0.615	–0.008	0.027
自信的	0.246	0.200	0.093	0.420	–0.093	0.084
愉快的	0.115	0.103	0.119	0.504	–0.200	–0.056
乐观的	0.302	0.187	0.155	0.469	–0.314	0.032
高傲的	–0.103	0.010	–0.254	–0.115	0.695	0.074
狂妄的	–0.083	–0.054	–0.182	–0.135	0.646	0.060
自负的	–0.053	0.140	–0.195	0.007	0.704	–0.006
叛逆的	–0.267	0.082	–0.101	–0.059	0.582	–0.031
深沉的	–0.171	–0.180	–0.124	–0.249	0.056	0.583
镇定的	0.324	0.281	0.163	0.343	–0.007	0.630
深思熟虑的	0.371	0.238	0.224	0.080	–0.008	0.614

（二）信度分析

1. 重测信度

两次测量的量表的六个因子得分均呈显著性正相关，表明量表具有较好的跨时间的稳定性和一致性。结果见表 4–9。

表 4–9　重测信度系数

因素	r	因素	r	因素	r
F1	0.760**	F3	0.761**	F5	0.551**
F2	0.694**	F4	0.726**	F6	0.457**

2. 克龙巴赫 α 系数

结果显示，克龙巴赫 α 系数为 0.802，表明本量表具有较好的信度。

（三）效度分析

1. 内容效度

内容效度反映的是一个测验的内容代表它所要测量的主题的程度，通常采用专家评定的形式。请五位心理学专业硕士和博士对量表题目与其所代表的项目和因素的符合情况做出判断，他们一致认为本量表基本能测量其所要考察的内容，即本量表具有较高的内容效度。

2. 结构效度

结构效度的检验通常采用验证性因素分析的方法来考察量表的因素结构是否明晰合理及其涵义是否符合理论上的构想。采用 Lisrel8.0 软件对 57 个测验项目进行验证性因素分析，具体结果见下表 4–10。

表 4–10　中学生社会科学领域创造性人格量表的模型拟合指数

拟合指数	x^2	df	x^2/df	RMSEA	NNFI	CFI	IFI
数值	2755.62	1524	1.808	0.048	0.85	0.85	0.86

由上表可以看出，x^2/df 为 1.808 < 2，RMSEA 为 0.048，这两个指标的结果较为理想；NNFI，CFI，IFI 的值都接近但未达到 0.90，故不太理想。综合来看，量表的结构效度基本可以接受。

3. 效标关联效度

本量表总分与 16PF 中的创造人格因素总分之间的相关系数为 0.106（$p < 0.05$），相关显著。量表总分与 16PF 中和创造人格相关的十个因素中的七个相关显著。其中，与 B 因素（聪慧性）的相关系数为 0.130，与 E 因素（恃强性）的相关系数为 0.291，与 F 因素（兴奋性）的相关系数为 0.282，与 H 因素（敢为性）的相关系数为 0.334，与 I 因素（敏感性）的相关系数为 –0.206，与 M 因素（幻想性）的相关系数为 0.102，与 Q2 因素（独立性）的相关系数为 –0.130。

量表的各维度，即进取坚毅（F1）、博才好思（F2）、友善诚信（F3）、活泼风趣（F4）、高傲叛逆（F5）、沉着稳重（F6）与 16PF 各因素之间的相关情况见下表 4–11。

表 4–11　创造性人格与 16PF 的相关

	A	B	E	F	H	I	M	N	Q_1	Q_2
F1	–0.101*	0.066	0.205**	0.004	0.264**	0.240**	0.016	0.004	0.013	0.033
F2	–0.067	0.089	0.408**	0.194**	0.324**	–0.060	–0.026	–0.063	0.075	0.056
F3	0.087	0.158**	0.100	0.157**	0.176**	–0.121*	0.014	0.060	0.064	–0.180**
F4	0.177**	0.086	0.378**	0.489**	–0.027	0.112*	0.480**	0.061	–0.019	–0.260**
F5	0.050	–0.139**	0.178**	0.067	0.002	0.139**	–0.023	–0.161**	–0.036	–0.042
F6	–0.083	–0.021	0.028	–0.012	0.071	–0.133**	–0.133**	–0.072	0.047	0.121*

注：* 在 0.05 水平上显著相关；** 在 0.01 水平上极其显著相关

五、讨论

信度是对测量的一致性程度的估计，它反映了测量工具的稳定性和可靠性。本研究采用重测信度和克龙巴赫 α 系数来估计量表的信度。本量表六个维度的重测信度系数在 0.45–0.77 之间，均在 0.01 水平达到统计显著性，显示本量表具有良好的跨时间的稳定性和一致性。而 0.802 的克龙巴赫 α 系数也表明本量表具有较好的同质性信度。

本量表项目的编写严格以创造性人格结构理论为依据，在项目内容上经过了心理学专家的严格评定，并数次修改，因此，量表的内容效度得到了保证。而且验证性因素分析得出的各个拟合指数的值比较理想，也反映了测验结构与理论结构之间较好的一致性，表明本量表具有良好的构想效度。

本研究求取了中学生社会科学领域创造性人格量表与其效标量表 16PF 的三种相关：量表总分与 16PF 创造人格因素总分的相关；量表总分与 16PF 创造人格各因素的相关；量表各维度与 16PF 创造人格各因素的相关。量表总分与 16PF 十个创造人格因素中的七个有高相关。其中，与 B 因素（聪慧性）、E 因素（恃强性）、F 因素（兴奋性）、H 因素（敢为性）和 M 因素（幻想性）呈正相关，与 I 因素（敏感性）和 Q_2 因素（独立性）呈负相关。而与 A（乐群性）、N（世故性）和 Q_1（实验性）的相关不显著。总体而言，两者之间有较高的相关或一致，但在某些方面也存在明显的差异。尽管 16PF 是一种运用非常广泛，在信效度上也得到了证实的人格测量工具，但由于其不是专门针对创造性人格而制作的，所以与本研究编制的中学生社会科学领域创造性人格量表表现出的这种有联系的差异是完全可以接受的。

中学生创造性人格量表以社会科学领域创造性人格结构为理论构想，认为创造性个体是乐群的（A）、聪慧的（B）、高傲的（E）、活跃的（F）、敢为的（H）、想象的（M）、天真的（N）、探索的（Q_1）、合作的（–Q2）。在相关显著的七个因素中，量表与 F 因素呈正相关而与 Q_2 因素呈负相关，意味着社会科学领域的创造性人格强调激情与合作，这与自然科学家中常见的孤独缄默等特点是相区别的，比较好地反映出社会科学领域的特殊性。由于社会科学直接关涉着人的生活，人的社会生活本身被其造就，并不可避免地影响着人的价值判断和目标选择，因此在研究过程中不可避免地需要带着情感投入其中，同时由于社会生活实践的复杂性，社会科学领域的研究往往需要多种学科的研究者分工合作，创造者不能像数学家那样单打独斗来完成创造工作。而量表与 A、N 和 Q1 这三个因素的相关系数未达到显著水平，则表明了中学生人格结构中这几方面的特征表现得还不明显。

六、结论

研究初步编制了中学生社会科学领域创造性人格量表，该量表包括进取坚毅、博才好思、友善诚信、活泼风趣、高傲叛逆、沉着稳重共六个维度，57 道题目。该量表具有良好的信度和较好的效度，可以作为评价中学生社科型创造性人格的测量工具。

附录：

中学生社会科学领域创造性人格量表

（施测名称：中学生性格测验）

学校：________ 年级：________ 性别：________ 年龄：______

测试说明：这是一个了解您性格特点的测验。请您一条一条地阅读问卷中的句子，在看懂后根据您自己的实际情况来回答，在最符合您情况的选项上画钩。

注意：

1. 答案没有对错之分，请真实作答。

2. 每一题都要做，而且只能选择一个答案。

3. 凭第一感觉做出选择，不要花太多时间去想。

感谢您的合作！谢谢！

题号	题目	不符合	不确定	符合
1	我做事不容易集中注意力。	1	2	3
2	我一向得过且过。	1	2	3
3	在学习或生活中，即使是微小的错误我也不会忽视它。	1	2	3
4	我希望将来能有一番大作为。	1	2	3
5	我学习勤奋刻苦。	1	2	3
6	我做事经常不能坚持到最后。	1	2	3
7	为了达到目标，我能克服困难。	1	2	3
8	我做什么事情都精益求精。	1	2	3
9	按规定该怎么做，我就怎么做。	1	2	3
10	我喜欢探索新鲜事物。	1	2	3
11	我对自己和他人要求严格。	1	2	3
12	我不是一个鼠目寸光的人。	1	2	3
13	对许多问题我都有深刻的理解。	1	2	3
14	我说话或做事有逻辑性。	1	2	3
15	我是一个自强不息的人。	1	2	3
16	我觉得学习是一件很愉快的事。	1	2	3
17	别人都说我才华横溢。	1	2	3
18	如果我想做某件事，哪怕遇到挫折我都会去做。	1	2	3
19	我的知识面广。	1	2	3
20	我学习能力强，接受新知识快。	1	2	3
21	我是一个正直的人。	1	2	3

续表

题号	题目	不符合	不确定	符合
22	我待人真诚。	1	2	3
23	别人说我为人忠厚。	1	2	3
24	我对小动物残忍，有时会虐待它们。	1	2	3
25	我时常尽自己所能帮助那些有困难的人。	1	2	3
26	我参加比赛是为了得到奖励或表扬。	1	2	3
27	我能坦然面对失败。	1	2	3
28	别人认为我比较谦虚。	1	2	3
29	别人觉得我友善。	1	2	3
30	对别人的错误我能够包容。	1	2	3
31	别人认为我温和可亲。	1	2	3
32	在与人交往时，我不会隐藏自己的想法。	1	2	3
33	我不吝啬。	1	2	3
34	我不喜欢偷偷摸摸做事的感觉。	1	2	3
35	帮助别人是一件很快乐的事。	1	2	3
36	在需要多人共同完成的工作中，我能和他人很好地配合。	1	2	3
37	别人都说我能说会道。	1	2	3
38	别人都觉得我幽默风趣。	1	2	3
39	在公共场合，我举止自然，不拘束。	1	2	3
40	一般我会积极地参加学校组织的各种活动。	1	2	3
41	别人都说我充满活力。	1	2	3
42	我是一个开朗的人。	1	2	3
43	我一般很少发表个人见解，尽管有成熟的看法。	1	2	3
44	面对紧张慌乱的场面，我依然能控制好自己的情绪。	1	2	3
45	做任何事情，我都会深入细致地考虑。	1	2	3
46	我觉得自己各方面都不如人。	1	2	3
47	我总是郁郁寡欢。	1	2	3
48	许多时候，我觉得生活没有希望。	1	2	3
49	别人都说我自以为是，看不起人。	1	2	3
50	别人认为我是一个极端自高自大的人。	1	2	3
51	我喜欢跟父母对着干。	1	2	3
52	我觉得自己很了不起。	1	2	3
53	别人觉得我单纯、不做作。	1	2	3
54	我说话细声细气。	1	2	3
55	我很讨人喜欢。	1	2	3
56	我的想象力很丰富。	1	2	3
57	对自己所不了解的事物觉得新奇而感兴趣。	1	2	3

第三节　中学生社会科学领域创造性人格的现状调查

人文社会科学具有传承人类文化、优化人力资本、倍增生产绩效和定向、设计、规划社会的发展之功能[①]。培养社会科学领域的人才一直是我国教育的重要任务之一。在我国，高等教育有各种社会科学的专业方向，是实现社会科学人才培养的主要途径。但是，如果从创造性人格的角度来看，这种从高等教育才开始考虑社会科学人才的培养至少是不周全的（高中阶段的文理分科是学生以文理科的成绩好坏为依据加以选择的专业分科，本质上仍然是根据考大学的可能性进行的选择，不涉及人格因素的考量）。我们认为，培养社会科学领域的人才应该考虑到其领域特殊性与人格的关系问题，而创造性人格无疑是一个有价值的指标。

中学阶段随着年龄的增加，依赖性逐渐减少，根据目的而做出决定的水平不断提高，克服困难的毅力不断增强，他们逐渐摆脱儿童时期的幼稚心理，发展出自己独特的个性品质。自我意识的发展是这个时期个性发展的一个重要标志和内容。进入青春期的中学生开始追问诸如“我是谁？”“我能做什么？”之类的问题。这标志着他们想要选择未来发展的方向。中学生也开始对现实形成比较稳定的态度，并对不同学科发展出不同的兴趣爱好，要么特别喜欢某些学科或活动，要么特别讨厌某些学科或活动（林崇德．发展心理学．人民教育出版社，2001，5：368-387）。这些发展特征显示中学生的人格正处于半成熟走向成熟的过渡阶段。也就是说，中学阶段正是一个人格形成的阶段 。这就意味着与社会科学领域创造性人格相关的特质也正处于一个形成发展时期。这个时期弄清个体社会科学领域创造性人格的发展特点，从中学生这个人群中筛

---

① 王永杰．高校人文社会科学教育发展中的问题与对策．西南交通大学学报：社会科学版，2012，13（3）：24-28.

选出那些有着相关优异特质的个体，引导他们朝着更合理的方向，不仅仅对于其做出合理的专业选择，而且对于其完成自我同一性的统合都是有重要意义的。

然而，由于学者对于社会科学领域创造性人格的相对忽视，并没有专门针对该领域的相关工具可供使用。同时，由于以往研究过度强调创造性人格的共性，想当然地认为社会科学领域的创造性人格与其他领域是一致的，因此大多时候是简单地用从其他领域（如自然科学、艺术）获得的成果套用在社会科学领域的高创造者身上。因此，鲜有研究使用专门的相关工具对中学生的社会科学领域创造性人格现状进行考察。我们认为，这种忽略和误解不利于人们更理性地引导中学生发展其社会科学领域的创造性人格，进而培养相关领域的高创造性人才。基于此，本章拟在前期研究的基础上，以社会科学领域创造性人格的六因素结构模型为理论基础，以自编的中学生社会科学领域创造性人格问卷为工具，对中学生社会科学领域创造性人格的发展现状展开调查，从而为中学生创新教育及中学生社科型创造性人才的培养提供合理对策和建议。

一、研究目的

以社会科学领域创造性人格的六因素结构模型为理论依据，利用自编的中学生社科型创造性人格量表，对中学生进行施测，进行性别、年级等多方面的差异分析，了解中学生社会科学领域创造性人格的发展现状，为中学生社科型创造性人才的选拔和培养提供有益的参考。

二、研究方法

（一）被试

采取整群抽样方法从长沙市第四中学和沅陵县第二中学的初一、初

二、高一、高二四个年级各随机抽取一个班，以班为单位。主试由心理学研究生担任，由班主任组织，让学生完成《中学生社会科学领域创造性人格量表》。总共发放问卷480份，回收有效问卷409份，有效回收率为85.21%。被试样本构成见表4-12。

表4-12 被试样本构成情况

学校	初一		初二		高一		高二		合计
	男	女	男	女	男	女	男	女	
市中学	23	23	23	20	27	28	26	16	186
县中学	18	34	29	28	41	29	25	19	223
合计	41	57	52	48	68	57	51	35	409

（二）工具

自编的《中学生社会科学领域创造性人格量表》。该量表分为六个维度：进取坚毅、博才好思、友善诚信、活泼风趣、高傲叛逆、沉着稳重，共57个题目。采用1（不符合）~3（符合）的3级计分，其中部分题目为反向计分。为了防止语言暗示和作答偏向，量表均以性格一词代替“创造性人格”，测验名称替换为“中学生性格测验”。该量表的克龙巴赫α系数为0.802，量表总分与16PF中的创造性人格因素总分之间的相关显著，内容效度良好，结构效度基本达到心理测量学要求。

（三）统计处理

采用软件SPSS14.0对数据进行差异分析。

三、结果与分析

（一）中学生社会科学领域创造性人格的学校差异

根据学校类型的不同，对六个维度及量表总分进行了独立样本t检验。结果显示，学校类型的不同在六个维度及量表总分上没有形成显著性差异。结果见表4-13。

表 4–13 中学生社会科学领域创造性人格的学校类型差异分析

	市重点（M ± SD）	县重点（M ± SD）	t	p
进取坚毅	24.6230 ± 3.72324	25.1866 ± 3.44163	–1.557	0.120
博才好思	24.7348 ± 3.33439	24.4633 ± 3.32163	0.811	0.418
友善诚信	46.5057 ± 4.80357	46.8884 ± 4.47178	–0.814	0.416
活泼风趣	21.3516 ± 3.35018	20.8864 ± 3.32430	1.392	0.165
高傲叛逆	5.3297 ± 1.48706	5.1855 ± 1.41645	0.999	0.319
沉着稳重	6.3913 ± 1.33024	6.5495 ± 1.30602	–1.205	0.229
总分	124.8172 ± 17.42130	124.9910 ± 16.48067	–0.103	0.918

（二）中学生社会科学领域创造性人格的年级差异

根据年级（初中与高中）的不同，对六个维度及量表总分进行了独立样本 t 检验。结果见表 4–14。

表 4–14 中学生社会科学领域创造性人格的年级差异

	初中（M ± SD）	高中（M ± SD）	t	p
进取坚毅	24.9415 ± 3.42869	24.9069 ± 3.72664	0.095	0.924
博才好思	24.3073 ± 3.37287	24.8454 ± 3.26875	–1.618	0.106
友善诚信	45.8564 ± 4.76794	47.5123 ± 4.34452	–3.593**	0.000
活泼风趣	21.3073 ± 3.10284	20.9048 ± 3.53932	1.215	0.225
高傲叛逆	5.3282 ± 1.47312	5.1801 ± 1.42621	1.029	0.304
沉着稳重	6.5282 ± 1.32111	6.4313 ± 1.31612	0.704	0.460
总分	123.1313 ± 17.51411 12	6.5829 ± 16.15451	–2.073*	0.039

结果显示，初中学生与高中学生在因子三即友善诚信维度上的得分达到显著性差异水平（$F=-3.593$，$P < 0.01$），且高中学生得分高于初中学生得分，说明高中学生在人际交往中更为真诚善良、友爱合作。此外，在量表总分上，高中学生得分也显著高于初中学生（$F=-2.073$，$P < 0.05$），表明高中生的人格更为接近创造性人格的理想状态，总体上优于初中生。

（三）中学生社会科学领域创造性人格的性别差异

根据性别的不同，对六个维度及量表总分进行了独立样本 t 检验。结果见表 4–15。

表 4–15　中学生社会科学领域创造性人格的性别差异

	男生（M ± SD）	女生（M ± SD）	t	p
进取坚毅	24.9899 ± 3.623092	4.7598 ± 3.53527	0.623	0.534
博才好思	25.2211 ± 3.175242	3.8587 ± 3.34070	4.092**	0.000
友善诚信	46.1531 ± 4.775694	7.2514 ± 4.36514	–2.317**	0.021
活泼风趣	21.0640 ± 3.380322	1.1530 ± 3.26799	–0.262	0.793
高傲叛逆	5.4146 ± 1.57766	5.1243 ± 1.30663	1.986*	0.048
沉着稳重	6.7220 ± 1.31199	6.2000 ± 1.26749	3.987**	0.000
总分	125.1311 ± 16.8640912	4.3102 ± 17.03381	0.480	0.632

表 4–15 显示，有四个维度存在很大的性别差异。其中，在博才好思（因子二）和沉着稳重（因子六）两个维度上男生的得分高于女生，且均达到极显著性差异水平（$F=4.092$，$P=0.000<0.01$；$F=3.987$，$P=0.000<0.01$）；在高傲叛逆维度（因子五），男生的得分也显著高于女生（$F=1.986$，$P=0.048<0.05$）。而在友善诚信维度（因子三）上女生的得分却高于男生，达到显著性差异水平（$F=-2.317$，$P=0.021<0.05$）。

上述结果说明，男生较女生更为睿智好学和具有开拓探索精神；更为深沉镇定、深思熟虑和具有良好的情绪稳定性；同时又更高傲自负、狂妄和叛逆。而女生较男生在人际交往中表现得更为真诚善良、天真可爱、友爱合作，让人更为愉悦。

四、讨论

本研究中施测的两所学校无论在量表总分还是六个维度上都没有得出显著性差异，尽管其中一所是省会城市的重点中学，另外一所是偏远县的重点中学。这说明地域的差异对创造性人格的形成没有显著影响。创造性人格的这种超地域性意味着在选拔人才时应尽可能地扩大选拔范围，现阶段我国大学招生中的地区保护倾向至少没有科学依据，而“不拘一格降人才”这一古训显得更为合理。从另一个方面来看，也说明学习成绩与创造性人格只有很低的相关，因为相比较而言，省会城市的重点中学在生源质量上要高于偏远县的重点中学，但这里的生源质量主要是从考试分数而论的。在现实生活中，人们很容易理解高分数不等于高创造，而在教育实践中，人们却很自然地把高分数与高创造等同起来。如何在教育中摆脱这种偏见是值得思考的。

关于年级差异（特指初中与高中的差异）得到的结果是：在友善诚信维度上，高中生得分极显著高于初中生得分；且在量表总分上，高中生得分也显著高于初中生。说明高中生更为正直真诚、宽和合作，更懂得如何与人交往，其人格也更为接近创造性人格的理想状态，总体上优于初中生。其原因可能是，随着年龄的增长，人的社会化程度会不断提高，因而在人际交往中会表现得更为宜人和愉悦；而且随着教育程度的提高，才干会渐长，意志会变得坚强，情绪也倾向于稳定，说明社会科学领域创造性人格具有很强的可塑性，应创造条件充分发展。高中生相对于初中生的这些人格优势，其实也说明了高中生的人格更趋于成熟。高中阶段，正是一个人必须明确自己个性的主要特征，开始考虑自己的人生道路的时候，所以，一切问题既是以“自我”为核心而展开的，又是以解决好“自我”这个问题为目的的。这种主客观上的需求使得高中生的自我意识获得了高度发展。高中生自我意识的发展对于其形成稳定的人格特征以及价值观等方面均具有决定性的作用。相对于初中生，高中生已能完全意识到自己是一个独立的个体。因此要求独立的愿望的关系，反抗日趋强烈，但是，这种独立性要求是建立在与成人和睦相处的基础上的。多数高中生基本上能与其父母或其他成人保持一种肯定的尊重的关系，反抗性成分逐渐减少[①]。高中生相对初中生在友善诚信以及总体上的优势表明其更现实成熟地处理生活中的人事。

① 林崇德．发展心理学．人民教育出版社，2001，5，387.

本研究对性别差异分析的结果是，男生在博才好思（因子二）和高傲叛逆（因子五）、沉着稳重（因子六）维度上的得分显著高于女生，女生在友善诚信维度（因子三）上的得分却显著高于男生。这说明，男生较女生更为睿智好学和具有开拓探索精神；更为深沉镇定、深思熟虑和具有良好的情绪稳定性；同时又更高傲自负、狂妄和叛逆。而女生较男生在人际交往中表现得更为真诚善良、天真可爱和友爱合作。这些特征是符合男女生日常形象的。创造性人格这几个因素上表现出性别差异的原因可能主要与社会文化中的角色定位有关。在中国的传统文化中，向来就有男人应该博学多才，女人"无才便是德"的观念，进入到现代社会后，这种观念尽管已被摒弃，但仍潜在地影响着人们对男女的社会要求。典型的表现为，在我们社会里，很少有人形容一个女子是"渊博的"，最多形容其颇具"才气"或"灵秀之气"。此外，现代社会也比较推崇男人的"个性"，高傲叛逆通常也是人文社会科学的学者形象的经典标准，然而此处的人文社会科学的学者又往往是指男性的学者。我国文化学者易中天之所以能够大受欢迎，除了他的博才好思，口才出众之外，与其高傲叛逆的个性恐怕也不无关系。至于于丹的走红只怕更多的是因为其在语言上的"优美"、文字上的"灵秀"和风度上的"温婉"。对比这两个百家讲坛上最红的文化学者（并不意味他们是最出色或最具代表性的），我们可以很容易地分辨出社会科学领域中的男学者和女学者是不一样的。要想成为最红的或最被认可的学者，他们必须符合社会对学者的基本印象，而这种印象是因性别不同而不同的。

还有，从性别差异不难发现，"男主外、女主内"的观念十分久远和普遍。在这种观念下，男性应该具有一个进取、坚强、理性、威严、独立、沉稳的形象，而女性则应该是温柔的、和蔼的、感性的、不善逻辑的、遇事慌乱的。社会的这种性别观念和男女角色期望会无形地影响家长和老师对学生的判断、教育和行为方式，也会无形地影响学生自己给自己角色的定位。

长期受到家庭和学校教育方式上的潜在示意、同伴和榜样角色特征和行为的持续强化，以及自己对自己角色的心理暗示，男生与女生的人格就会朝着社会预定的方向和特征发展。当然，生物遗传因素的不同也会对男女生认知风格，诸如思维的逻辑性和深刻性，造成一定影响。男女生在社会科学领域创造性人格中表现出来的这些性别差异也许是男女性即使在从事相同的社会科学工作时也会有不同风格的重要原因。

但值得注意的是，在创造性人格同心圆结构中最核心位置的特质（即进取坚毅）和总分上，二者均无显著差异。这提示着男女生的社会科学创造性人格并无明显的高低之分，即性别不是影响社会科学领域创造性成就的有效因素。因此，可以认为，男女性在社会科学领域中的差异更多的是风格的差异，而非水平的差异。承认这一点对于我们减少在教育和选拔人才上的性别偏见是十分重要的。

五、结论

中学生社会科学型创造性人格在年级和性别上存在差异。在友善诚信维度上，高中生得分极显著高于初中生得分；且在量表总分上，高中生得分也显著高于初中生。男生在博才好思和沉着稳重两个维度上的得分极显著高于女生；在高傲叛逆维度，男生的得分也显著高于女生。而女生在友善诚信维度上的得分却显著高于男生。

本章小结

社会科学与自然科学是人类思维科学领域中的两大基础学科。社会进步和人类发展必须依靠着两大科学领域的发展和完善，社会科学的作用又尤其突出。改革开放以来，特别是 20 世纪 90 年代以来，在国家的重视下，对社会科学事业的投入越来越多，研究队伍也越来越大，社会科学获得了迅猛发展。在历史转型的今天，社会科学将在中国社会的发展中扮演越来越重要的角色。

社会科学的发展归根到底依赖从事社会科学工作的人的发展，社会科学的创造性成果归根到底依赖社会科学领域工作者的创造性。那么，社会科学工作者的创造性是什么？越来越多的研究显示，创造性不仅仅是思维的事情，更多的是人格的事情，创造性思维的工作需要创造性人格的驱动。同时，尽管社会科学在研究方法上时常借鉴自然科学，但在研究对象上与自然科学又有着本质的不同。这就意味着不能把不同类型的科学同等对待。社会科学有着自身的特点和规则，从而对从事该领域工作的人也提出了独特的要求。这是我们把社会科学领域创造性人格作为一个研究专题的逻辑起点。

针对已有研究存在的问题，本章在探讨社会科学领域创造性人格的模型时，不仅采用了探索性因素分析和验证性因素分析找出社会科学领域创造人格的基本特质，并在同心圆结构模型的框架下将这些特质进行了整理归类。我们发现，进取坚毅和博才好思在社会科学领域创造性人格结构中居于中心的位置，而带有强烈文化色彩的友善诚信和沉着稳重则处于相对外围的位置。从中可以看出，对于个体从事社会科学最重要的那些特质是具有普适性的，即是超文化的。任何一个社会科学领域的高创造者必然具有进取坚毅和博才好思的特质，但并不是所有文化都强调一个好的社会科学研究者需要友善诚信和沉着稳重。同心圆结构用一种特殊的表述方式囊括了社会科学领域创造性人格特质，并把这些特质的重要性进行了排序。

以社会科学领域创造性人格模型为基础而编制的《中学生社会科学领域创造性人格量表》对我们了解中学生在社会科学领域中所需的创造性人格状况是有帮助的。该量表共 6 个维度，57 个项目，有着良好的信效度。

在中学（初高中）这样一个发展的关键阶段，一个有效的可以量化的工具可以帮助研究者更便利地考察他们的各种特质。这对于专业选择和职业生涯规划都是有意义的。

通过对中学生社会科学领域创造性人格发展现状的考察，我们发现，学习成绩不能作为衡量其社会科学领域创造性人格特质的有效指标；高中生的社会科学创造性人格趋于成熟和完善；男生和女生尽管在具体的社会科学领域创造性人格特质上有所差异，但总体上并无水平的高低之分。这些结果对于我们培养社会科学领域创造性人才无疑是有启发的。例如，教师应该更多元地去评价学生，而不只是简单地凭借考试分数，研究者也需要找出更具效度的评价指标；高中之前应该积极引导和发展孩子的社会科学领域创造性人格特质，而高中之后要依凭已经发展成熟的人格特质帮助孩子更合理地选择专业和将来的职业方向；在社会科学领域的人才培养上不应带有性别偏见，而应充分发挥男女各自的性别优势。当然，对于社会科学领域创造性人格的发展规律以及如何利用这些规律来说还有很多工作要做，应该作为将来工作的一个重要方向。

第五章
自然科学领域创造性人格的实证研究

人们对很多伟大科学家的印象可能不是他们的科学成果，而是他们生活中的某些轶事。例如，牛顿做试验时，把怀表当作鸡蛋煮；爱因斯坦头发蓬乱舍不得花时间去理，当比利时国王请他去做客时他竟穿着破雨衣就去了；门捷列夫每年春天才理发一次；等等。这些故事给人一种感觉，似乎从事自然科学的伟大科学家都是一些“怪”人，“科学怪人”也因此成为一个流行的说法。然而，“怪”虽然表现为某种常人难以理解或者难以捉摸的行为，其背后的原因却是人格。一部科学史，同时也是一部科学家的人格展现史。心理学的一个重要任务就是要找出这部人格展现史中的规律，发现不同科学创造者的人格共性。

自然科学作为一个科学领域，有其独特的限定。自然科学是研究无机自然界和包括人的生物属性在内的有机自然界的各门科学的总称，通常试着解释世界是依照自然程序，即有规律的而非经由神性的方式去运作。它认识的对象是整个自然界，即自然界物质的各种类型、状态、属性及运动方式。认识的任务在于揭示自然界发生的现象以及自然现象发生过程的实质，进而把握这些现象和过程的规律性。[①]总之，自然科学研究的对象是“客观”的存在物，而非“主观”的认识、情感、行为等。这就决定了自然科学家无需过度地专注于人事，而需全神贯注于“物”理。很多伟大的自然科学家在人事上表现出来的孤僻，不善交际，不通人情似乎印证了这一判断，如英国有名的“科学怪人”卡文迪什除了科学圈子的人几乎害怕见任何陌生人；被选为英国议员的牛顿据说在议会里只讲过一句话——“有穿堂风，请把窗户关上”；瑞典化学家阿累尼乌斯对国王和清道夫的问话持同样郑重的态度。但自然科学家显然不只是“怪”，人们相信，伟大的科学家往往有着伟大的人格。有人用饱含深情的笔调评论世界上第一台交流电发电机的发明者尼古拉·特斯拉：尼古拉·特斯拉留给世界的除了巨大科学财富外，还有他无尽的人格魅力，这将继续在科学史上尽放光芒。并列数着其种种优秀的人格特质，如挫折中前进、利益下淡然处之、世界前大爱无疆、生活中风趣幽默等。[②]既然一个科学家的伟大成就与其伟大人格是密切相关的，那么，我们有没有可能找出自然科学家中那些与伟大成就密切相关的人格特点？

本章的任务就是试着从人格心理学的角度对这一问题做出回答。我们相信，自然科学领域的独特性决定了对自然科学家的人格的独特要求，找到了这一独特性的人格要求也就找到了自然科学家的创造性源泉。由此，本章将先采用传记分析法和问卷调查法对自然科学领域创造性人格进行建模，然后以此人格结构模型为基础编制相应的测量工具，最后对我国中学生的自然科学领域创造性人格发展现状进行调查。

---

① 搜狗百科 http：//baike.sogou.com/v46523.htm.

② 宋双霞，袁海泉．科学家尼古拉·特斯拉的人格魅力．中学物理，2015，1.

第一节　自然科学领域创造性人格结构模型的建立

自然科学家相信科学知识的获取是以科学事实作为认识的基础，运用科学抽象和科学思维的方法得到的理性认识成果，是对客观世界规律性的认识。但有什么样的认识是一回事，能否把这些认识变成行动以致变成最终的成果是另一回事。因此，越来越多的人相信，创造性的科学成果不只是思维的成果，更多的是人格推动的成果。

可以毫不夸张地说，心理学早在创造性人格一词提出之前就已经开始研究科学家的人格了，而这里的科学家又主要指自然科学家。人们相信，通过研究那些有着巨大成就的自然科学家，就能找到创造性人格的秘密。后来的研究也证实了这个观点并非毫无道理，创造性人格的确主要发现于艺术和自然科学领域之中[①]。但是，Roy 和 Richardson 的研究表明艺术领域和自然科学领域的被试在创造性人格的测试中具有不同的表现[②]。有研究者考察了科学领域学生的创造性表现，发现科学领域学生表现得更加独断专行[③]，比起社会科学家，自然科学家表现得更内向[④]。这就意味着将自然科学领域的创造性人格单独列出来加以研究是完全必要的。

事实上，也确实有很多学者对自然科学家的人格特质进行了探讨。Barron 在 Cattell、Roe、Cattell 和 Terman 等学者的研究基础上，归纳出了科学家和发明家10种共同的特征：自我坚韧及稳定、独立与自我满足、控制、

---

① 彭运石，段碧花．社会科学领域创造性人格结构模型研究．湖南师范大学教育科学学报，2011（1）：109–114.

② Roy，D.D. Personality Model of Fine Artists.Creativity Research Journal，1996（4）：391–394.

③ 邹枝玲，施建农．创造性人格的研究模式及其问题．北京工业大学学报：社会科学版，2003（2）：93–96.

④ Pervin Lawrence A，John Oliver P. 人格手册：理论与研究（第 2 版）. 上海：华东师范大学出版社，2003.

能力超越、抽象思考及求知赞美欲望、自我控制及强烈意见、拒绝群众压力、人际关系超然、“向未知下赌注”、秩序与矛盾挑战共存。我国学者张庆林总结各种对自然科学创造人才的研究，发现他们大都具有以下人格特征：易接受外部信息、思维灵活，有驱动力、有抱负、有成就取向，统治、自大、敌意、自信、自治、内向、独立。[①] 进一步的研究表明，科学家（具体指自然科学家）与非科学家的主要区别是严谨性[②]。这些研究成果都在某种程度上揭示了自然科学领域创造性人格的特质，为我们理解自然科学家人格的共性提供了某些启示。但也存在着显而易见的问题，如 Barron 在研究中提出了自然科学家的 10 项共同特征，而张庆林却提出了 12 项，那么哪一个结果更可靠一些？是人格特质越多越有利于我们理解自然科学家的创造性，还是越精越有利？其实很难做出判断。因此，或许人格特质的数量并不是问题，真正的问题在于我们不仅应该弄清楚存在哪些特质，更重要的是弄清这些特质在整个创造性人格中处于什么位置。简而言之，现有针对自然科学领域创造性人格的研究还存在这些问题：

1. 如何将如此之多的人格特质整合分类？

2. 分析出来的这些人格特质在创造性人格结构中处于何种位置？

3. 该如何看待“严谨性”在科学家与非科学家之间的区别，以及如何看待“内向”在自然科学家和其他领域创造者（如社会科学家）之间的区别？

对这些问题的回答有助于我们更清楚地理解这些人格特质与创造性的关系。

基于此，本研究将综合利用多种方法探讨自然科学领域的创造性人格特质，并在同心圆结构的框架下将这些人格特质加以整合，以求建构自然

---

① 张庆林．创造性研究手册．成都：四川教育出版社，2002.

② Feist，G.J. A Meta-Analysis of Personality in Scientific and Artistic Creativity. Personality and Social Psychology Review，1998（4）：290-309.

科学领域创造性人格的结构模型。

一、研究目的

根据现有研究存在的问题，本研究试图在同心圆结构的框架下建构自然科学领域创造性人格的结构模型，以达到对各种人格特质整合分类，明确各种人格特质在整个人格结构中的位置，从而实现有效区分同一种人格特质在自然科学领域与其他科学领域之间的目的。具体而言，本研究在界定自然科学领域创造性人格的基础上，运用自编的创造性人格特质形容词表，对自然科学领域高创造性个体进行词汇评定，并通过探索性因素分析和验证性因素分析提取人格特质，并将这些人格特质整合至同心圆结构之中。

二、研究方法

（一）被试

本研究的研究对象是自然科学领域中主持或主持过省级或省级以上课题的研究者，或者在SCI收录杂志中发表文章的研究者。本研究认为这些研究者的研究能为自然科学发展提供科学研究创新成果，将他们定为自然科学领域中具有高创造性的人群。

研究对象主要来自湖南师范大学、广西师范大学、广西大学等高校及一些研究机构。探索样本544个，其中，男性317名，女性78名，有149人没有填写性别；年龄从23岁到72岁，平均年龄44.41岁；专业包括医学、计算机、化工、物理与电子、心理、数学、土木工程、机械、自动化、教育技术等。

验证样本438个，其中，男性254名，女性73名，有111人没有填写性别；年龄从25岁到68岁，平均年龄42.15岁；专业同样包括医学、计算机、化工、物理与电子、心理、数学、土木工程、机械、自动化、教育技术等。

（二）工具与材料

该词表包含100个描绘稳定人格的词，采用5点记分，从1分（很不符合）到5分（很符合）。详情见第三章第一节。

效标测验采用威廉斯创造性倾向测量表。此量表为台湾王木荣修订，共50个项目，包括冒险性、好奇性、想象力、挑战性四个维度，从完全不符合到完全符合3级记分，测验后可以计算4个维度的分数及总分。

（三）步骤

将创造性人格特质形容词表随机排列，要求自然科学领域高创造性人才对每一个人格特质形容词与自己情况的符合程度进行1分（很不符合）到5分（很符合）的5级评分。

（四）统计处理

采用EpiData3.1进行数据录入与检查，采用SPSS11.5进行探索性因素分析、信度分析等，采用Lisrel8.7进行验证性因素分析。

三、研究结果

（一）探索性因素分析

对收集的数据进行初步分析显示，KMO统计值为0.886，Bartlett' 球形检验的 x^2 值为5801.538，p=0.000，说明这544个样本的数据适合进行因素分析。

经过多次探索性因素分析，删除了载荷小于0.3的项目和在2个及以上个因素上存在载荷差异小于0.15的项目，最后形成一个32个词语项目的结构模型。探索性因素分析抽取特征值大于1的因素一共7个，总共解释了总变异的56.34%，结果见表5–1。这七个因素所包括的项目及因子载荷见表5–2。

表 5-1 因素特征值及总变异解释率

因素	特征值	方差贡献率（%）	累积方差贡献率（%）
1	7.274	22.730	22.730
2	3.731	11.660	34.390
3	2.009	6.279	40.668
4	1.511	4.723	45.392
5	1.359	4.248	49.640
6	1.092	3.412	53.051
7	1.052	3.289	56.340

表 5-2 因素载荷表

项目	因素 1	因素 2	因素 3	因素 4	因素 5	因素 6	因素 7
偏激的	0.823						
焦虑的	0.803						
自负的	0.715						
急躁的	0.683						
冲动的	0.665						
任性的	0.519						
敬业的		0.735					
锲而不舍的		0.732					
坚韧的		0.706					
刻苦的		0.704					
脚踏实地的		0.599					
愉快的			0.812				
和蔼的			0.659				
友善的			0.638				
开朗的			0.565				
细心的			0.500				
重感情的			0.456				
低调的				0.827			
儒雅的				0.636			
谦虚的				0.557			
深沉的				0.531			
激情的					0.749		
浪漫的					0.659		
幽默的					0.446		
富于想象的					0.407		
精明的						0.788	
逻辑的						0.580	
成熟的						0.580	
镇定的						0.535	
天真的							0.811
可爱的							0.700
顽皮的							0.616

根据问卷各项目的具体内容，要对各因素进行命名。因素 1 的项目涉及偏激、焦虑、急躁、冲动等，命名为“神经质”。因素 2 的项目涉及锲而不舍、刻苦等，命名为“勤勉坚毅”；因素 3 的项目涉及和蔼、友善、重感情等，命名为“真诚友善”；因素 4 的项目涉及低调、谦虚、深沉等，命名为“淡泊沉稳”；因素 5 的项目涉及激情、幽默、浪漫等，命名为“激情敏感”；因素 6 的项目涉及精明、逻辑等，命名为“逻辑性”；因素 7 的项目涉及天真、可爱等，命名为“孩子气”。

（二）信度检验

本研究采用克龙巴赫 α 系数，对自然科学领域创造性人格特质结构进行信度检验。结果 7 个因素的克龙巴赫 α 系数分别为：0.8、0.803、0.799、0.671、0.685、0.715、0.633，较好地达到了心理测量学的要求。

（三）效度检验

1. 结构效度

为了验证探索性因素分析后的“自然科学领域创造性人格特质结构模型”的有效性，采用 Lisrel8.7 对 438 个验证样本进行验证性因素分析。模型拟合结果见表 5–3。

表 5–3　自然科学领域创造性人格结构模型的拟合指数

拟合指数	x^2	df	x^2/df	GFI	CFI	AGFI	NFI	NNFI	RMSEA
研究模型	1069.46	443	2.414	0.87	0.95	0.84	0.91	0.94	0.058

从拟合指数来看，x^2/df 为 2.4，CFI、NNFI、GFI 都在 0.85 以上，RMSEA 小于 0.06，说明模型的总体拟合度比较好。可见，自然科学领域创造性人格特质结构模型的 7 个维度，即“神经质”（6 个词语项目）、“勤勉坚毅”（5 个词语项目）、“真诚友善”（6 个词语项目）、“淡泊沉稳”（4 个词汇项目）、“激情敏感”（4 个词语项目）、“逻辑性”（4 个词语项目）、“孩子气”（3 个词语项目），具有较好的结构效度。

2. 效标效度

将本结构七个维度与威廉斯创造性倾向测量表的冒险性、好奇性、想象力、挑战性四个维度进行相关分析，结果表明，勤勉坚毅、真诚友善、激情敏感、孩子气与威廉斯创造性倾向测量表达到相关系数为 0.4 的中等相关。而神经质、淡泊沉稳、逻辑性则与威廉斯创造性倾向测量表的相关相对较低，大约在 0 到 0.3 之间。这可能与威廉斯创造性倾向测量表更倾向于测量个体的创造愿望有关。

四、讨论

采用词汇法对人格维度进行探讨已经广泛应用于人格心理学、社会心理学、临床心理学等各个领域，其作用也日益被研究者们所关注。陈利君曾利用 Gough 形容词检查表对自然科学领域的高创造性者进行过研究，认为创造性人格由公正性、宜人性、开放性、内倾—外倾性、神经质五个因素构成①。但是我们试图通过词汇法对中国本土高创造性人群的人格进行探讨，建立适合中国文化环境的创造性人格理论。研究搜集了中国有高创造性的人物传记中的描述稳定人格特点的词汇，还搜集了高创造性人群的日常生活中的稳定人格特点的词汇，对这些词进行分析整理，应能较全面地反映中国人的创造性人格特点。

自然科学的特殊性决定了自然科学工作者的特殊性。然而，在不算太短的研究历史中，人们并没有从科学的角度将这种特殊性加以清晰地确立。本研究对这一工作进行了尝试，采用创造性人格特质形容词表对自然科学领域创造性人才进行词汇评定研究，得出自然科学领域创造性人格的结构由 7 个因素构成，它们是：神经质、勤勉坚毅、真诚友善、淡泊沉稳、激

① 陈利君 . 创造型人格研究——创造型人格结构模型的建立与中学生创造型人格量表的编制 . 长沙：湖南师范大学，2003.

情敏感、逻辑性、孩子气。

因素一被命名为“神经质”。它描述的是一个人遇到困难时精神上出现的不安状态。自然科学领域高创造性个体在偏激、焦虑、自负、急躁、冲动等方面在5级计分中，平均数在2.21到2.48之间，并没有表现出高分的情况。因素二被命名为“勤勉坚毅”。它描述的是一个人对待事物的认真和坚持态度。自然科学领域高创造性个体在敬业、坚韧、刻苦等方面在5级计分中，平均数在3.78到4.14之间，得分非常高。表明自然科学领域高创造性个体勤奋努力、对所追求的事业坚持不懈、脚踏实地。因素三被命名为“真诚友善”。它描述的是一个人的内在品质、人际关系上的特点。自然科学领域高创造性个体在友善、和蔼、重感情等方面在5级计分中，平均数在3.58到4.02之间，得分比较高。表明自然科学领域高创造性个体真诚、友善、比较重感情。因素四被命名为“淡泊沉稳”。它描述的是一个人的处世态度和情绪稳定性上的特点。自然科学领域高创造性个体在低调、儒雅、谦虚、深沉等方面在5级计分中，平均数在3.26到3.75之间，得分中等偏高。表明自然科学领域高创造性个体比较低调、淡泊名利、坦然、谦虚、深沉的特点。因素五被命名为“激情敏感”。它描述的是一个人在对待事物反应强度和深度上的特点。自然科学领域高创造性个体在激情、浪漫、幽默、想象等方面在5级计分中，平均数在2.93到3.44之间，得分中等偏高。表明自然科学领域高创造性个体比较有激情比较富于想象、稍浪漫、具有一定的幽默的特点。因素六被命名为“逻辑性”。它描述的是一个人的认知风格和是否具有才干和逻辑性的特点。自然科学领域高创造性个体在精明、逻辑、成熟、镇定等方面在5级计分中，平均数在3.62到3.94之间，得分比较高。表明自然科学领域高创造性个体思维深刻、想得周到、逻辑性强、遇事镇定的特点。因素七被命名为“孩子气”。它描述的是一个人在纯真、童真方面的特点。自然科学领域高创造性个体在天真、可爱、顽皮等方面在5级计分中，平均数在2.33到2.85之间，得分处于中等，表明自然科学领域高创造性个体在孩子气方面的特点并不明显。

从得分情况可以看出，“勤勉坚毅”、“淡泊沉稳”与“真诚友善”是分数最高的，也意味着中国自然科学领域的创造者对这些方面更为看重。这与周寅庆在一项叙事研究中的结果是一致的[①]。该研究的对象是我国著名的桥梁专家方秦汉院士，方秦汉主持设计建造了诸如南京长江大桥、九江长江大桥和芜湖长江大桥等数十座国内顶尖水平的大型跨江跨海大桥，并不断创新建桥材料、发展建桥技术、优化建桥工艺，被誉为中国钢桥建设第一人，是一位自然科学领域的高创造者。周寅庆使用叙事方法的研究结果发现，在方秦汉院士的人格结构中包含着中国人特有的一些人格维度，如“淡泊知足”、“勤俭恒毅”和“温顺随和”。值得注意的是“无私”是出现频次最高的一个词。根据王登峰等人的研究，“无私”是“淡泊诚信”这一维度中一个重要的形容词，“淡泊诚信”是不能与西方大五人格相对应起来的一个中国人特有的人格维度[②]。这说明不能简单地用西方大五人格解释中国文化下的高创造者。中国人通常强调“德”“才”兼备，方秦汉院士在评价自己与他人的过程中，其实是更重视“德”的重要性。Simonton总结了自己近40年对科学创造人才的研究发现，科学创造人才的共同特点表现为：高于常人的智力水平、对新经验的开放性、有强大的自我、独立性、内倾性、情绪不稳定等[③]。这些特质均可以归纳到上述的7个因素之中。

① 周寅庆．一位老科学家人格的叙事研究——基于词汇分析的方法．华中师范大学硕士学位论文，2014.

② 王登峰，方林，左衍涛．中国人人格的词汇研究．心理学报，1995，27（4）：400-406.

③ Simonton，D.K. Expertise，competence，and creative ability：the perplexing complexities. In competence，ability，and creativity. In Sterberg，R.J，Grigorenko，E.L. ed. The Psychology of Abilities，Comptencies，and Expertise. New York：Cambridge University Press，2003，213-239.

根据各维度对自然科学领域创造性人格的贡献率建构同心圆结构（如图 5-1）。

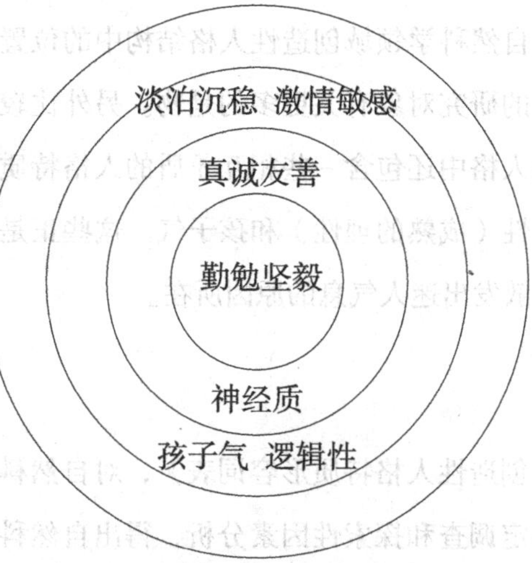

图 5-1 自然科学领域创造性人格同心圆结构图

从同心圆结构图可以看出，神经质在自然科学领域创造性人格中居于核心位置，即偏激、自负等与自然科学领域创造性关系最为密切。这一点初看起来难以理解，而实际上并不奇怪。很多自然科学家在做出最具创造性的成果之前对自己所研究的东西都有一种近乎偏执的信念。著名物理学家丁肇中在发现第四种夸克之前，物理学家普遍认为世界上只有三种夸克。但丁肇中坚持认为还有第四种夸克，并在众人的嘲笑声中执着地求索，发现了新粒子。由此他总结说："做基础研究要有信心，你认为是正确的事，就要坚持去做；不要因为多数人的反对而不做，也不要管其他人怎么看。"桑代克是另一个例子，无论人们怎么批判他的联结论和尝试错误说，他自己始终没有动摇过。理论创新最需要的是坚定的理论信念。[①]或许正是这种近乎偏执的自信让他们成为杰出的自然科学家。和社会科学领域创造性

① 燕良轼，曾练平．中国理论心理学的原创性反思．心理科学，2011，34（5）：1216-1221.

人格结构一致的是，勤勉坚毅也是居于其中心位置的人格特质。在这里，真诚友善不仅是文化特征的反映，也是领域特征的反映。相比社会科学领域，真诚友善在自然科学领域创造性人格结构中的位置更外围一些，可能与自然科学领域的研究对象有关更多的是物。另外比较有趣的是，自然科学领域的创造性人格中还包含一些相互矛盾的人格特质，例如淡泊沉稳和激情敏感，逻辑性（成熟的理性）和孩子气。这些正是高创造性自然科学家的人格中常常散发出迷人气息的原因所在。

五、结论

运用自编《创造性人格特质形容词表》，对自然科学领域高创造性人员进行了5级评定调查和探索性因素分析，得出自然科学领域创造性人格特质结构模型7个维度："神经质"（6个词汇项目）、"勤勉坚毅"（5个项目）、"真诚友善"（6个项目）、"淡泊名利"（4个词汇项目）、"激情敏感"（4个项目）、"逻辑性"（4个项目）、"孩子气"（3个项目）。其中，神经质是自然科学领域创造性人格中最核心的特质，意味着高创造性的自然科学家更容易表现为偏激、自负等人格特点。验证性因素分析中，各拟合指数都达到统计要求。整个模型结构的信度、效度等指标也基本或良好地达到心理测量学要求。本结构模型可以继续为以后研究所用。

第二节　中学生自然科学领域创造性人格量表的初步编制

自然科学领域的特殊性决定了自然科学工作者的特殊性。一般认为，高创造性的自然科学工作者在某种程度上是因为其有着更适合这一领域的人格特质，因而具有更好的适应性。例如，爱因斯坦如果从事文学艺术，其成就可能就远远达不到其从事物理学的高度。循着这一逻辑，如能找到一种用于测量自然科学领域创造性人格的工具，我们就能及早发现哪些人适合从事自然科学，哪些人能在自然科学领域中获得较高的成就。为此，本研究将编制一份专门用于测量自然科学领域创造性人格的工具。

现有针对创造性人格的测验工具大多采用自陈量表法。自陈量表法不仅可以测量外显行为（如态度倾向、职业兴趣、同情心等），同时也可以测量自我对环境的感受（如欲望的压抑、内心冲突、工作动机等）。比较公认的测量工具是美国著名的创造力研究者威廉姆斯制作的《威廉斯创造力倾向测量表》，还有高夫编制的《创造人格量表》、托伦斯编制的创造性人格自陈量表《你属于哪一类人》、Rimm 和 Davis 研制的《发现创造性人才集体调查表》，国内有谭和平和王彬照编制的《高中生创新心理素质评定量表》、陈利君利用高夫的词汇编制了《中学生创造性人格鉴定量表》等。这些量表或以句子或以形容词的形式构成，并都有较好的信效度，但都不是专门针对自然科学领域编制的。更为重要的是，量表的编制并不完全是以中国文化下的创造者为主体编制的，如陈利君的《中学生创造性人格鉴定量表》基本是在高夫词汇的基础上修订而成的。我们认为，要想编制一套真正适合中国学生的创造性人格工具，必须以中国科学家为主体建构模型，并以此模型为基础来编制工具。此外，创造性人格最突出地表现在自然科学领域和艺术领域中[①]，编制相应的测量工具显然是非常必要的。

如前所述，自然科学领域的创造性人格有其独特的结构，因此在此基础上编制工具才具有真正的针对性。由于中学生正处于人格趋于成熟的时期，兴趣渐渐分化，同时学科分类越来越专业化，编制中学生的自然科学领域创造性人格工具对于帮助其正确选择发展方向，有效实现职业理想是

① 彭运石，段碧花．社会科学领域创造性人格结构模型研究．湖南师范大学教育科学学报，2011（1）：109–114.

有利的。鉴于此，本研究将以自然科学领域创造性人格七因素模型为基础，并使用相关词表，编制出适合中学生使用的《中学生自然科学领域创造性人格量表》。

一、研究目的

在前期的研究中，我们已经构建出了自然科学领域创造性人格七因素模型，同时形成了《创造性人格特质形容词表》。由于该词表是通过对我国自然科学领域高创造性人员的调查研究而得，因而能够较好地反映中国人在这一领域的创造性人格特质，其结构模型比以普通人为研究被试的结果更经得起推敲，以此为基础编制的量表对中学生创造性人格的评定与培养有更大的指导作用。因此本研究直接运用这个词表编制出《中学生自然科学领域创造性人格量表》，在中学生群体中施测，并对量表的信度、效度进行分析。

二、研究方法

（一）被试

从广西桂林市选取高中、初中各 2 所学校，采取整群抽样法从每个学校抽取一、二年级各一个普通班，共 8 个班级进行问卷调查。共调查 632 名中学生，有效被试 615 名，有效率 97.31%。其中，男生 258 名，女生 330 名，未填写性别 27 名；初一 132 名，初二 132 名，高一 170 名，高二 181 名；最低年龄 11 岁，最高年龄 18 岁，平均年龄 14.57 岁。

（二）工具与材料

1. 自编《中学生自然科学领域创造性人格量表》

在已确立的自然科学领域创造性人格七因素结构模型的基础上，根据七因素相关形容词所代表的人格特质含义，让 1 名心理学副教授、1 名心理学博士生、10名心理学硕士生各自给每个词编写1—2个有关中学生平时学习或生活的句子，以反映该词汇所代表的人格特质的行为表现或内心体验、欲求水平以及具备（或不具备）该特质的程度。再集中开会讨论，依据每一个形容词所代表的人格特质含义对原始项目进行逐个修改，并考虑中学生年龄特点，对项目的表达和措辞一并进行修改，最终确定《中学生创造性人格量表》共32个项目。采用1（特别不符合）到5（特别符合）的5级计分，让被试对每个项目与自己情况的符合程度进行评价。为了防止语言暗示和作答偏向，施测时将量表名称替换为《中学生学习、生活情况调查表》。

2. 威廉斯创造性倾向测量表

此量表为台湾王木荣修订，共50个项目，包括冒险性、好奇性、想象力、挑战性四个维度，从完全不符合到完全符合3级记分，测验后可以计算4个维度的分数及总分。

（三）施测

以班级为单位进行调查，具体操作是先由班主任组织，再由2名心理学硕士生做主试发放问卷并说明注意事项，最后由学生集中在课堂上完成《中学生自然科学领域创造性人格量表》和《威廉斯创造性倾向测量表》。

（四）统计处理

收回纸质问卷后集中编号，采用EpiData3.1进行数据录入与核查，用SPSS11.5进行项目分析、信度检验，用Lisrel 8.7进行验证性因素分析。

三、结果与分析

（一）项目分析

人格测验中，难度被称为“通俗性”，以各项目平均分除以该项目满分获得。项目区分度的估计方法有多种，在本研究中，各项目的区分度将用各因素总分高低分组（各 27%，即 166 人）在各项目上的独立样本 t 检验来评估。从结果来看，各项目都符合客观性要求，都可以保留。具体结果见表 5-4 至表 5-10。

表 5-4　因素一“神经质”各项目的通俗性和区分度

项目	平均数	通俗性	t	p
T1	2.38	0.476	19.334	0.000
T2	4.15	0.83	9.441	0.000
T3	2.56	0.512	16.074	0.000
T4	2.94	0.588	18.315	0.000
T5	3.48	0.696	16.798	0.000
T6	2.26	0.452	17.625	0.000

表 5-5　因素二“勤勉坚毅”各项目的通俗性和区分度

项目	平均数	通俗性	t	p
T7	3.94	0.788	22.576	0.000
T8	3.71	0.742	22.081	0.000
T9	3.94	0.788	21.957	0.000
T10	3.18	0.636	22.383	0.000
T11	3.86	0.772	21.745	0.000

表 5-6　因素三“真诚友善”各项目的通俗性和区分度

项目	平均数	通俗性	t	p
T12	4.01	0.802	19.696	0.000
T13	4.14	0.828	20.312	0.000
T14	4.23	0.846	19.278	0.000
T15	4.00	0.8	25.295	0.000
T17	4.42	0.884	13.663	0.000

表 5-7　因素四“淡泊沉稳”各项目的通俗性和区分度

项目	平均数	通俗性	t	p
T18	3.96	0.792	17.042	0.000
T19	3.27	0.654	16.597	0.000
T20	4.54	0.908	9.26	0.000
T21	3.35	0.67	16.611	0.000

表 5-8　因素五“激情敏感”各项目的通俗性和区分度

项目	平均数	通俗性	t	p
T22	3.41	0.682	18.919	0.000
T23	3.77	0.754	20.655	0.000
T24	3.56	0.712	15.856	0.000
T25	4.41	0.882	10.440	0.000

表 5-9　因素六“逻辑性”各项目的通俗性和区分度

项目	平均数	通俗性	t	p
T16	3.32	0.664	20.850	0.000
T26	2.87	0.574	15.318	0.000
T27	3.53	0.706	21.019	0.000
T28	3.51	0.702	20.986	0.000
T29	3.68	0.736	15.737	0.000

表 5-10　因素七“孩子气”各项目的通俗性和区分度

项目	平均数	通俗性	t	p
T30	4.12	0.824	14.667	0.000
T31	3.31	0.662	22.475	0.000
T32	3.24	0.648	23.14	0.000

（二）信度分析

在对中学生自然科学领域创造性人格量表进行信度检验时，采用重测信度和克龙巴赫 α 系数对信度进行评价。将修正好的量表在其中两所学校的初二和高一两个班级共 162 名学生中进行了一周之间的重复测量，有效被试 158 名。采用原来 615 名被试的数据计算克龙巴赫 α 系数。结果见表 5-11。

表 5-11　各因素重测信度、克龙巴赫 α 系数

因素	重测信度	克龙巴赫 α 系数
因素一“神经质”	0.631	0.651
因素二“勤勉坚毅”	0.735	0.761
因素三“真诚友善”	0.709	0.731
因素四“淡泊沉稳”	0.687	0.406
因素五“激情敏感”	0.564	0.412
因素六“逻辑性”	0.765	0.649
因素七“孩子气”	0.526	0.470
总分	0.702	0.798

从表 5-11 可以看出，中学生自然科学领域创造性人格量表的各维度

和总分的重测信度基本达到测量学要求；各维度和所有项目的克龙巴赫 α 系数也基本达到测量学要求。

（三）效度分析

1. 内容效度

内容效度反映的是一个测验的内容是否代表了它所要测量的主题内容的程度，通常采用专家逻辑判断法。中学生创造性人格量表，由心理学 1 名博士生、1 名副教授、10 名硕士生各自给每个词编写了句子，再集中开会讨论，依据每一个形容词所代表的人格特质含义对原始项目进行逐个修改，最终形成大家比较认可的测量内容。因此可以认为本量表具有较好的内容效度。

2. 结构效度

采用 Lisrel8.7 对 32 个测验项目进行分析后，发现第 16 个项目放入第 6 个因素模型拟合更好，在理论上也可以解释，于是采用此修正模型。该模型的拟合结果见表 5–12。

表 5–12　中学生自然科学领域创造性人格量表的模型拟合指数

模型	x^2/df	x^2/df	x^2/df	GFI	CFI	AGFI	NFI	NNFI	RMSEA
初始模型	2174.88	443	4.909	0.80	0.87	0.77	0.85	0.86	0.085
修正模型	1996.53	443	4.612	0.84	0.89	0.80	0.87	0.89	0.080

从结果来看，修正模型 x^2/df 的值为 4.612，小于 5，RMSEA 也达到接受水平，其他拟合指数接近 0.9，综合来看，该模型拟合度基本可以接受。

3. 效标关联效度

以台湾王木荣修订的威廉斯创造性倾向测量表为效度标准，将中学生自然科学领域创造性人格量表的 7 个维度与威廉斯创造性倾向测量表的 4 个维度进行了相关分析，结果见表 5–13。

表 5-13 本量表与效标测验的相关

因素	冒险性	好奇性	想象力	挑战性
因素一“神经质”	-0.002	0.091*	0.257**	-0.041
因素二“勤勉坚毅”	0.287**	0.306**	0.121**	0.387**
因素三“真诚友善”	0.464**	0.351**	0.172**	0.351**
因素四“淡泊沉稳”	0.078	0.118**	0.010	0.113**
因素五“激情敏感”	0.473**	0.425**	0.332**	0.364**
因素六“逻辑性”	0.258**	0.296**	0.146**	0.271**
因素七“孩子气”	0.355**	0.322**	0.217**	0.245**

注：* 在 0.05 水平上显著相关；** 在 0.01 水平上极其显著相关

从表 5-13 中可以看出，中学生自然科学领域创造性人格量表的“勤勉坚毅”、“真诚友善”、“激情敏感”、“逻辑性”、“孩子气”和威廉斯创造性倾向测量表冒险性、好奇性、想象力、挑战性都存在低到中等的极显著相关。“神经质”与好奇性、想象力存在比较低的显著相关，与冒险性、挑战性不存在显著相关。“淡泊沉稳”与好奇性、挑战性存在比较低的显著相关，与冒险性、想象力不存在显著相关。

四、讨论

《中学生自然科学领域创造性人格量表》是在自然科学领域创造性人格结构模型的基础上编制的，数据分析产生的量表结构与理论模型相一致，说明最初的理论模型是合理的。该人格量表是针对中学生在自然科学领域中的创造性人格特质而编制的，对评估中学生的相关潜质是有价值的。

项目分析是根据测试结果对组成测验的各个题目进行分析，从而评价题目好坏、对题目进行筛选。本研究主要从测验的难度（通俗性）和区分度来对测验的项目进行分析。从通俗性分析的结果来看，整个测验的各项目的通俗性都达到中等到良好的程度。其中第 20 个项目刚刚超过 0.9，由于是人格测验而非能力测验，个别项目偏高也属于可接受范围。从各维度中各项目的区分度来看，各项目的高低分组的独立样本 t 检验也都达到了极显著差异，测验区分度达到了非常好的效果。

测验信度是指测验的稳定性、可靠性。本研究采用重测信度和克龙巴赫 α 系数来估计测验的信度。从重测信度的结果中可以看出，中学生创造性人格量表的 7 个维度的重测信度在 0.526 到 0.765 之间，基本达到测量学要求。从克龙巴赫 α 系数的值来看，7 个维度的 α 系数的值在 0.406 到 0.761 之间，由于测验项目的数量会影响 α 系数的大小，所以在某些维度中，α 系数出现稍小的情况。不过总量表的 α 系数为 0.789，基本达到了测量学要求。

从测验的内容效度来看，中学生自然科学领域创造性人格量表是多名心理学工作者根据相关词汇编写了句子，再集中开会讨论修改，最终形成大家比较认可的测量内容。因此可以认为本量表具有较好的内容效度。从测验的结构效度来看，本研究采用验证性因素分析的方法对测验的结构效度进行估计。经过验证性因素分析修正指数，将第 16 个项目放入了第 6 个因素中，对结构进行了一定程度的修正，各拟合指数也达到了比较理想的数值，反映了测验结构与理论结构之间有比较好的一致性，说明本量表具有良好的结构效度。

从测验的效标关联效度来看，本研究采用台湾王木荣修订的威廉斯创造性倾向测量表为效度标准，将中学生创造性人格量表的 7 个维度与威廉斯创造性倾向测量表的 4 个维度进行了相关分析。结果表明，中学生自然科学领域创造性人格量表的“勤勉坚毅”、“真诚友善”、“激情敏感”、“逻辑性”、“孩子气”和威廉斯创造性倾向测量表的冒险性、好奇性、想象力、挑战性都存在极显著相关，虽然相关系数只达到中等程度或低等程度，但是也说明本研究编制的中学生自然科学领域创造性人格量表和威廉斯创造性倾向测量表存在一定的关联。“神经质”与好奇性、想象力存在比较低的显著相关，与冒险性、挑战性不存在显著相关，同时“淡泊沉稳”与好奇性、挑战性存在比较低的显著相关，与冒险性、想象力不存在显著相关。究其原因可能是：1. 威廉斯创造性倾向测量表中没有关于神经质相关的测量内容；2. 与本章第一节中所述情况一致，本量表是在中国文化下以中国人为主体建构的模型的基础上编制的，“淡泊沉稳”是典型的中国人的人格维度①，因而也是效标量表所没有的。这些结果一方面说明我们不能简单地将国外现有的创造性人格测量工具搬过来用在中国人身上，另一方面还说明本量表相对于其他量表的种种优势，体现其独特的理论价值和应用价值。总的来说，中学生自然科学领域创造性人格量表的效度表现良好，达到测量学要求。

经过对中学生自然科学领域创造性人格量表的项目分析和信度、效度分析，绝大部分指标达到了心理测量学要求，因此该量表可以推广使用。经过修正的中学生创造性人格量表包括七个维度，其中“神经质”，包括6个项目，测量中学生在遇到困难时出现的不安状态；“勤勉坚毅”，包括5个项目，测量中学生对待事物认真和坚持的态度；“真诚友善”，包括5个项目，测量中学生的内在品质和社会交往中对别人的态度；“淡泊沉稳”，包括4个项目，测量中学生的处世态度和情绪稳定性上的特点；“激情敏感”，包括4个项目，测量中学生对待事物反应强度和深度上的特点；“逻辑性”，包括5个项目，测量中学生的认知风格和是否具有才干以及逻辑性的特点；“孩子气”，包括3个项目，测量中学生单纯、天真方面的特点。

五、结论

1. 中学生自然科学领域创造性人格量表包括7个维度：“神经质”（包括6个项目）、“勤勉坚毅”（包括5个项目）、“真诚友善”（包括5

① 王登峰，方林，左衍涛．中国人人格的词汇研究．心理学报，1995，27（4）：400–406.

个项目）、“淡泊沉稳”（包括4个项目）、“激情敏感”（包括4个项目）、“逻辑性”（包括5个项目）、“孩子气”（包括3个项目）。

2. 中学生自然科学领域创造性人格量表具有良好的信度、效度，可以作为评价中学生创造性人格的良好测量工具。

附录：

中学生自然科学领域创造性人格量表

（施测名称：中学生学习、生活情况调查表）

姓名＿＿＿＿＿＿ 学校＿＿＿＿＿＿ 年 级＿＿＿＿＿＿

年龄＿＿＿＿＿＿ 性别＿＿＿＿＿＿ 文理科＿＿＿＿＿＿

亲爱的同学，下面是一些和您学习生活相关的条目，如果完全符合您的情况请在5上打钩，有些符合请在4上打钩，不太确定请在3上打钩，不太符合请在2上打钩，不符合请在1上打钩，题目没有好坏之分，也不和您的学习成绩挂钩，研究人员也会对个人结果进行保密，请您放心填写。非常感谢您的合作！

题号	题目	符合	有些符合	不太确定	不太符合	不符合
1	我觉得是好的事情不能有人说它不好。	5	4	3	2	1
2	我常常担心我的学业和我身边的其他事情。	5	4	3	2	1
3	我认为自己很了不起，只是还没有得到赏识。	5	4	3	2	1
4	为了赶快达到目的，我经常不经仔细考虑或准备就马上行动。	5	4	3	2	1
5	我很容易头脑发热去做决定，之后又会后悔。	5	4	3	2	1
6	为了得到自己想要的东西，就算大闹我也一定要拿到。	5	4	3	2	1
7	我会专心致力于我的学业。	5	4	3	2	1
8	如果事情不能一次完成，我会继续尝试，直到成功为止。	5	4	3	2	1
9	我会坚持我的理想，不管遇到多少困难，都不会放弃。	5	4	3	2	1

续表

题号	题目	符合	有些符合	不太确定	不太符合	不符合
10	我常常学习到很晚，不怕吃苦，不怕困难。	5	4	3	2	1
11	我喜欢一步一步踏实地完成各项任务。	5	4	3	2	1
12	我通常觉得很快乐，很高兴。	5	4	3	2	1
13	我对人态度温和，容易和同学接近。	5	4	3	2	1
14	我和朋友们的关系总是亲近和睦。	5	4	3	2	1
15	我性格乐观，和人交往时很活泼，也喜欢关心别人。	5	4	3	2	1
16	如果我或者好朋友转学了，我会很想念他们。	5	4	3	2	1
17	我的成绩或者贡献都没有必要让别人知道。	5	4	3	2	1
18	同学们觉得我知识渊博，态度温和，举动斯文。	5	4	3	2	1
19	别人有很多让我可以学习的地方。	5	4	3	2	1
20	我不轻易流露自己的感情，以至于别人都不知道我在想什么。	5	4	3	2	1
21	我对学习和生活中遇到的任何事情都会产生很强烈的情感。	5	4	3	2	1
22	过生日时我喜欢找几个好朋友和我一起度过。	5	4	3	2	1
23	我不经意间讲的话常常能引起笑声。	5	4	3	2	1
24	听别人讲故事时，我经常能想象出故事中的情境。	5	4	3	2	1
25	我能做到细心处理很多繁杂的小事，并且做得很好。	5	4	3	2	1
26	我将自己的零钱保存得好好的，不让别人看见。	5	4	3	2	1
27	处理事情我总是很有条理，按照一定的顺序进行。	5	4	3	2	1
28	我看问题总是很理智，处理事情考虑得很周全。	5	4	3	2	1
29	遇到很紧急的情况，我能控制住自己的情绪，不会慌张。	5	4	3	2	1
30	我心地单纯，性情直率，没有做作和虚伪。	5	4	3	2	1
31	我很可爱，常常得到别人的喜欢。	5	4	3	2	1
32	我喜欢做一些恶作剧来捉弄别人。	5	4	3	2	1

第三节　中学生自然科学领域创造性人格的现状调查

既然自然科学的创造性人格有其独特的结构，那么其在个体的发展过程中是否也有其独特的趋势和规律？如前所述，自然科学通常试着解释世界是依照自然程序而非由神性的方式运作，认识的对象是整个自然界，认识的任务在于揭示自然界发生的现象以及自然现象发生过程的实质，进而把握这些现象和过程的规律性，以便解读它们，并预见新的现象和过程，为在社会实践中合理而有目的地利用自然界的规律开辟各种可能的途径。自然科学的这些特征显然与社会科学有着明显的差别，这就意味着不能用社会科学领域创造性人格发展现状的调查结果简单套用在自然科学领域中。

自然科学因其独特性，对于从事其领域工作的能力要求也有其独特性，例如，从事自然科学要求有比较发达的抽象逻辑思维能力，而这种能力在某种程度上又是个体在人格上的反映，如严谨性。当我们说一个人很严谨的时候，其实又相当于说其有着较好的逻辑思维能力。和小学时期相比，中学时期正是抽象逻辑思维能力全面发展，并逐渐占主导地位的时期。朱智贤认为，初中生思维活动的基本特点是抽象逻辑思维已占主导地位，但有时思维中的具体行为成分还起作用[①]；而从初中二年级开始，学生的抽象逻辑思维开始由经验型水平向理论型水平转化，到高中二年级，这种转化初步完成，这意味着他们的抽象逻辑思维趋向成熟；从整体上，思维的可塑性已大大减少，与成人期的思维水平基本保持一致，甚至在某些方面的思维能力还高于成人[②]。这种抽象逻辑思维能力的发展为个体从事自然科学在能力上做好了重要的准备。但创造不只是思维的事情，更是人格的事情。如果一个人在人格特点上不符合自然科学领域的要求，即使有超强的抽象逻辑思维能力也难

① 朱智贤．儿童心理学．人民教育出版社，1979.

② 林崇德．发展心理学．人民教育出版社，2001，5.

有建树。而中学阶段正是文理分科，兴趣分化的阶段，了解其创造性人格的发展，综合考虑其思维能力和人格特征才能真正做到有效的生涯规划，因此有必要考察中学生的自然科学领域创造性人格的发展现状和趋势。

此外，创造性人格不同于创造性思维，而是关涉到动机问题。[①]目标定向是动机领域中比较重要的课题，它是指个体对学习活动的目的和意义的知觉。可以分为任务目标定向（Task Goal Orientation，也译为掌握定向）、能力—方法目标定向（Ability-Approach Goal Orientation，也译为成绩接近定向）、能力—避免目标定向（Ability-Avoid Goal Orientation，也译为成绩回避定向）。有分析表明，目标定向的3个方面与创造性个性之间具有密切的积极关系。中学阶段正是兴趣分化的阶段，了解自然科学领域创造性人格的发展现状对于理解这种兴趣分化是有意义的。基于此，本研究将考察中学生自然科学领域创造性人格的发展现状，并探讨其与目标定向、创造性思维之间的关系，以期为中学生的自然科学创造力教育提供数据支持。

一、研究目的

使用问卷调查的方法考察当前中学生自然科学领域创造性人格的现状、年龄发展趋势、性别、学校等差异情况，并探讨中学生自然科学领域创造性人格、创造性思维能力与目标定向、学业成就、教师对中学生创造性评价等的关系。

二、研究方法

（一）被试

在湖南省长沙市通过整群抽样的方法抽取高中、初中各2所学校，每

① 张景焕，刘桂荣，师玮玮，等．动机的激发与小学生创造思维的关系：自主性动机的中介作用．心理学报，2011，43（10）：1138-1150.

个学校一、二、三年级各一个普通班，计6个班级，共调查600名中学生，有效被试553名，有效率92.17%。其中，男生281名，女生272名；初一96名，初二89名，初三80名，高一99名，高二92名，高三97名；最低年龄12岁，最高年龄19岁，平均年龄15.67岁。

（二）工具与材料

1. 自编《中学生自然科学领域创造性人格量表》

自编的《中学生自然科学领域创造性人格量表》，包括7个维度："神经质"（6个项目）、"勤勉坚毅"（5个项目）、"真诚友善"（5个项目）、"淡泊沉稳"（4个项目）、"激情敏感"（4个项目）、"逻辑性"（5个项目）、"孩子气"（3个项目）。量表采用1（完全不符合）到5（完全符合）5级记分。整个量表的克龙巴赫 α 系数为0.798，重测信度为0.702，效度、项目分析都达到心理测量学要求。为了防止语言暗示和作答偏向，施测时将量表名称替换为《中学生学习、生活情况调查表》。

2. 中学生创造性思维能力自评测验

本测验由骆方编制。包括把握重点、综合整理、联想力、通感、兼容性、洞察力、独创性、概要解释、评估力、投射未来10个维度。测验具有良好的结构效度，测验项目具有较好的信度。各维度同教师评定的相关在0.20~0.40之间，同威廉创造性个性量表的相关在0.50左右，且相关都显著。① 本研究中，整个测验的克龙巴赫 α 系数为0.93。

3. 成就目标定向量表

此量表由Midgley等人制作，共18个项目，5级计分。包括任务目标定向、能力—方法目标定向、能力—避免目标定向3个维度。整个测验克龙巴赫 α 系数为0.84，3个维度的 α 系数分别为0.83、0.86、0.74。

① 骆方，孟庆茂．中学生创造性思维能力自评测验的编制．心理发展与教育，2005，4：94-98.

4. 学生上学期期末考试成绩总和

5. 班主任给班级里每名同学的创造性评分，从低到高（1 — 7）7 个等级

（三）步骤

由 1 名心理学硕士生做主试，以班为单位，在班主任组织下，集中在课堂上完成中学生自然科学领域创造性人格量表、中学生创造性思维能力自评测验、目标定向量表。再从班主任那里拿到每名学生的上学期期末考试成绩总和，班主任给班级里每名同学的创造性评分。

（四）统计处理

收回纸质问卷后集中编号，采用 EpiData3.1 进行数据录入与核查，采用 SPSS20.0 和 Lisrel 8.7 进行结构方程模型估计。

三、结果与分析

（一）中学生自然科学领域创造性人格的基本情况

对中学生自然科学领域创造性人格进行描述统计，结果如表 5–14 所示。

表 5–14　中学生自然科学领域创造性人格的描述性统计结果

因素	M	S
因素一“神经质”	2.619	0.702
因素二“勤勉坚毅”	3.525	0.753
因素三“真诚友善”	3.876	0.812
因素四“淡泊沉稳”	3.335	0.596
因素五“激情敏感”	3.613	0.792
因素六“逻辑性”	3.342	0.638
因素七“孩子气”	3.079	0.766

结果显示，中学生自然科学领域创造性人格量表中的“神经质”维度的平均数为 2.619，在 5 级记分中达到中等稍偏下的水平；其他维度的平均分在 3.079~3.876 之间，达到中等到稍偏高的水平。

（二）中学生自然科学领域创造性人格的性别差异

对中学生自然科学领域创造性人格的各维度进行性别差异分析，结果

如表 5–15 所示。

表 5–15　中学生自然科学领域创造性人格的性别差异分析

	男（M ± SD）	女（M ± SD）	t	df	p
神经质	2.69 ± 0.73	2.61 ± 0.67	1.313	450	0.19
勤勉坚毅	3.43 ± 0.76	3.51 ± 0.71	0.602	450	0.251
真诚友善	3.79 ± 0.86	3.97 ± 0.74	–2.360	450	0.019
淡泊沉稳	3.37 ± 0.65	3.32 ± 0.58	0.855	450	0.393
激情敏感	3.45 ± 0.79	3.78 ± 0.77	–4.493	450	0.000
逻辑性	3.34 ± 0.67	3.27 ± 0.61	1.188	450	0.236
孩子气	2.95 ± 0.83	3.18 ± 0.71	–3.147	450	0.000

结果显示，在中学生自然科学领域创造性人格量表的各维度中，“神经质”、“勤勉坚毅”、“淡泊沉稳”、“逻辑性”不存在显著的性别差异；“真诚友善”存在显著的性别差异，“激情敏感”、“孩子气”存在极显著的性别差异，且都是女生高于男生。

（三）中学生自然科学领域创造性人格的年级差异

对中学生自然科学领域人格的各个维度进行年级差异分析，结果如表 5–16 所示。

表 5–16　中学生自然科学领域创造性人格的年级差异分析

	平均数		标准差	F	p	多重比较
神经质	初一	2.48	0.75	3.425	0.005	5>1，2；3>1，2
	初二	2.45	0.67			
	初三	2.76	0.71			
	高一	2.63	0.67			
	高二	2.76	0.67			
	高三	2.65	0.69			
勤勉坚毅	初一	3.90	0.74	8.647	0.000	1>3，2，6，5，4；3>4；2>4；
	初二	3.56	0.76			
	初三	3.61	0.75			
	高一	3.26	0.62			
	高二	3.40	0.69			
	高三	3.44	0.80			

续表

	平均数		标准差	F	p	多重比较
真诚友善	初一	3.84	0.83	0.742	0.593	
	初二	3.74	0.95			
	初三	3.89	0.84			
	高一	3.92	0.76			
	高二	3.95	0.75			
	高三	3.90	0.75			
淡泊沉稳	初一	3.22	0.61	2.482	0.031	6>1
	初二	3.39	0.60			
	初三	3.34	0.53			
	高一	3.30	0.57			
	高二	3.27	0.57			
	高三	3.49	0.65			
激情敏感	初一	3.61	0.81	0.706	0.691	
	初二	3.49	0.85			
	初三	3.68	0.73			
	高一	3.61	0.89			
	高二	3.62	0.73			
	高三	3.68	0.72			
逻辑性	初一	3.56	0.68	4.751	0.000	1>5，6，4
	初二	3.41	0.67			
	初三	3.40	0.55			
	高一	3.17	0.58			
	高二	3.29	0.65			
	高三	3.24	0.61			
孩子气	初一	2.90	0.74	3.376	0.005	6>2，1；3>1；
	初二	2.94	0.80			
	初三	3.22	0.77			
	高一	3.05	0.72			
	高二	3.12	0.76			
	高三	3.26	0.76			

注：1 初一 ；2 初二；3 初三；4 高一；5 高二；6 高三

结果显示，中学生自然科学领域创造性人格量表的各维度中，“真诚友善”、“激情敏感”不存在显著的年级差异；“神经质”、“勤勉坚毅”、“淡泊沉稳”、“逻辑性”、“孩子气”存在显著或极显著的年级差异。

事后检验显示，“神经质”中，高二与初三高于初一与初二；“勤勉坚毅”中，初一高于其他所有年级，初二与初三大于高一；“淡泊沉稳”中高三大于初一；“逻辑性”中，初一大于高中三个年级；“孩子气”中，高三大于初一与初二，初三大于初一。

中学生自然科学领域创造性人格的年级发展趋势见图 5–2。

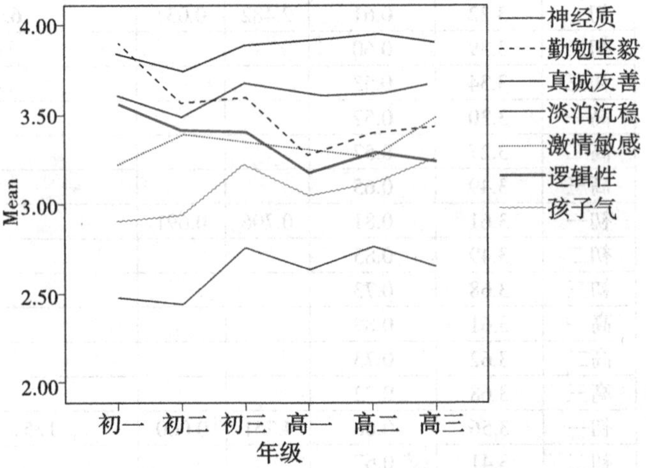

图 5–2　中学生自然科学领域创造性人格的年级发展趋势图

从图 5–2 中可以直观地看到，真诚友善得分最高，神经质得分最低。真诚友善和激情敏感有微弱下降或上升趋势，但是并不明显；勤勉坚毅和逻辑性从初一开始有明显的下降趋势，到高一后又出现反复；淡泊沉稳开始上升，再下降，到高二时再回升；孩子气和神经质都是出现了波浪式的上升趋势。

（四）中学生自然科学领域创造性人格、中学生创造性思维能力、目标定向量表与期末考试成绩、教师创造性评分等级的关系

教师评定、学习成绩与创造性人格、目标定向的相关情况见表 5–17。教师评定、学习成绩与创造性思维能力的相关情况见表 5–18。创造性人格与创造性思维能力的相关情况见表 5–19。

表 5-17 教师评定、考试成绩与创造性人格、目标定向相关系数

	神经质	勤勉坚毅	真诚友善	淡泊沉稳	激情敏感	逻辑性	孩子气	任务目标定向	能力—方法目标定向	能力—避免目标定向
教师评定	-0.032	0.082	0.049	0.000	0.026	0.034	0.044	0.087*	0.080	-0.051
成绩总和	-0.062	0.026	0.026	0.015	0.009	-0.009	0.033	0.078	0.079	-0.064

表 5-18 教师评定、成绩与创造性思维能力相关系数

	把握重点	综合整理	联想力	通感	兼容性	洞察力	独创性	把握重点	概要解释	投射未来
教师评定	0.140**	0.155**	0.125**	0.154**	0.114**	0.081	0.099*	0.157**	0.117**	0.119**
成绩总和	0.119**	0.121**	0.084*	0.103*	0.090*	0.016	0.075	0.104*	0.094*	0.122**

从表 5-17 和表 5-18 来看，教师创造性评分等级、期末考试成绩与中学生自然科学领域创造性人格量表、中学生创造性思维能力自评测验、目标定向量表各维度的相关系数都非常低，特别是教师创造性评分等级、期末考试成绩与中学生自然科学领域创造性人格量表的相关最高只有 0.08。另外本研究计算了教师创造性评分等级和期末考试成绩的相关，相关系数为 0.558，达到中等相关，在样本量达到 500 的情况下，这个相关系数已经是非常高的。

进而将教师创造性评分等级和期末考试成绩作为自变量，将中学生自然科学领域创造性人格、中学生创造性思维能力、目标定向量表各维度分别做因变量，进行回归分析，结果教师创造性评分等级和期末考试成绩全部都没有进入回归方程。

表 5-19 创造性人格与创造性思维能力的相关系数

	把握重点	综合整理	联想力	通感	兼容性	洞察力	独创性	把握重点	概要解释	投射未来
神经质	-0.044	-0.029	0.273**	0.000	-0.088*	0.112**	0.067	-0.004	-0.028	0.048
勤勉坚毅	0.428**	0.486**	0.068	0.331**	0.332**	0.310**	0.284**	0.276**	0.376**	0.332**
真诚友善	0.310**	0.241**	0.244**	0.306**	0.474**	0.350**	0.332**	0.368**	0.400**	0.292**
淡泊沉稳	0.182**	0.213**	0.191**	0.228**	0.149**	0.205**	0.202**	0.187**	0.215**	0.156**
激情敏感	0.304**	0.232**	0.448**	0.323**	0.432**	0.383**	0.356**	0.350**	0.373**	0.275**
逻辑性	0.500**	0.465**	0.136**	0.369**	0.402**	0.359**	0.408**	0.379**	0.471**	0.334**
孩子气	0.331**	0.236**	0.391**	0.303**	0.368**	0.366**	0.307**	0.349**	0.307**	0.199**

从表 5-19 来看，中学生自然科学领域创造性人格、中学生创造性思

维能力各维度大多都存在极显著的中等相关。

（五）中学生自然科学领域创造性人格、中学生创造性思维能力、目标定向的关系

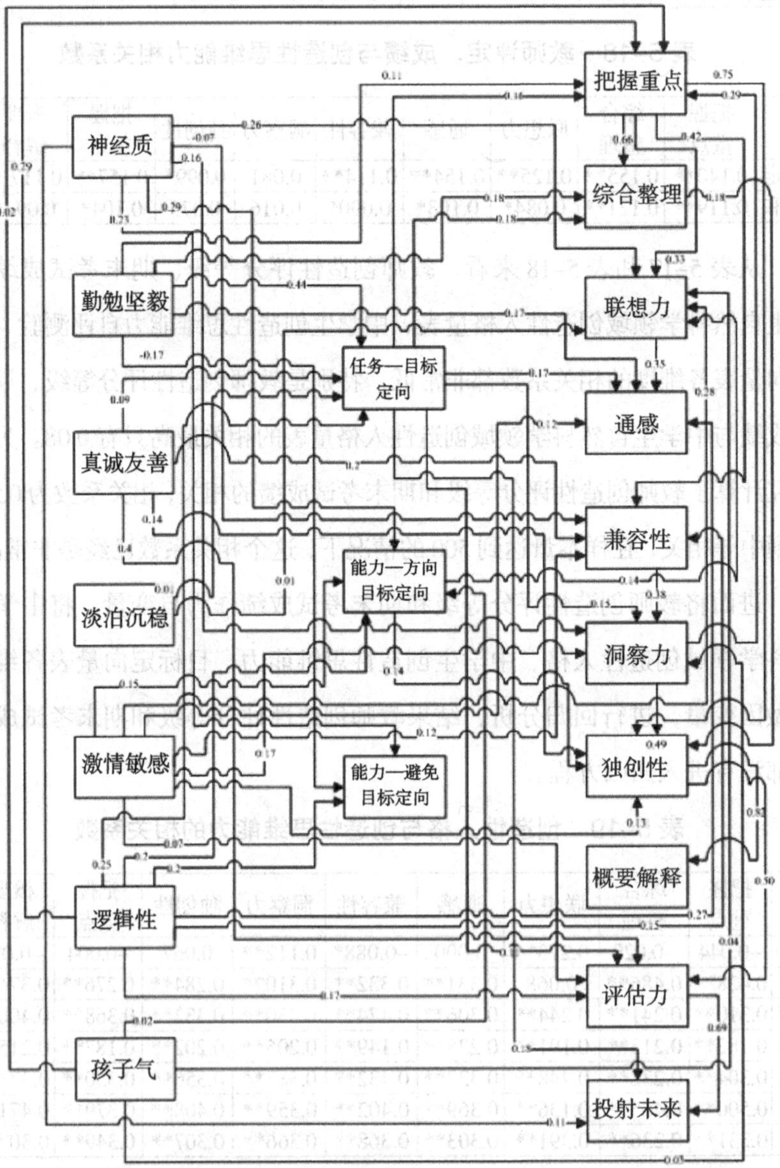

图 5-3　创造性人格量表、创造性思维能力、目标定向关系路径图

为了探究中学生自然科学领域创造性人格和中学生创造性思维能力的关系，将中学生自然科学领域创造性人格量表的7个维度作为外生变量，将中学生创造性思维能力自评测验、目标定向量表的维度作为内生变量，利用结构方程模型做了一个路径分析，经过路径系数的t检验和修正指数对模型进行修正，得到一个中学生自然科学领域创造性人格经目标定向影响创造性思维能力的关系模型，其中，x^2=400.32，df=112，x^2/df =3.57，GFI=0.93，NNFI=0.96，CFI=0.98，RMSEA=0.067，达到了良好的拟合标准。见图5-3。

从图5-3中可以看出，勤勉坚毅、逻辑性、孩子气直接指向把握重点；勤勉坚毅直接指向综合整理；神经质、淡泊沉稳、激情敏感、孩子气直接指向联想力；勤勉坚毅、激情敏感、逻辑性直接指向通感；神经质、真诚友善、激情敏感直接指向兼容性；神经质、激情敏感、逻辑性、孩子气直接指向洞察力；真诚友善、激情敏感直接指向独创性；真诚友善、激情敏感、孩子气直接指向评估力；神经质直接指向投射未来；创造性人格中没有路径直接指向概要解释。

勤勉坚毅、真诚友善、淡泊沉稳、逻辑性有路径指向任务—目标定向。神经质、激情敏感、逻辑性、孩子气有路径指向能力—方向目标定向。神经质、勤勉坚毅、逻辑性有路径指向能力—避免目标定向。

任务—目标定向指向把握重点、综合整理、通感、洞察力、评估力、投向未来；能力—方向目标定向指向联想力、独创性；能力—避免目标定向没有指向创造性思维的任何一个维度，创造性人格和目标定向中没有任何一个维度指向创造性思维中的概要解释。

在创造性思维中，把握重点还影响了创造性思维其他一些维度。

四、讨论

从中学生自然科学领域创造性人格量表的描述性统计分析的结果中可

以看出，中学生自然科学领域创造性人格量表中的“神经质”维度达到中等偏下水平。这与陈利君[①]利用Gough词汇改编对中学生进行的调查结果中的“神经质”得分相似。在本量表中，神经质主要指自然科学领域高创造性个体在偏激、焦虑、自负、急躁、冲动等情绪方面的特点。中学生的得分情况意味着其仍然处于一个比较平和中庸的状态，这与其心理发展特点是一致的。与青春期之前的孩子相比，初中生已经获得了较多的经验，能够理解情绪在人际关系中的意义，因此不会像之前阶段那样充分开放地表达情绪，对某些情绪能以较缓和的方式表达出来[②]。得分最高的维度是“真诚友善”和“激情敏感”，说明中学生总体比较开朗愉快，比较重视与同学朋友的交往，同时富有一定程度的激情、浪漫，并富有比较高的想象倾向。中学生对交朋友的意义有了新的认识。他们认为，朋友之间应该能够同甘苦、共患难，能够从对方得到支持和帮助。因此，他们对朋友的质量产生了特殊的要求，认为朋友应该坦率、通情达理、关心别人、保守秘密[③]。对朋友的这些认识以及中学生本身的单纯使其人格典型地表现为真诚友善。中学生的激情敏感与其自我意识的高涨有关。许多心理学家认为，青春期是自我意识发展的第二次飞跃。进入青春期后，由于身体的迅速发育，初中生很快出现了成人的体貌特征。这种生理上的变化太快，使他们持有一种惶惑的感觉，自觉或不自觉地将自己的思想从一直嬉戏于其中的客观世界中抽回了很大一部分，重新指向主观世界，导致自我意识的第二次飞跃。其突出表现是，初中生的内心世界越发丰富起来，变得敏感激情[④]。

---

① 陈利君．创造型人格研究——创造型人格结构模型的建立与中学生创造型人格量表的编制［D］．长沙：湖南师范大学，2003.

② 林崇德．发展心理学．人民教育出版社，2001：375.

③ 同215。P373。

④ 同215。P368。

本研究对中学生自然科学领域创造性人格的发展现状进行了人口学变量的分析。研究发现，中学生自然科学领域创造性人格量表的各维度中，“神经质”、“勤勉坚毅”、“淡泊沉稳”、“逻辑性”不存在显著的性别差异，其差异主要表现在“真诚友善”、“激情敏感”和“孩子气”，均是女性高于男性。由此可见，在中学生自然科学领域创造性人格的发展中，最核心的特质（神经质、勤勉坚毅）并无明显的性别差异。进而可以推论，在自然科学领域，男性和女性的创造潜力是高度一致的。这与很多有关创造力的研究结果[①]是一致的，即男性和女性在创造力方面不存在性别差异。然而，我们不能否认的现实是，在自然科学领域，男性多于女性，高创造力者（例如，诺贝尔奖获得者）更是如此。其中原因可能和社会文化有关，在一个男性主导的社会文化中，男性经常被认为更有价值，更应该成为社会的主宰者，因而应该接受更好的训练，相应地，很多自然科学的课程和训练体系也是根据男性的特点设置的。也就是说，在这样一个社会中，相比女性，男性在自然科学领域的创造潜力更容易变成现实。我们的研究则意味着，在自然科学领域，女性的创造性人格不仅不比男性逊色，甚至还有诸多优势。那么，如何把女性的这种优势充分发挥出来无疑是创造性研究的一个重要方向。

对中学生自然科学领域创造性人格的年级差异进行分析发现，“真诚友善”、“激情敏感”不存在显著的年级差异；“神经质”、“勤勉坚毅”、“淡泊沉稳”、“逻辑性”、“孩子气”存在显著或极显著的年级差异。由于“神经质”、“勤勉坚毅”处于自然科学领域创造性人格同心圆结构中的核心位置，所以这一结果可能意味着中学阶段是这一领域创造性人格发展中的重要时期。具体而言，“神经质”中，高二与初三大于初一与初二，

① Saeki，F.， van，D. A comparative study of creative thinking of American and Japanese college students. Journal of Creative Behavior，2001， 35（1）.

到了高三，神经质分数出现了一定程度的回落；“勤勉坚毅”中，初一大于其他所有年级，初二与初三大于高一。这一趋势似乎显示中学生的创造性人格随着年级的升高遭受了某种程度的抑制，或许与我们自中学以后唯学习成绩论有关。换句话说，随着考试分数越来越重要，中学生在自然科学领域中的创造潜力越来越小。斯腾伯格将学业智力（即聚焦于学习成绩的智力）称为“惰性化智力”，认为它只能对学生在学业上的成绩和分数做出部分预测，而与现实生活中的成败较少发生联系。[①]这与本研究的结果具有某种一致性。但更重要的是，很可能过度重视考试能力的训练本身就会抑制个体的创造性品质。例如，考试成绩首先就意味着学生所答必须与预先确定的标准答案是一致的，因此，为了获取高分，学习者必须以某种固定的途径去获取知识或以固定的思维方式去思考问题。这其实与创造性思维所要求的自由灵活性是相悖的。

前面对创造性人格的学校差异分析时提到过，传统思想中，一般情况下是用学习成就来评价学生的一切，只要成绩好，其他一切都好。本研究的结果表明，教师创造性评分等级和期末考试成绩的系数为0.558，达到非常显著的中等相关，说明老师评价一个学生，无论是学生好坏还是创造性的高低，更多的是用学业成绩去评价。但是进一步的研究表明，教师创造性评分等级、期末考试成绩与中学生自然科学领域创造性人格量表、中学生创造性思维能力自评测验、目标定向量表各维度的相关系数都非常低。回归分析表明，教师创造性评分等级和期末考试成绩并不能预测中学生的创造性思维能力，也不能预测创造性人格。这进一步说明了，学生的创造性人格、创造性思维能力与学业成就几乎没有关系。因此，用学习成绩（或者考试分数）作为衡量学生优劣的唯一指标显然是有问题的。如要有效培

① 彭聃龄 . 普通心理学 . 北京师范大学出版社，2001：400.

养中学生自然科学领域的创造性人格，我国中学教育长久以来的唯考试成绩论亟待改变。至于如何改变，则是一个重要的教育学问题。

本研究利用结构方程对中学生自然科学领域创造性人格、中学生创造性思维能力、目标定向进行了路径分析。结果表明，中学生自然科学领域创造性人格的各种成分，都有直接影响创造性思维能力的情况，各成分也分别通过目标定向的不同因素间接影响创造性思维能力，即目标定向在创造性人格对创造性思维能力的关系中起到了部分中介作用。具体地看，神经质能影响联想力、兼容性、洞察力；激情敏感能影响联想力、通感、洞察力、独创性、评估力、投射未来，说明神经质和激情敏感能影响创造性思维的那些洞察、独创、联想的部分。而勤勉坚毅能影响把握重点、综合整理、通感，说明勤勉坚毅能影响创造性思维中比较有逻辑、条理的部分。而真诚友善影响兼容性、独创性、评估力；逻辑性影响把握重点、通感、洞察力、评估力；孩子气影响把握重点、联想力、洞察力，它影响创造性思维比较综合的方面。在间接的影响效应中，任务—目标定向影响创造性思维的大半成分，能力—方向目标定向只影响 2 个，能力—避免目标定向则没有对创造性思维产生影响。说明要有一定的任务和目标并努力去做才算是具有创造性思维的人，而仅仅是为了避免让别人觉得自己愚蠢并不是具有创造性思维的人应有的特质。此外，概要解释与自然科学领域的创造性人格之间无显著关系，这是个还需深入探讨的问题。

五、结论

1. 中学生自然科学领域创造性人格量表中的“神经质”得分处于中等稍偏下的水平；其他得分达到中等到稍偏高的水平。

2. 中学生自然科学领域创造性人格存在一定程度的性别和年级差异。

3. 期末考试成绩、教师创造性评分等级与中学生自然科学领域创造性人格量表、中学生创造性思维能力自评测验、目标定向量表各维度得分基本不存在显著相关，个别维度中存在低相关；教师创造性评分等级和中学生期末考试成绩呈极显著的相关。

4. 中学生自然科学领域创造性人格通过目标定向的间接中介作用影响创造性思维能力。

本章小结

2010年，我国《国家中长期人才发展规划纲要（2010–2020年）》中明确提出重点培养科技创新人才的目标：以提高自主创新和构建创新型国家为契机，以培育高层次科技创新人才为重点，造就一批具有世界水平的科学家、科技领军人才、工程师与创新团队，加大对一线科技创新人才与青年科技人才的培养力度，形成规模宏大的创新型科技人才队伍。力争到2020年，R&D（research and development）人员总量达到380万人，高层次科技创新人才数量达到4万人左右。可见，我国政府高度重视科技人才尤其是科技创新人才队伍建设。的确，当今世界，科学技术已成为经济与社会发展的最重要的推动力量，是一个国家或地区经济社会发展的决定因素。在科技创新过程中科技人才是关键，而科技创新人才又是科技人才中的核心资源。科技创新人才是知识生产、传播与扩散的主体，是推动科技进步与创新的灵魂。这里所说的科技创新人才显然主要是指从事自然科学的高创造性人才。

自然科学领域的创造要求有较高的创造性思维能力，但创造性人格却是推动这种创造性思维能力最后创造出新成果的内在原因。因此，科技创新人才的培养不能不考虑自然科学领域中的创造性人格因素。也就是说，我们不仅需要培养个体的创造性思维能力，而且需要甄别出哪些人具备从事自然科学的创造性人格特质。这里首先遇到的问题是，什么是自然科学领域的创造性人格。尽管有诸多学者在相关课题中进行了探索，并获得了不少成果，但仍然有一些问题需要进一步澄清，例如，在获取的为数众多的创造性人格特质中，在重要性上有无差异？如果有差异，那么哪些更重要？再有，西方学者研究所得结果能否简单套用于中国的自然科学领域的创新者？针对这些问题，本章以中国的自然科学领域高创造者为被试，对自然科学领域创造性人格结构进行了建模，并以同心圆结构将探索到的自然科学创造性人格特质进行整合，发现自然科学领域创造性人格特质结构模型包括7个维度："神经质"（6个词语项目）、"勤勉坚毅"（5个项目）、"真诚友善"（6个项目）、"淡泊名利"（4个词汇项目）、"激情敏感"（4个项目）、"逻辑性"（4个项目）、"孩子气"（3个项目）。其中，神经质是自然科学领域创造性人格中最核心的特质，意味着高创造性的自然科学家更容易表现为偏激、自负等人格特点，而真诚友善和淡泊名利则比较集中地反映了中国文化下对"德"的重视。同时，我们在此基础上编制了《中学生自然科学领域创造性人格量表》，为专门考察中学生在自然科学领域的创造性人格特质提供了一个便于量化的有效工具。

中学阶段是一个思维和个性均趋于成熟，兴趣开始分化的阶段，中学生开始追问诸如"我是谁"、"我将何去何从"这样的问题。科技创新人才的选拔和培养理应从中学生开始，由此，本章对中学生的自然科学领域创造性人格进行了初步考察。我们发现，我国的中学生有着相当不错的创造性人格基础，说明在自然科学领域里的人才资源潜力是巨大的；女生在诸多方面都优于男生，这就意味着我们需要改变一些传统偏见，即认为女生更应该学文科，而非理科，其实在偏见中把数量巨大的女性排除在自然科学之外，是不利于自然科学领域创新人才的培养的。值得注意的是，自然科学领域创造性人格与学生的学习成绩并无高相关，而我们却将学习成绩当成虽非唯一但至少是最重要的培养目的，这说明我们在教育上存在着一些巨大的误区，或许正是这些误区阻碍了我们培养出数量巨大的高水平的自然科学创造者。另一个需要注意的结果是，教师在评定创造性时主要以学生的学习成绩为依据，这很容易使其在教育教学过程中错过一些真正的具有创造潜力的学生，显然是不利于创造性人才培养的。本研究还发现，创造性人格与创造性思维有显著的正相关，并通过目标定向影响创造性思维。这一结果说明创造性人格与创造性思维之间并不是一种简单直接的关系，而是通过可能非常复杂的方式产生影响，因此，有必要通过更为严密的设计继续更深入地探讨两者之间的关系。

总之，本章在同心圆结构的理论框架下对自然科学领域创造性人格进行了模型建构，并编制了适用于中学生的相关工具，为该课题的深入探讨奠定了理论上和工具上的基础。在对中学生自然科学创造性人格的初步考察中，我们发现了一些有价值的结果，这些结果将引导我们对中学生这一人群的自然科学领域创造性人格发展及培养问题做进一步的思考和探讨。

第六章 艺术领域创造性人格的实证研究

谈创造性人格不可不谈艺术家。

事实上，没有哪个领域比艺术领域更强调人格在创造中的作用了。即使是自然科学领域，我们在调侃“科学怪人”的“怪”的同时，仍不忘强调其出类拔萃的思维能力或者超人一等的智力水平。唯有艺术，无论是从风格还是从那难以捉摸的美学神奇，我们似乎更愿意将其与创造者的人格而非聪明才智联系起来。就风格而言，“风格即人格”是一个众所周知的美学命题，所谓“文如其人”、“书如其人”、“画如其人”就是这个意思。至于那神奇的美则更是人格的关照，“艺术之创造是艺术家由情绪的全人格中发现超越的真理真境，然后在艺术的神奇的形式中表现这种真实。不是追逐幻影，娱人耳目……普罗提诺说：“没有眼睛能看见日光，假使它不是日光性的。没有心灵能看见美，假使他自己不是美的。你若想关照神与美，先要你自己似神而美。”①

如果说科学成就是人类理性的集中反映，那么艺术成果就是人类精神

① 宗白华 . 美学散步 . 上海人民出版社，2008，10：240-241.

活动的高度结晶。“艺术作为各种艺术作品的总和，它不应被看作只是各个个体的创作堆积，它更是一个真实性的人类心理——情感本体的历史的建造……艺术品也确证人类曾经精神地生活过，而且也是后代精神生活的基础或条件。”[①] 艺术家的作品就是其精神、人格、风貌物化的结果。因此艺术领域的高创造者必然具有不同寻常的人格特质。例如，人们在谈论艺术家时，很自然地把他们同普通的常人区分开来。很多研究者都同意，艺术家具有一种非正常态的心理。艺术家非正常化状态的心理主要表现在对艺术家的性格及其个性的影响，造成艺术家一种反正常化的个性或性格，使他常处于焦躁不安，敏感多疑，内心压抑的情感状态中。这种反正常态的个性不仅仅存在日常的生活实践行为之中，而且也影响其艺术创作的行为，深刻的艺术创作、艺术情感，使得艺术作品呈现出非常独特的艺术风格。[②] 艺术家在谈论艺术家时，也强调其不同寻常的人格和命运。乔伊斯就认为，艺术家始终是一个为社会所不容的逐客，命定地要过一种流亡生活。艺术家是一个天生的创造者，他创造，而不仅仅是反映现实。[③]

艺术家和自然科学家都是创造者的典型形象，但他们在人们心目中的形象却迥然有异。有研究者总结了艺术家和自然科学家的人格特征，认为艺术家的创造性人格特征包括思想开放、富于想象；情绪感受性高；易冲动、缺乏责任感；对准则的怀疑不尊重。相比科学家，艺术家对情绪更敏感，个性更反叛，更女性化，而科学家更有责任感，更专断[④]。这充分说明不可将不同领域的创造者等而视之。

艺术创造对艺术家人格的依赖是如此强烈，以至于很多研究者采用各

① 李泽厚．美学四讲．生活·读书·新知三联书店，2009，2：354.

② 于晶晶．浅谈艺术家非常态心理与其作品研究．东北师范大学硕士研究生毕业论文，2014.

③ 杨建．乔伊斯论“艺术家”．外国文学研究，2007，6：140-149.

④ 李小琴，张进辅．科学家和艺术家创造性人格概述．洛阳师范学院学报，2011，30（1）：101-104.

种方法试图把那些与艺术创造性最相关的人格特质找出来。可以认为，现有关于艺术领域创造性人格的相关成果堪称汗牛充栋，这为我们理解艺术家的创造行为提供了非常重要的资料。但现有的问题仍然是，在为数众多的所谓艺术家人格特质中有没有最核心的最重要的？有无可能根据对艺术创造的重要性将这些特质整合到某种结构之中？这些问题是深入研究艺术领域创造性人格的基础性问题，只有解决了这些问题，我们才有进一步探究筛选和培养艺术人才的前提条件。

很显然，不是所有的人都可以成为艺术家，尽管所有的人都可以从审美中获得心灵的快乐。因此，编制一个专门针对艺术领域创造性人格的测量工具就成了必要。通过这样一个工具，我们就能够大范围大规模地考察中学生艺术领域创造性人格的发展现状，并使得将那些具有高艺术创造潜力的孩子筛选出来成为可能。而这，正是本章中要做的工作。

第一节　艺术领域创造性人格结构模型的建立

最隐蔽、最幽深的小地方，展开的却是一种纯粹而孤立的创造。在人类的一切创造活动中，唯有艺术的创造最为纯粹。艺术的创造即使与现实相关，也是一种主观经验和情感生活的表现，因此是一种真正的创造[①]。在成果上，艺术成果更具个性，而科学成果更强调规范，所以有人说，即使没有牛顿，也会有其他人发现物理学的三大定律，但莎士比亚是独一无二的。艺术创造的纯粹向艺术的创造者提出了不同的要求，这些要求集中体现在艺术家的人格上。

研究表明，艺术创造力与艺术兴趣联结最紧密。国内外很多心理学家、

① 余秋雨．艺术创造论．上海教育出版社，2005，3：8.

哲学家、精神病学家都曾对艺术家心理特征及创作做过各种各样的调查研究。在创造力的研究中，弗兰克·巴伦（F.Barron，1968）[①] 首先在艺术家和“普通人”兴趣和爱好中进行了多方面的比较研究。实验结果表明，“普通人”喜欢相对单一，双边对称和正规化；艺术家们则以“静态的”、“单调枯燥的”、“无兴趣的”来描述这些形体。另据自我评估资料，“普通的”被试者总是自我满足、友善和缓、稳重朴实、容忍耐心、安静温和、严肃庄重、坚固稳定、胆小羞怯、稳健适度、谦逊谨慎和负责可靠的；而“艺术家们”则是阴沉忧郁、悲观失望，对现实玩世不恭、情感脆弱和反复无常、易变不稳的[②]。

美国职业指导专家霍兰德把人格的概念延伸到职业选择中，他根据职业类型把人格分为实际型、研究型、艺术型、社会型、企业型和传统型六种类型，而艺术型的人格特点是不太关注现实生活，富有想象力，追求美感，以感受事物的美作为人生的价值等[③]。比起科学家，人们经常通过情绪不稳定、冷酷、排斥群体等来看待艺术家是否有创造性。Roy 则用卡特尔 16PF 对 51 名艺术家和非艺术家进行了调查研究，研究表明，艺术家更内向、独立、敏感[④]。Richardson 则调查了 218 名科学与艺术领域的学生，发现艺术领域学生比科学领域学生更独立、更女性化等[⑤]。

从研究方法上看，虽然国内外对艺术领域创造性人才的人格进行了大量研究，但更多是采用文献法、投射测验法，给使用者带来一定的难度。

---

① Barron， F. X. Creativity and personal freedom. New York： Van Nostrand，1968.

② 俞国良 . 论个性与创造力 . 北京师范大学学报（社科版），1996，04：83-89.

③ 彭聃龄 . 普通心理学 . 北京：北京师范大学出版社，2001：436.

④ Roy，D. D. Personality model of fine artists. Creativity Research Journal，1996，9（4）：391-394.

⑤ Richardson， A.G.， Crichlow，J. L. Subject orientation and the creative personality.Educational Research，1995，37（1）：771- 781.

也有不少研究采用自陈量表法对艺术领域的人才进行人格研究，但是被试数量比较少，有一定的局限性。本研究欲通过传记、开放式问卷收集整理的词表，对数量更大的艺术领域的被试进行调查研究，并在创造性人格同心圆结构假说的框架下建立艺术类创造性人格结构模型。

一、研究目的

歌德认为，艺术创造的一个永恒矛盾是艺术家这个人与自然的复杂关系：一会儿是自然的主人，一会儿是自然的奴隶。本研究试图通过实证的方法去捕捉这个充满矛盾、难以捉摸的人格形象。具体而言，是通过传记分析、开放式或半开放式问卷调查等方法形成中文艺术领域创造性人格特质形容词表；运用词表对艺术领域高创造性个体进行词汇评定研究，通过探索性因素分析和验证性因素分析建立艺术领域创造性人格结构模型。

二、研究方法

（一）被试

本研究将艺术领域的高创造者操作定义为创作的艺术作品获得过市级及市级以上奖励的艺术工作者。通过方便取样、滚雪球以及整群抽样的方法选取被试。研究对象主要来自广西壮族自治区，艺术作品获得过市级及市级以上奖励的艺术工作者，包括歌手、画家、节目主持人、广告设计人、室内装潢设计者、发型设计者、艺术领域大学生等。共有 1188 名被试完成了创造性人格调查研究，其中探索性样本有 548 个，验证性样本 640 个。

1. 探索性样本

探索性样本 548 个，其中男性 144 名，女性 395 名，有 9 人没有填写性别；年龄从 18 岁到 65 岁，平均年龄 37.93 岁；工作类型包括舞蹈、音乐、绘画、广告设计、多媒体、工业设计、艺术设计、节目主持等。

2. 验证性样本

本研究验证性样本共640人，其中，男性280名，女性358名，有2人没有填写性别；年龄从20岁到70岁，平均年龄39.37岁；工作类型包括舞蹈、音乐、绘画、广告设计、多媒体、工业设计、艺术设计、节目主持等。

（二）工具

该词表包含100个描绘稳定人格的词汇，采用5点记分，从1分（很不符合）到5分（很符合）。详情见第三章第一节。

（三）步骤

将创造性人格特质形容词表随机排列，要求艺术领域高创造性人才对每一个人格特质形容词与自己情况的符合程度进行1分（很不符合）到5分（很符合）的5级评分。被试完成后，回收问卷。

（四）统计与处理

采用SPSS11.5进行探索性因素分析、信度分析等，用Lisrel8.7进行验证性因素分析。

三、结果与分析

（一）探索性因素分析

KMO统计值为0.797，Bartlett球形检验的x^2值为4090.343，p=0.000，说明29个词具有相关性，这548个样本的数据适合进行因素分析。

经过多次探索性因素分析，采用斜交旋转，删除共同度小于0.3，或在各因素中的因素载荷低于0.3，或在两个因素中的载荷相差值小于0.15的项目，或在理论上无法解释的词汇，最后剩下30个词语项目。各因素的特征值及方差贡献率见表6-1，各因素载荷情况见表6-2。

表 6-1 因素特征值及方差贡献率

因素	特征值	变异百分比（%）	变异累积百分比（%）
1	5.214	17.380	17.380
2	3.208	10.692	28.071
3	1.976	6.586	34.657
4	1.523	5.075	39.732
5	1.409	4.695	44.427
6	1.289	4.296	48.724
7	1.153	3.842	52.566
8	1.082	3.607	56.173

表 6-2 因素载荷表

	因素 1	因素 2	因素 3	因素 4	因素 5	因素 6	因素 7	因素 8
偏激的	0.8							
狂妄的	0.713							
焦虑的	0.682							
叛逆的	0.516							
冲动的	0.51							
专心的		0.75						
锲而不舍		0.713						
刻苦的		0.688						
好学的		0.683						
愉快的			0.695					
兴趣广泛			0.662					
灵活的			0.601					
自然的			0.53					
仁慈的				0.823				
友善的				0.811				
合作的				0.355				
理智的					0.747			
镇定的					0.672			
远见的					0.614			
率真的						0.72		
任性的						0.714		
感性的						0.448		
自由的						0.4		
可爱的							0.737	
天真的							0.726	
顽皮的							0.394	
幻想的								0.727
富于想象								0.61
浪漫的								0.566
敏感的								0.405

根据问卷各项目的具体内容，对各因素进行命名。因素 1 的项目涉及偏激、焦虑、狂妄、冲动、叛逆等，命名为“神经质”；因素 2 的项目涉及锲而不舍、刻苦、好学等，命名为“勤勉坚毅”；因素 3 的项目涉及兴趣广泛、愉快、自然等，命名为“积极情绪”；因素 4 的项目涉及仁慈、友善、合作等，命名为“善良友好”；因素 5 的项目涉及理智、镇定、远见等，命名为“深谋远虑”；因素 6 的项目涉及率真、自由、感性等，命名为“轻松率直”；因素 7 的项目涉及天真、可爱等，命名为“孩子气”；因素 8 的项目涉及幻想、富于想象、浪漫、敏感等，命名为“直觉敏感”。

（二）验证性因素分析

根据探索性因素分析的结果，模型含 8 个因素，共 30 个项目。通过验证性因素分析，结果见表 6-3。

表 6-3　艺术领域创造性人格结构模型的拟合指数

模型	x^2/df	x^2	x^2/df	GFI	CFI	AGFI	NFI	NNFI	RMSEA
初始模型	1421.47	377	3.77	0.87	0.87	0.84	0.83	0.85	0.065
修正模型	1107.05	349	3.172	0.89	0.90	0.87	0.86	0.88	0.062

GFI，CFI，NNFI，NFI 等基本接近 0.9，拟合度可以接受；RMSEA 小于 0.08，也可以接受。模型经过修正，删除了 1 个词语项目，剩余 29 个项目。

验证性因素分析的结果表明，艺术领域创造性人格特质结构模型 8 个维度：“神经质”（5 个词汇项目）、“勤勉坚毅”（4 个项目）、“积极情绪”（4 个项目）、“善良友好”（3 个项目）、“深谋远虑”（3 个项目）、“轻松率直”（3 个项目）、“孩子气”（3 个项目）、“直觉敏感”（4 个项目）。

（三）信度分析

将验证用的数据进行信度分析，计算克龙巴赫 α 系数。8 个因素的 α 系数分别为：0.708、0.714、0.642、0.667、0.602、0.482、0.569、0.522，基本或良好地达到了心理测量学对信度的要求。

四、讨论

本研究根据对艺术领域创造性人才对100个创造性人格特质形容词进行的5级评定研究，得出艺术领域创造性人格的结构由八个因素构成，即：神经质、勤勉坚毅、积极情绪、善良友好、深谋远虑、轻松直率、孩子气、直觉敏感。经过验证性因素分析，本研究所得的艺术领域创造性人格模型和相关问卷基本或良好地达到心理测量学要求，可以继续为以后研究所用。

因素一被命名为“神经质”。它描述的是一个人遇到困难时精神上出现的不安状态。艺术领域高创造性个体在偏激、焦虑、狂妄、冲动、叛逆等方面在5级计分中，平均数在2.3到3.269之间，并没有表现出高分的情况。但是和自然科学领域的相应（虽然项目并不完全相同，下同）因素比较来看，相对偏高不少，这可能正是艺术领域高创造性人才的特征。因素二被命名为“勤勉坚毅”。它描述的是一个人对待事物的认真和坚持态度。艺术领域高创造性个体在专心、刻苦、好学、锲而不舍等方面在5级计分中，平均数在3.36到3.722之间，得分中等稍高。表明艺术领域高创造性个体在勤奋努力、对所追求的事业坚持不懈、脚踏实地方面还比较好。和自然科学领域的相应因素比较来看，相对较低，这正是自然科学领域和艺术领域高创造性人才的不同特征。因素三被命名为“积极情绪”。它描述的是一个人的处世态度和生活态度上的特点。艺术领域高创造性个体在兴趣广泛、愉快、自然等方面在5级计分中，平均数在3.777到3.944之间，得分中等偏高。表明艺术领域高创造性个体对待生活的态度积极向上。因素四被命名为“善良友好”。它描述的是一个人对待朋友的态度和社会交往上的特点。艺术领域高创造性个体在仁慈、友善、合作等方面在5级计分中，平均数在3.805到4.175之间，得分中等偏高。表明艺术领域高创造性个体对人比较友好善良，同时也具有团体合作精神。和自然科学领域的相应因素比较来看，得分差不多，他们对人都比较友善。因素五被命名为“深谋远虑”。它描述的是一个人的认知风格和是否具有才干和逻辑性的特点。艺术领域高创造性个体在理智、镇定、远见等方面在5级计分中，平均数在3.472到3.697之间，得分在中等偏高水平。表明艺术领域高创造性个体思维深刻、想得周到理智、逻辑性强、遇事镇定，比较有远见的特点。因素六被命名为“轻松直率”。它描述的是一个人对待事物的轻松态度和个性是否受约束的特点。艺术领域高创造性个体在率真、自由、感性等方面在5级计分中，平均数在3.775到3.972之间，得分中等偏高。表明艺术领域高创造性个体比较直率、真实表达自我、不受约束、比较感性，艺术创造过程中比较有灵性。因素七被命名为“孩子气”。它描述的是一个人纯真、童真方面的特点。艺术领域高创造性个体在天真、可爱、顽皮等方面在5级计分中，平均数在3.319到3.523之间，得分中等偏高。表明艺术领域高创造性个体还是比较有童真。和自然科学领域的相应因素比较来看，得分高出不少，这正是自然科学领域和艺术领域高创造性人才的不同特征。因素八被命名为“直觉敏感”。它描述的是一个人在对待事物反应强度和深度上的特点。艺术领域高创造性个体在幻想、想象、浪漫、敏感等方面在5级计分中，平均数在3.588到3.792之间，得分中等偏高。表明艺术领域高创造性个体比较定于幻想、富于想象、对待事情比较敏感、浪漫，能感受到普通人不能感受的东西。

根据各维度对艺术领域创造性人格的贡献率建构同心圆结构（如图6-1）。

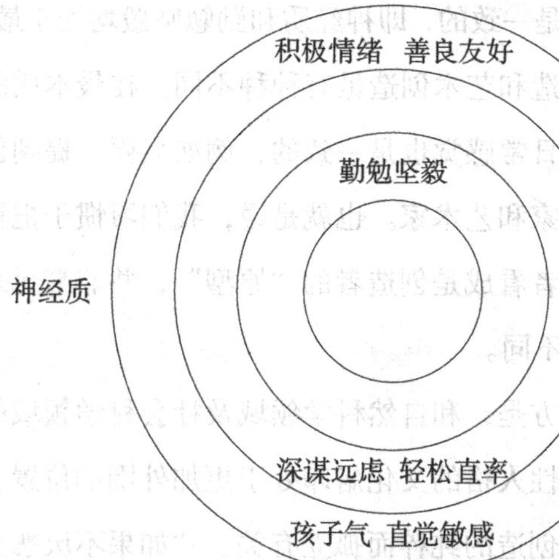

图 6-1 艺术领域创造性人格的同心圆结构模型

将艺术领域创造性人格的这一同心圆结构与自然科学领域进行对比将是有意义的。Richardson 等以 218 名艺术和科学领域的学生为对象，考察了领域定向和创造性人格的关系，发现艺术领域和科学领域的被试创造性表现比较相似。但也有一些不同。和科学领域学生相比，艺术领域学生表现得更加独立，更具有女性化，更喜欢变化；而科学领域学生则表现得更加独断专行[①]。研究者指出，科学发明和艺术创造看起来差不多，实质上却完全不同。第一，科学发明是科学家和同行们一起，合力建造一个总体知识系统，而艺术家则在营造一个不与旁人雷同的独立天地；第二，科学发明具有明显的上下继承性，而艺术创造则永远是一个不与前人重复的新鲜行为；第三，科学发明一旦产生就已解决，从第二天开始便形成重复，而艺术创造则需要不断重新伸发，从头开掘，即便是老题材也应该出现新格局[②]。尽管两个领域创造的差异性如此之大，但在创造性人格同心圆结

---

① Richardson，A.G.，Crichlow，J.L. Subject orientation and the creative personality. Education Research，1995，37（1）：71–78.

② 余秋雨 . 艺术创造论 . 上海教育出版社，2005：9.

构中最核心的特质却是一致的，即神经质和勤勉坚毅均处于最核心的位置。这似乎说明了科学创造和艺术创造虽有种种不同，在最本质的方面却又是相通的。这和我们的日常感觉也是一致的，例如只要一提到创造者，我们首先想到的就是科学家和艺术家。也就是说，我们习惯于把科学家和艺术家等同于创造者，或者看成是创造者的“原型”，并非毫无来由，即使细看之下二者又是如此不同。

另一个有趣的地方是，和自然科学领域及社会科学领域的创造性人格相比，艺术领域创造性人格的文化烙印处于更加外围的位置。这也许与艺术创造的特殊性即因创造的纯粹而孤立有关。“如果不厌恶大众，一个人就不可能热爱真理或善；艺术家虽然可以利用民众，却与民众保持距离。这种艺术自律的激进原则在一个危机四伏的时代尤为重要。”这样的艺术家就是“具有易卜生特性的人”，孤独、自信、勇敢、道德意识超前、极具叛逆性。[①]余秋雨指出，就艺术创造程序的核心部位而言，无论创造者的精神活动、心理处境，还是创造物的个体性、初生性、独特性，都是极其孤立的。孤立，是创造者和创造物的首要生存原则，也可称为“唯一性原则”。[②]也正是这种孤立，需要艺术工作者突破中国集体主义的文化传统对人格的典型规定才能成为真正的艺术创造者。

另外，本研究使用的测量工具是通过高创造性人物传记和开放式问卷等方法形成的中文创造性人格形容词表，采用问卷调查和因素分析的方法得出了艺术领域创造性人格的八因素结构模型。相比近代心理学家采用投射测验的方法对艺术家进行的研究，本研究所使用的方法可以研究更多的艺术工作者，建立更科学、全面的模型。

---

① 杨建．乔伊斯论“艺术家”．外国文学研究，2007，6：140-149.

② 杨建．乔伊斯论“艺术家”．外国文学研究，2007，6：140-149.

五、结论

运用自编《创造性人格特质形容词表》，对艺术领域高创造性人员进行了5级评定调查，得出艺术领域创造性人格特质结构模型8个维度："神经质"（5个词语项目）、"勤勉坚毅"（4个项目）、"积极情绪"（4个项目）、"善良友好"（3个项目）、"深谋远虑"（3个项目）、"轻松率直"（3个项目）、"孩子气"（3个项目）、"直觉敏感"（4个项目）。整个模型的信度、效度指标也基本或良好地达到心理测量学要求，说明结构模型具有科学性，能够作为进一步研究的理论基础。

第二节　中学生艺术领域创造性人格量表的初步编制

在创造性人格研究中，艺术领域是被得到最多关注的领域之一。的确，一谈到创造性，人们首先想到的是科学家和艺术家，而进一步谈到与创造性有关的人格问题时，艺术家又是更典型的形象。然而，这到底是什么样的一种形象呢？研究者更喜欢通过分析那些最具代表性的个案来确立这种形象。例如，有研究通过对毕加索的分析，指出其创造性人格中具有艺术天赋、艺术的自觉性和独立性、善于观察和吸收、富有想象力、行为叛逆、成就动机、关注现实和具有人道主义精神等[①]。从有关凡·高的传记和书信中可以感觉到，他的自然人格具有孤傲甚至孤僻的性格和疯狂甚至痴狂的感情，以及颇有神经质的思想和不甚理智的精神状态，其复杂的内心世界是不容易探测和驾驭的[②]。艺术家还经常被认为带有明显的非常态心理，从而和精神病人相提并论。弗洛伊德在《陀思妥耶夫斯基与弑父者》中谈到，

① 李魁．毕加索的创造性人格．艺术教育，2012，8：134–135.

② 周绍斌．凡高就是凡高——凡高象征着怎样一种艺术人格．美术观察，2002，8：68–69.

陀思妥耶夫斯基具有四种人格障碍的特征：具有创造性的艺术家、神经病症状的患者、道德家和罪人。果戈理时常感到有一个隐形的、无所不见的人。他描述说这个人对他的一切都十分了解，在某些方面甚至比自己更了解自己。在草原上，他仿佛能听到另一个自己的心脏跳动。在花园里，在没有树叶颤动，周围十分寂静的情况下，他却突然惊恐万分，是因为他发现了另一自己的骚动。这种人格分裂使理戈里的情绪变得异常狂躁、忧郁和神经质。这些艺术家的异常让研究者认为，不管是文学家还是艺术家在艺术创作中的思维活动，都无法离开正常心理和理性的制约，同时也常伴随着一种近似于“精神病患者”状态的非常态心理状态[①]。这种基于个案的研究结论在多大程度上可以用于衡量常人的艺术细胞?

后来一些大样本研究也基本停留在获得描述性的现象学结果。例如，巴伦对30位有卓越成就的作家进行了研究，发现其表现有高度的智能；真诚地推崇智慧与认知的活动；尊重自己的独立与自主；非常灵敏，可以有技巧地将观念表达出来；作品丰富，可以将事情完成；对哲学问题很感兴趣；自我期望很高；具有多方面的兴趣；具有超俗的思想过程，并有异常的思考与联合观念的能力；是一个非常有趣而引人注意的人物；与人交往直率而坦白；行为合乎伦理与个人的标准。这些研究对于描绘其典型形象是有益的，但显然还无法作为一个有效标度去衡量其他人是否具备创造性人格。有研究对艺术类学生和非艺术类学生进行了比较发现，艺术类大学生较少有焦虑、担忧、郁郁不乐、忧心忡忡等强烈的负性反应；更合群、关心他人、待人友好、较容易适应外界环境，敏感、较少掩饰性[②]。这与我们关于艺术家的形象有很大的差距，那么是否说明我们现有从事艺术专

---

① 于晶晶.浅谈艺术家非常态心理与其作品研究.东北师范大学硕士研究生毕业论文，2014.

② 金芳，张珊珊.艺术类大学生人格特质与自动思维的相关研究.中国健康心理学杂志，2011，19（10）：1262-1263.

业的学生有很多人其实是不具备艺术领域创造性人格特质的呢？如果确实如此，在中学时期探明相关特质对于艺术专业的选择无疑是十分有意义的。

总之，我们认为，仅仅是对艺术领域的高创造者进行现象学描述是不够的，科学研究还要求能够对研究的对象进行量化分析。因此，编制一个专门针对中学生艺术领域创造性人格量表是必要的。本章将在前期建构的艺术领域创造性人格八因素结构模型及相关词表的基础上编制中学生使用的《中学生艺术领域创造性人格量表》，并对其信效度进行检验。

一、研究目的

在前述研究中，本研究团队根据创造性人才传记和开放式问卷收集，加以综合、整理，几次合并同义词，形成《创造性人格特质形容词表》100个，并通过对艺术领域高创造性人员的调查，利用因素分析等统计过程建构出了艺术领域创造性人格八因素结构模型。该词表和模型虽然是通过对艺术领域高创造性人员的调查研究而得，并不是对中学生的调查而得，但是词表所反映的内容正是中学生创造性培养和发展的一个重要方向，对中学生创造性人格的评定与培养有一定的指导作用。鉴于此，本研究试图运用该模型和词表编制出《中学生艺术领域创造性人格量表》，并对量表的信度、效度进行分析。

二、研究方法

（一）被试

采用整群抽样的方法从广西桂林市选择高中、初中各 2 所学校，并从每个学校抽取一、二年级各一个普通班。共调查 547 名中学生，有效被试 528 名，有效率 96.53%。其中，男生 226 名，女生 282 名，未填写性别 20 名；初一 107 名，初二 109 名，高一 155 名，高二 157 名；最低年龄 11 岁，最高年龄 18 岁，28 名学生未填写年龄，平均年龄 14.62 岁。

（二）工具与材料

1. 自编《中学生艺术领域创造性人格量表》

在已建构的艺术领域创造性人格八因素结构模型的基础上，根据相关形容词所代表的人格特质含义，让 1 名副教授、1 名心理学博士生、10 名心理学硕士生各自给每个词编写 1—2 个表示中学生平时学习或生活的句子，以反映该词所代表的人格特质的行为表现或内心体验、欲求水平以及具备（或不具备）该特质的程度。再集中开会讨论，依据每一个形容词所代表的人格特质含义对原始项目逐个修改，并考虑中学生年龄特点，仔细斟酌每个项目的表达和措辞，最终确定《中学生艺术领域创造性人格量表》，共 29 个项目。采用 1（特别不符合）到 5（特别符合）的 5 级计分，让被试对每个项目与自己情况的符合程度进行评价。为了防止语言暗示和作答偏向，施测时将量表名称替换为《中学生学习、生活情况调查表》。

2. 威廉斯创造性倾向测量表

此量表为台湾王木荣修订，共 50 个项目，包括冒险性、好奇性、想象力、挑战性四个维度，从完全不符合到完全符合 3 级记分，测验后可以计算 4 个维度的分数及总分。

（三）施测

由被试集中在课堂上完成《中学生艺术领域创造性人格量表》。2 名心理学硕士生做主试，以班为单位，在班主任组织下，统一指导语，统一施测。

（四）统计处理

收回纸质问卷后集中编号，采用 EpiData3.1 进行数据录入与核查，用 SPSS11.5 进行项目分析、信度检验等，用 Lisrel8.7 进行验证性因素分析。

三、结果与分析

（一）项目分析

人格测验中，难度被称为“通俗性”，以各项目平均分除以该项目满分获得。项目区分度的估计方法有多种，在本研究中，区分度将用各因素总分高低分组（各 27%，即 143 人）在各项目上的独立样本 t 检验来评估。从结果来看，各项目都符合客观性要求，因此均予以保留，其中 T13 和 T16 是反向记分。具体结果见表 6–4 至 6–11。

表 6–4 因素一“神经质”各项目的通俗性和区分度

项目	平均数	通俗性	t	p
T1	2.38	0.476	17.486	0.000
T2	4.14	0.828	9.162	0.000
T3	1.91	0.381	13.399	0.000
T4	3.46	0.692	19.049	0.000
T5	2.42	0.483	13.126	0.000

表 6–5 因素二“勤勉坚毅”各项目的通俗性和区分度

项目	平均数	通俗性	t	p
T6	3.16	0.632	18.052	0.000
T7	3.17	0.633	21.030	0.000
T8	4.38	0.875	15.987	0.000
T9	3.70	0.740	21.786	0.000

表 6–6 因素三“积极情绪”各项目的通俗性和区分度

项目	平均数	通俗性	t	p
T10	4.06	0.812	14.303	0.000
T11	4.01	0.802	15.128	0.000
T12	3.20	0.640	18.602	0.000
T13	2.55	0.509	–12.484	0.000

表 6–7 因素四“善良友好”各项目的通俗性和区分度

项目	平均数	通俗性	t	p
T14	4.23	0.846	14.814	0.000
T15	4.21	0.841	20.569	0.000
T16	4.21	0.841	19.561	0.000

表 6-8　因素五“深谋远虑”各项目的通俗性和区分度

项目	平均数	通俗性	t	p
T17	4.02	0.803	19.615	0.000
T18	3.69	0.738	20.256	0.000
T19	3.72	0.743	21.963	0.000

表 6-9　因素六“轻松直率”各项目的通俗性和区分度

项目	平均数	通俗性	t	p
T20	2.42	0.485	15.047	0.000
T21	3.12	0.624	19.449	0.000
T22	3.88	0.776	12.952	0.000

表 6-10　因素七“孩子气”各项目的通俗性和区分度

项目	平均数	通俗性	t	p
T23	4.13	0.826	9.688	0.000
T24	3.27	0.655	16.012	0.000
T25	2.90	0.580	22.773	0.000

表 6-11　因素八“直觉敏感”各项目的通俗性和区分度

项目	平均数	通俗性	t	p
T26	2.84	0.569	–11.762	0.000
T27	4.40	0.881	10.369	0.000
T28	3.72	0.743	17.773	0.000
T29	3.74	0.747	12.935	0.000

（二）信度分析

在对中学生艺术领域创造性人格量表进行信度检验时，采用重测信度和克龙巴赫 α 系数进行评价。将修正好的量表对另外 2 所学校的初二和高一两个班级共 162 名学生在一周之后进行第二次测量，问卷收回后，剔除无效问卷 15 名，剩余有效被试 147 名。再采用第一次施测的 615 名被试的数据对克龙巴赫 α 系数进行估计。结果见表 6-12。

表 6–12 各因素的信度分析

因素	重测信度	克龙巴赫 α 系数
因素一“神经质”	0.682	0.621
因素二“勤勉坚毅”	0.803	0.669
因素三“积极情绪”	0.717	0.462
因素四“善良友好”	0.795	0.623
因素五“深谋远虑”	0.734	0.599
因素六“轻松直率”	0.788	0.439
因素七“孩子气”	0.669	0.427
因素八“直觉敏感”	0.746	0.409
总分	0.823	0.802

从结果来看，中学生艺术领域创造性人格量表的各维度和总分的重测信度基本达到测量学要求；各维度和所有项目的克龙巴赫 α 系数也基本达到测量学要求。

（三）效度分析

1. 内容效度

内容效度反映的是一个测验的内容代表了它所要测量的主题内容的程度，通常采用专家逻辑判断法。本研究编制的中学生艺术领域创造性人格量表，由 1 名副教授、1 名心理学博士生、10 名心理学硕士生各自给每个词编写了句子，再集中开会讨论，依据每一个形容词所代表的人格特质含义对原始项目进行逐个修改，最终形成大家比较认可的测量内容。因此可以认为本量表具有较好的内容效度。

2. 结构效度

采用 Lisrel8.7 对 29 个测验项目进行分析后，结果不够理想，根据修正指数，发现第 10、13、18 个项目放入其他因素可以减少卡方值，但是经过验证，总体拟合程度并无明显改变，卡方值却增大不少，在理论上也不易解释。于是决定采用初始模型。具体结果见表 6–13。

表 6–13　中学生艺术领域创造性人格量表的模型拟合指数

模型	x^2/df	x^2/df	x^2/df	GFI	CFI	AGFI	NFI	NNFI	RMSEA
初始模型	1490.26	349	4.27	0.85	0.85	0.81	0.81	0.82	0.075
修正模型	1559.46	349	4.47	0.84	0.85	0.81	0.82	0.83	0.078

从表 6–13 来看，初始模型 x^2/df 的值为 4.27，小于 5，RMSEA 也达到接受水平，其他拟合指数在 0.85 左右，勉强可以接受。再换其他模型各拟合指数没有达到更优良的情况，故采用此初始模型。综合来看，中学生艺术领域创造性人格量表的理论结构和中学生实际情况具有一定的拟合程度。

3. 效标关联效度

本测验以台湾王木荣修订的威廉斯创造性倾向测量表为效度标准，将中学生艺术领域创造性人格量表的 7 个维度与威廉斯创造性倾向测量表的 4 个维度进行了相关分析，结果见表 6–14。

表 6–14　量表的效标关联效度分析

因素	冒险性	好奇性	想象力	挑战性
因素一“神经质”	–0.060	0.030	0.235**	–0.108*
因素二“勤勉坚毅”	0.332**	0.325**	0.116**	0.345**
因素三“积极情绪”	0.479**	0.375**	0.220**	0.387**
因素四“善良友好”	0.358**	0.296**	0.130**	0.346**
因素五“深谋远虑”	0.286**	0.329**	0.130**	0.311**
因素六“轻松直率”	0.280**	0.264**	0.202**	0.182**
因素七“孩子气”	0.351**	0.320**	0.244**	0.230**
因素八“直觉敏感”	0.341**	0.367**	0.358**	0.332**

注：* 在 0.05 水平上显著相关；** 在 0.01 水平上极其显著相关

从表 6–14 中可以看出，中学生艺术领域创造性人格量表的“勤勉坚毅”、“积极情绪”、“善良友好”、“深谋远虑”、“轻松直率”、“孩子气”、“直觉敏感”这 7 个维度的得分与威廉斯创造性倾向测量表中的冒险性、好奇性、想象力、挑战性都存在低到中等的极显著相关。“神经质”与冒险性、好奇性不存在显著相关，与想象力存在极显著相关，与挑战性存在比较低的显著负相关。

五、讨论

本研究在编制《中学生艺术领域创造性人格量表》的过程中，严格按照测验的标准化过程进行。依据测验的目的和材料的性质，以及测验团体的特点和其他各种实际因素选择项目的形式。在编制测验题时还考虑了测验的时间、测验题的数量、测验刺激的形式和计分的方法等因素[①]。

本研究在中国文化背景下，在艺术领域创造性人格结构模型的基础上编制了《中学生艺术领域创造性人格量表》。量表包括8个维度，25个项目。其中“神经质”，包括5个项目，测量中学生在遇到困难时上出现的不安状态；“勤勉坚毅”，包括4个项目，测量中学生对待事物认真和坚持的态度；“积极情绪”，包括4个项目，测量中学生在处世态度和生活态度上的特点；“善良友好”，包括3个项目，测量中学生对待朋友的态度和社会交往上的特点；“深谋远虑”，包括3个项目，测量中学生的认知风格和是否具有才干以及逻辑性的特点；“轻松爽直”，包括3个项目，测量中学生对待事物的轻松态度和个性是否受约束的特点；“孩子气”，包括3个项目，测量中学生纯真、童真方面的特点；“直觉敏感”，包括4个项目，测量中学生对待事物反应强度和深度上的特点。

本研究主要从测验的难度（通俗性）和区分度来对测验的项目进行分析。从通俗性分析的结果来看，各测验项目的通俗性都达到中等到良好的程度。从区分度来看，各项目的高低分组的独立样本t检验也都达到了极显著差异，测验区分度达到了非常好的效果。

采用重测信度和克龙巴赫 α 系数来估计测验的信度。从重测信度的结果来看，中学生艺术领域创造性人格量表的8个维度的重测信度在0.669到0.803之间，总量表的重测信度为0.823。基本达到测量学要求。从克龙

① 董奇．心理与教育研究方法．北京师范大学出版社，2004，11：233.

巴赫 α 系数的值来看，8 个维度的 α 系数的值在 0.409 到 0.669 之间，由于测验项目的数量会影响 α 系数的大小，所以在某些维度中，α 系数出现稍小的情况。不过总量表的 α 系数为 0.802。

从测验的内容效度上看，中学生艺术领域创造性人格量表是多名心理学工作者根据词汇编写了句子，再集中开会认真讨论修改而成，大家比较认可本量表测量的内容。因此可以认为本量表具有较好的内容效度。从测验的结构效度来看，本研究采用验证性因素分析的方法对测验的结构效度进行估计。经过验证性因素分析修正指数，将其中3个项目放入了其他因素，结构修正结果并不理想，初始模型的各拟合指数基本达到了可以接受的数值，反映了测验结构与理论结构之间有比较好的一致性，说明本量表具有一定的结构效度。

从测验的效标关联效度来看，本研究采用台湾王木荣修订的威廉斯创造性倾向测量表为效度标准，将中学生艺术领域创造性人格量表的 8 个维度与威廉斯创造性倾向测量表的 4 个维度进行了相关分析，结果表明，中学生艺术领域创造性人格量表的“勤勉坚毅”、“积极情绪”、“善良友好”、“深谋远虑”、“轻松直率”、“孩子气”、“直觉敏感”这 7 个维度的得分与威廉斯创造性倾向测量表中的冒险性、好奇性、想象力、挑战性都存在显著相关。虽然相关系数并不很高，但是也说明本研究编制的中学生艺术领域创造性人格量表和威廉斯创造性倾向测量表存在一定的关联。这也许是由于威廉斯创造性倾向测量表针对的是一般创造性人格，而无法完全反映艺术领域创造性人格的特点。此外，“神经质”与冒险性、好奇性不存在显著相关，与想象力存在极显著相关，与挑战性存在比较低的显著负相关，也说明威廉斯创造性倾向测量表不能完全反映艺术领域的创造性人格特点。

五、结论

1. 修正后的中学生艺术领域创造性人格量表包括 8 个维度："神经质"（5 个词语项目）、"勤勉坚毅"（4 个项目）、"积极情绪"（4 个项目）、"善良友好"（3 个项目）、"深谋远虑"（3 个项目）、"轻松率直"（3 个项目）、"孩子气"（3 个项目）、"直觉敏感"（4 个项目）。

2. 中学生艺术领域创造性人格量表具有良好的信度、效度，可以作为评价中学生艺术领域创造性人格的测量工具。

附录：

中学生艺术领域创造性人格量表

（施测名称：中学生学习、生活情况调查表）

姓名＿＿＿＿＿　学校＿＿＿＿＿　年　级＿＿＿＿＿

年龄＿＿＿＿＿　性别＿＿＿＿＿　文理科＿＿＿＿＿

亲爱的同学，下面是一些和您学习生活相关的条目，如果完全符合您的情况请在 5 上打钩，有些符合请在 4 上打钩，不太确定请在 3 上打钩，不太符合请在 2 上打钩，不符合请在 1 上打钩，题目没有好坏之分，也不和您的学习成绩挂钩，研究人员也会对个人结果进行保密，请您放心填写。非常感谢您的合作！

题号	题目	符合	有些符合	不太确定	不太符合	不符合
1	我觉得是好的事情不能有人说它不好。	5	4	3	2	1
2	我常常担心我的学业和我身边的其他事情。	5	4	3	2	1
3	觉得自己很厉害，觉得身边的人都不如我。	5	4	3	2	1
4	我很容易头脑发热去做决定，之后又会后悔。	5	4	3	2	1
5	凡是大人要我去做的事情，我都不想去做。	5	4	3	2	1
6	即使在嘈杂的环境中我也能专心学习。	5	4	3	2	1

续表

题号	题目	符合	有些符合	不太确定	不太符合	不符合
7	我常常学习到很晚，不怕吃苦，不怕困难。	5	4	3	2	1
8	对于新的知识，我依然愿意努力学习。	5	4	3	2	1
9	如果事情不能一次完成，我会继续尝试，直到成功为止。	5	4	3	2	1
10	我有很多业余爱好。	5	4	3	2	1
11	我通常觉得很快乐，很高兴。	5	4	3	2	1
12	我在什么情况下都表现出自己的正常状况。	5	4	3	2	1
13	我认为所有的题目都有一个标准的答案。	5	4	3	2	1
14	对人不应该太过分，应该手下留情。	5	4	3	2	1
15	我和朋友们的关系总是亲近和睦。	5	4	3	2	1
16	我和同伴们相处融洽，能够齐心协力地完成任务。	5	4	3	2	1
17	我会在分析和辨别自己和周围的情况以后再采取行动。	5	4	3	2	1
18	遇到很紧急的情况，我能控制住自己的情绪，不会慌张。	5	4	3	2	1
19	我常常是从长远的角度来思考问题。	5	4	3	2	1
20	面对什么人我都表达自己的真实情感。	5	4	3	2	1
21	我生活得无拘无束，自由自在。	5	4	3	2	1
22	我凭着自己的直觉，第一想法去做事情。	5	4	3	2	1
23	我心地单纯，性情直率；没有做作和虚伪。	5	4	3	2	1
24	我很可爱，常常得到别人的喜欢。	5	4	3	2	1
25	我喜欢做一些恶作剧。	5	4	3	2	1
26	我想问题比较实际，不去想一些不着边际的事情。	5	4	3	2	1
27	听别人讲故事时，我经常能想象出故事中的情境。	5	4	3	2	1
28	过生日时我喜欢找几个好朋友和我一起度过。	5	4	3	2	1
29	我总能觉察到别人感觉不到的事物的细微变化。	5	4	3	2	1

第三节　中学生艺术领域创造性人格的现状调查

弗朗西斯·培根说：艺术是人与自然相乘。钱钟书提出艺术的最高境界是“人心之通天”，即天人合一。余秋雨在《艺术创造论》中认为，艺术家的创造心理就是领悟天意，自如创造，既不强求于“人”，也不强求于“自然”[①]。这些论述都把“人”而非仅仅是聪明才智当成是艺术创造的关键。著名诗人陆游曾有诗云：文章本天成，妙手偶得之。什么样的人才能“偶得”那些本已天成的文章呢？对艺术领域创造性人格的研究就是要回答这样的问题。

“艺术创造的说服力，是要把培根所说的‘人’，通过艺术家个人而直抵人类生态；还要把培根所说的自然，通过原始自然而抵达直觉形式……艺术，是一种把人类生态变成直觉审美形式的创造。”[②]事实上，没有哪个领域像艺术领域如此强调直觉在创造中的作用。在人类的大多数创造性活动中，逻辑思维、抽象概括这些理性能力才是更为关键的。这就决定了艺术领域是与创造性人格关系最密切的一个领域。换句话说，创造性人格在艺术领域有着相比其他领域更强的领域特殊性。这就意味着艺术不是人人都可从事的特殊工作。那么及早探明个体是否具备“艺术细胞”（艺术领域的创造性人格）就显得尤为重要了。

按照皮亚杰关于个体智力发展年龄阶段的划分，初中阶段正是“形式运算”阶段（12~15 岁）。这个阶段的主要思维特点是，在头脑中可以把事物的形式和内容分开，可以离开具体事物，根据假设来进行逻辑推演，能运用形式运算来解决诸如组合、包含、比例、排除、概率及因素分析等逻辑课题[③]。朱智贤也认为，初中生思维活动的基本特点是抽象逻辑思维

① 余秋雨．艺术创造论．上海教育出版社，2005：4.

② 余秋雨．艺术创造论．上海教育出版社，2005：13.

③ 林崇德．发展心理学．人民教育出版社，2001，5：359.

已占主导地位，但有时思维中的具体形象成分还起作用①。可见，中学阶段正是一个快速发展逻辑思维至成熟的阶段。而在艺术的世界里，无论是创造艺术，还是欣赏艺术，都需要那种绕过逻辑“直抵人类生态”的能力。因此，在这样一个逻辑理性渐趋成熟的阶段，考察中学生那种深藏于人格的直觉能力对于未来艺术创造者的选拔和培养是有意义的，因为一方面逻辑渐趋成熟而仍能摆脱逻辑保持较高的艺术创造人格特质，本身就说明了艺术创造的潜质，另一方面中学生正处于兴趣分化的阶段，本来也面临着如何选择职业生涯的问题。由此，本研究对中学生艺术领域创造性人格的实证调查是一个试图量化该问题的尝试，有助于减少中学生的盲目选择。

既然创造性人格如此突出地表现在艺术领域里，那么作为创造力的另一构成要素创造性思维是否与其相关？如果相关，这种关系又是如何发生的？鉴于目标定向与创造性人格的密切关系，我们将其引入作为考察创造性思维与创造性人格关系的第三因素。此外，既然学业成绩主要依赖于以抽象逻辑思维为特征的认知能力，那么以直觉为主要特征的艺术领域创造性人格与学业成绩又是什么关系？

总之，本章研究将调查中学生艺术领域创造性人格的现状，同时考察创造性人格与创造性思维能力、目标定向、学业成绩之间存在的可能关系，为中学生艺术创造教育提供实证支持。

一、研究目的

采用问卷调查的方法考察当前中学生艺术领域创造性人格的现状、年龄发展趋势、性别、学校等差异情况，并找出中学生艺术领域创造性人格、创造性思维能力与目标定向、学业成就、教师对中学生创造性评价等的关系。

① 朱智贤．儿童心理学．人民教育出版社，1979.

二、研究方法

（一）被试

采用整群抽样的方法，在湖南省同一个城市抽取高中、初中各2所，每个学校一、二、三年级各一个普通班。共调查640名中学生，有效被试619名，有效率96.72%。其中，男生277名，女生336名，6人未填写性别；初一105名，初二113名，初三107名，高一115名，高二81名，高三98名；最低年龄11岁，最高年龄19岁，6人未填写年龄，平均年龄14.79岁。

（二）工具与材料

1. 自编《中学生艺术领域创造性人格量表》

自编的《中学生艺术领域创造性人格量表》包括8个维度："神经质"（5个项目）、"勤勉坚毅"（4个项目）、"积极情绪"（4个项目）、"善良友好"（3个项目）、"深谋远虑"（3个项目）、"轻松率直"（3个项目）、"孩子气"（3个项目）、"直觉敏感"（4个项目）。全部为1（完全不符合）到5（完全符合）5级记分，第13、26题为反向记分，其他全部为正向记分。整个量表的克龙巴赫 α 系数为0.802，重测信度为0.823，效度、项目分析都达到心理测量学要求。为了防止语言暗示和作答偏向，施测时将量表名称替换为《中学生学习、生活情况调查表》。

2. 中学生创造性思维能力自评测验

本测验由骆方编制。包括把握重点、综合整理、联想力、通感、兼容性、洞察力、独创性、概要解释、评估力、投射未来10个维度。测验具有良好的结构效度，测验项目具有较好的信度。各维度同教师评定的相关在0.20~0.40之间，同威廉创造性个性量表的相关在0.50左右，且相关都显著[①]。本研究中，整个测验的克龙巴赫 α 系数为0.93。

① 骆方，孟庆茂. 中学生创造性思维能力自评测验的编制. 心理发展与教育，2005，4：94–98.

3. 目标定向量表

此量表由Midgley等人制作，共18个项目，5级计分。包括任务目标定向、能力－方法目标定向、能力－避免目标定向3个维度。整个测验的克龙巴赫 α 系数为0.84，3个维度的 α 系数分别为0.83、0.86、0.74。

4. 学生上学期期末考试成绩总和

5. 班主任给班级里每名同学的创造性评分，由创造性低到高（1~7）7个等级

（三）步骤

由1名心理学硕士生做主试，以班为单位，在班主任组织下，集中在课堂上完成中学生艺术领域创造性人格量表、中学生创造性思维能力自评测验、目标定向量表。再从班主任那里拿到每名学生的上学期期末考试成绩总和和班主任给班级里每名同学的创造性评分。

（四）统计处理

收回纸质问卷后集中编号，采用EpiData3.1进行数据录入与核查，采用SPSS20.0和Lisrel 8.7进行结构方程模型估计。

三、结果与分析

（一）中学生艺术领域创造性人格的基本情况

表6-15 中学生艺术领域创造性人格的描述性统计结果

因素	M	S
因素一"神经质"	2.466	0.656
因素二"勤勉坚毅"	3.374	0.706
因素三"积极情绪"	3.779	0.634
因素四"善良友好"	4.282	0.631
因素五"深谋远虑"	3.678	0.786
因素六"轻松直率"	2.999	0.936
因素七"孩子气"	3.327	0.742
因素八"直觉敏感"	3.585	0.614

从表 6-15 中可以看出，被试在中学生艺术领域创造性人格量表中的“神经质”平均得分为 2.466，在 5 级记分中达到中等稍偏下的水平；在“轻松直率”上的平均分为 2.999，在 5 级记分中达到中等水平；其他维度的平均分在 3.327~4.282 之间，达到中等到比较高的水平。

（二）中学生艺术领域创造性人格的性别差异

表 6-16 中学生艺术领域创造性人格的性别差异分析

	男（M ± SD）	女（M ± SD）	t	p
神经质	2.49 ± 0.70	2.45 ± 0.61	0.67	0.50
勤勉坚毅	3.36 ± 0.75	3.38 ± 0.66	–0.23	0.82
积极情绪	3.77 ± 0.65	3.78 ± 0.62	–0.10	0.92
善良友好	4.19 ± 0.68	4.36 ± 0.58	–3.17	0.00
深谋远虑	3.73 ± 0.81	3.63 ± 0.77	1.60	0.11
轻松直率	2.95 ± 0.94	3.03 ± 0.93	–1.14	0.25
孩子气	3.22 ± 0.76	3.41 ± 0.71	–3.19	0.00
直觉敏感	3.55 ± 0.63	3.62 ± 0.60	–1.47	0.14

从表 6-16 中可以看出，中学生艺术领域创造性人格量表的各维度中，除了“友好善良”、“孩子气”2 个维度以外，其他维度都不存在显著的性别差异。“友好善良”、“孩子气”2 个维度存在极显著的性别差异，都是女生高于男生。

（三）中学生艺术领域创造性人格的年级差异

表 6-17 中学生艺术领域创造性人格的年级差异分析

		M	S	F	p	LSD
神经质	初一	2.44	0.62	1.06	0.381	
	初二	2.38	0.72			
	初三	2.51	0.66			
	高一	2.43	0.60			
	高二	2.58	0.66			
	高三	2.49	0.66			
勤勉坚毅	初一	3.55	0.73	2.495	0.03	1>3 1>6
	初二	3.44	0.77			
	初三	3.28	0.69			
	高一	3.38	0.64			
	高二	3.34	0.73			
	高三	3.25	0.64			

续表

		M	S	F	p	LSD
积极情绪	初一	3.78	0.63	2.223	0.051	
	初二	3.76	0.71			
	初三	3.64	0.62			
	高一	3.92	0.63			
	高二	3.82	0.57			
	高三	3.75	0.59			
善良友好	初一	4.13	0.61	13.703	0.018	4>1
	初二	4.26	0.77			
	初三	4.23	0.67			
	高一	4.42	0.53			
	高二	4.34	0.59			
	高三	4.33	0.54			
深谋远虑	初一	3.43	0.81	14.664	0.012	1<3，5，4，6，2
	初二	3.75	0.94			
	初三	3.69	0.78			
	高一	3.74	0.74			
	高二	3.73	0.72			
	高三	3.74	0.63			
轻松爽直	初一	3.19	0.92	2.418	0.035	1>4，5 3>4，5
	初二	2.96	0.95			
	初三	3.16	0.93			
	高一	2.88	0.94			
	高二	2.85	0.98			
	高三	2.94	0.86			
孩子气	初一	3.10	0.66	5.116	0.000	5>2，1 6，3，4>1
	初二	3.20	0.78			
	初三	3.38	0.73			
	高一	3.34	0.72			
	高二	3.56	0.66			
	高三	3.45	0.80			
直觉敏感	初一	3.55	0.65	2.045	0.071	
	初二	3.59	0.60			
	初三	3.49	0.60			
	高一	3.68	0.56			
	高二	3.71	0.68			
	高三	3.51	0.59			

注：LSD- 多重比较；1- 初一；2- 初二；3- 初三；4- 高一；5- 高二；6- 高三

从表 6-17 中可以看出，中学生艺术领域创造性人格量表的各维度中，“神经质”、“积极情绪”、“直觉敏感”上不存在显著的年级差异；“勤勉坚毅”、“善良友好”、“深谋远虑”、“轻松爽直”存在显著的年级差异；“孩子气”存在极显著的年级差异。经多重比较，“勤勉坚毅”中，初一大于初三、高三；“善良友好”中，高一大于初一；“深谋远虑”中，其他所有年级大于初一；“孩子气”中，高二大于初一与初二，高三、初三、高一大于初一。

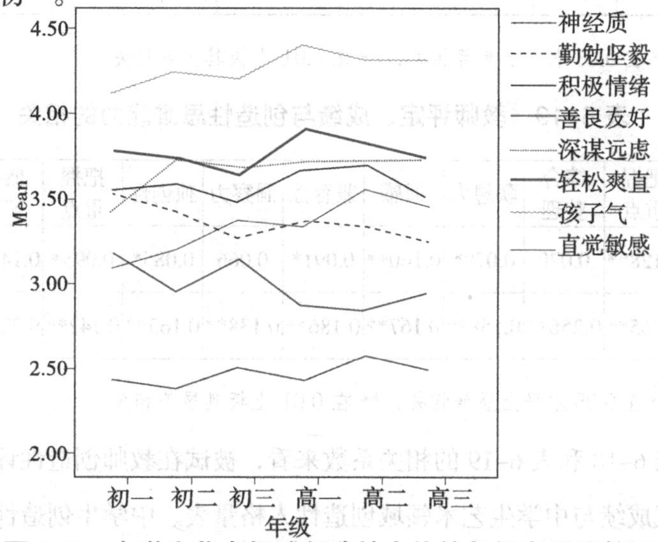

图 6-2　中学生艺术领域创造性人格的年级发展趋势图

从图 6-2 中可以更直观地看出中学生在艺术领域创造性人格各维度的年级发展趋势，善良友好得分最高，神经质得分最低。善良友好、积极情绪、深谋远虑、直觉敏感、神经质虽然有微弱上升趋势，但是并不明显。勤勉坚毅有微弱下降，但是下降趋势也不明显。孩子气能看出比较明显的上升趋势。轻松爽直则能看出一些下降趋势。

（四）中学生艺术领域创造性人格、中学生创造性思维能力、目标定向与期末考试成绩、教师创造性评分等级的关系

教师评定、成绩与创造性人格、目标定向的相关情况见表 6-18。教师评定、成绩与创造性思维能力的相关情况见表 6-19。创造性人格与创造性思维能力的相关情况见表 6-20。

表 6-18 教师评定、成绩与创造性人格、目标定向的相关

	神经质	勤勉坚毅	积极情绪	善良友好	深谋远虑	轻松爽直	孩子气	直觉敏感	任务—目标定向	能力—方法目标定向	能力—避免目标定向
教师评定	−0.017	0.059	0.018	−0.011	0.067	0.039	0.001	0.008	0.061	0.111**	−0.066
成绩总和	−0.120**	0.230**	0.040	0.019	0.077	0.029	−0.007	0.000	0.205**	0.140**	−0.076

注：* 在 0.05 水平上显著相关，** 在 0.01 上极其显著相关

表 6-19 教师评定、成绩与创造性思维能力的相关

	把握重点	综合整理	联想力	通感	兼容性	洞察力	独创性	把握重点	概要解释	投射未来
教师评定	0.128**	0.070	0.079*	0.160**	0.091*	0.066	0.085*	0.095*	0.144**	0.061
成绩总和	0.265**	0.256**	0.158**	0.167**	0.186**	0.138**	0.165**	0.142**	0.224**	0.194**

注：* 在 0.05 水平上显著相关，** 在 0.01 上极其显著相关

从表 6-18 和表 6-19 的相关系数来看，被试在教师创造性评分等级、期末考试成绩与中学生艺术领域创造性人格量表、中学生创造性思维能力自评测验、目标定向量表各维度上得分的相关系数都非常低，大多没有达到显著相关的数值，就算有的是显著相关，相关系数也很低。另外本研究计算了教师创造性评分等级和期末考试成绩的相关，相关系数为 0.237，属于低相关，但是达到极显著的相关水平。

进而将教师创造性评分等级和期末考试成绩作为自变量，将中学生艺术领域创造性人格、中学生创造性思维能力、目标定向量表各维度分别作为因变量，进行回归分析，结果教师创造性评分等级和期末考试成绩全部都没有进入回归方程。

表 6–20 创造性人格与创造性思维能力的相关

	把握重点	综合整理	联想力	通感	兼容性	洞察力	独创性	把握重点	概要解释	投射未来
神经质	–0.094*	–0.121**	0.166**	–0.030	–0.165**	–0.005	0.013	–0.079*	–0.123**	–0.039
勤勉坚毅	0.463**	0.447**	0.151**	0.316**	0.355**	0.372**	0.321**	0.351**	0.336**	0.341**
积极情绪	0.296**	0.260**	0.195**	0.289**	0.412**	0.325**	0.287**	0.316**	0.371**	0.244**
善良友好	0.235**	0.141**	0.058	0.177**	0.263**	0.159**	0.170**	0.256**	0.290**	0.185**
深谋远虑	0.399**	0.392**	0.096*	0.285**	0.380**	0.374**	0.448**	0.412**	0.492**	0.359**
轻松爽直	0.147**	0.125**	0.196**	0.199**	0.202**	0.251**	0.150**	0.156**	0.139**	0.109**
孩子气	0.301**	0.239**	0.282**	0.256**	0.316**	0.306**	0.234**	0.304**	0.277**	0.261**
直觉敏感	0.168**	0.163**	0.307**	0.336**	0.197**	0.230**	0.318**	0.223**	0.293**	0.243**

注：* 在 0.05 水平上显著相关，** 在 0.01 上极其显著相关

从表 6–20 的相关系数来看，中学生艺术领域创造性人格、中学生创造性思维能力相关系数与目标定向各维度大多存在显著的中等或低相关。

（五）中学生艺术领域创造性人格、中学生创造性思维能力、目标定向量表的关系

为了探究中学生艺术领域创造性人格和中学生创造性思维能力的关系，将中学生艺术领域创造性人格量表的 8 个维度作为外生变量，将中学生创造性思维能力、目标定向量表的各维度作为内生变量，利用结构方程模型做了一个路径分析，经路径系数的 t 检验和修正指数对模型进行修正，得到一个中学生艺术领域创造性人格经目标定向影响创造性思维能力的关系模型，其中，x^2=482.99，df=120，x^2/df=4.858，GFI=0.93，NNFI=0.96，CFI=0.97，RMSEA=0.071，达到了良好的拟合标准。各路径系数如图 6–3 所示。

从图 6–3 中可以看出，神经质有路径直接指向联想力、兼容性、评估力；勤勉坚毅指向把握重点、综合整理、投射未来；积极情绪指向综合整理、兼容性、洞察力；善良友好指向通感；深谋远虑指向综合整理、独创性、评估力、投射未来；轻松爽直指向觉察力；孩子气指向把握重点、联想力、兼容性、概要解释；直觉敏感指向联想力、通感、独创性、评估力。

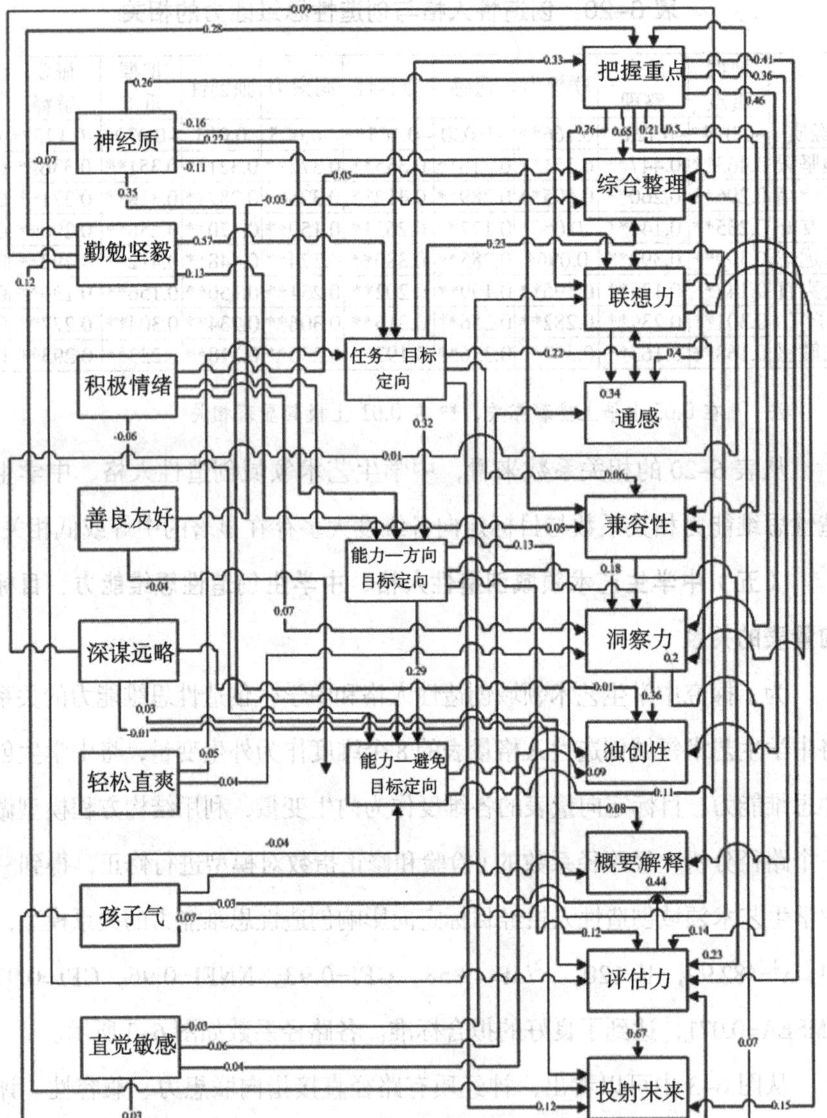

图 6–3　艺术领域创造性人格量表、创造性思维能力、目标定向关系路径图

神经质、勤勉坚毅、轻松爽直指向任务—目标定向；神经质、勤勉坚毅指向能力—方向目标定向；神经质、积极情绪、善良友好指向能力—避免目标定向。

任务—目标定向指向把握重点、综合整理、通感、兼容性、投射未来；能力—方向目标定向指向洞察力、概要解释、评估力；能力—避免目标定向指向独创性。

在创造性思维中，把握重点还影响了创造性思维的其他维度（投射未来除外）。

四、讨论

对中学生艺术领域创造性人格量表各维度的描述统计显示，“神经质”维度达到中等偏下水平，说明在中学时代，学生们情绪还比较稳定，不太急躁焦虑。陈利君对自然科学领域创造性人格的研究得出了相似的结果。“轻松直率”的平均数达到中等水平，说明中学生们的学习生活都不轻松，存在一定的压力水平。相对得分最高的维度是“善良友好”，说明中学生总体比较重视与同学朋友的交往，富有善心，并富有比较高的合作精神。其他维度得分都在中等偏上，说明中学生们学习比较勤奋，对追求的事物有一定的毅力和坚持性，比较理智镇定，具有一定童心，多幻想与想象。

进一步的人口学特征分析发现，中学生在艺术领域创造性人格量表的各维度得分中，除了“友好善良”、“孩子气”2个维度以外，其他维度都不存在显著的性别差异。“神经质”、“勤勉坚毅”等艺术领域创造性人格同心圆结构中最核心的特质无显著的性别差异，提示至少在中学阶段男女生的“艺术细胞”无明显高低优劣之分。“友好善良”和“孩子气”处于同心圆结构较外围的位置，均是女生高于男生，反映了男女在创造性方面的风格差异。在年级上，“神经质”、“积极情绪”、“直觉敏感”上不存在显著的年级差异，说明中学阶段情绪发展已相对稳定。“勤勉坚毅”、“善良友好”、“深谋远虑”、“轻松爽直”、“孩子气”存在显著或极显著的年级差异。其中，处于同心圆核心位置的“勤勉坚毅”，初一大于其他所有年级，初二与初三大于高一，提示初中阶段是发展勤勉坚毅特质的重要时期。“善良友好”中，高一大于初一，说明高中学生学会了更多的人际处理的方式，对人更友善，合作精神也随着年龄的提高而提高。“深谋远虑”中，其他所有年级大于初一，“孩子气”中，高二大于初一与初二，高三、初三、高一大于初一，这2个维度的差异也是由于随着年龄的增长人更成熟、更理智的缘故。从这些结果可以看出，中学生艺术领域创造性人格的不同特质具有不同的发展趋势，应根据具体情况对不同年级的学生有针对性地进行培养。

前面在对创造性人格的学校差异分析时提到过，传统思想中，一般情况下是用学习成就来评价学生的一切，只要成绩好，其他一切都好。本研究的结果表明，教师创造性评分等级和期末考试成绩的系数为0.238，达到非常显著的低相关，说明老师评价一个学生，无论是学生好坏还是创造性的高低，比较多的是用学业成绩去评价。但是进一步的研究表明，教师创造性评分等级、期末考试成绩与中学生艺术领域创造性人格量表、中学生创造性思维能力自评测验、目标定向量表各维度的相关系数都非常低，因为有的低相关也存在显著性，进一步做的回归分析也表明，教师创造性评分等级和期末考试成绩并不能预测中学生的创造性思维能力，也不能预测创造性人格。这更明显地表示，学生的创造性人格、创造性思维能力与学业成就几乎完全没有关系。这个问题应该引起各教育工作者的重视，教育工作者对待学生一定要全面地看问题，这样才能更好地因材施教，培养更多具有创造性的国家建设人才。

从中学生艺术领域创造性人格量表和中学生创造性思维能力自评测验的相关分析来看，两个测验的各维度大多都存在极显著的中等相关，也进一步说明本研究编制的中学生艺术领域创造性人格量表具有良好的外部效度。

利用结构方程对中学生艺术领域创造性人格、中学生创造性思维能力、目标定向进行的路径分析表明，中学生艺术领域创造性人格的各维度中，都有直接影响创造性思维能力的情况，各维度也分别通过目标定向的不同因素间接影响创造性思维能力，也可以说，目标定向在创造性人格对创造性思维能力的影响中起到部分的中介作用。具体地看，神经质有路径直接指向联想力、兼容性、评估力；直觉敏感指向联想力、通感、独创性、评估力；轻松爽直指向洞察力。说明艺术领域创造性人格中神经质和直觉敏感影响的是创造性思维中洞察、独创、联想的部分，这个和自然科学领域结果基本相同，只是多了一个轻松直爽，这也符合基本规律。勤勉坚毅指向把握重点、综合整理、投射未来；深谋远虑指向综合整理、独创性、评估力、投射未来；孩子气指向把握重点、联想力、兼容性、概要解释。它们影响创造性思维比较综合的方面。这个与自然科学领域也出现了一些相似结果。间接影响中，任务—目标定向指向把握重点、综合整理、通感、兼容性、投射未来；能力—方向目标定向指向洞察力、概要解释、评估力；能力—避免目标定向指向独创性。3 个维度分别解释了创造性思维的不同维度，任务—目标定向主要影响创造性思维综合性和兼容性；能力—方向目标定向影响了创造性思维的洞察和评估方面；而能力—避免目标定向却指向独创性，这个与自然科学领域存在一定的区别，可能原因是，自然科学领域的创造性思维更需要任务目标，更有目的性，并且不管是否让别人看上去更愚蠢，艺术领域的创造性思维都会更多受兴趣和感觉的影响。

五、结论

1. 中学生艺术领域创造性人格量表中的“神经质”处于中等稍偏下的水平，“轻松直率”的平均数达到中等水平，其他维度达到中等到稍偏高的水平。

2. 中学生艺术领域创造性人格量表存在一定程度的性别和年级差异。

3. 期末考试成绩、教师创造性评分等级与中学生艺术领域创造性人格、中学生创造性思维能力、目标定向各维度基本不存在显著相关，个别维度存在低相关；教师创造性评分等级和中学生期末考试成绩呈极显著的相关。

4. 中学生艺术领域创造性人格通过目标定向的中介作用影响创造性思维能力。

本章小结

文化艺术人才培养体系是国家文化战略的重要组成。文化战略规定了国家和民族文化的发展目标，因而也对文化艺术人才的培养方针和目标提出了具体的要求，包括艺术学科的人才培养体制、层次、类型、规格，需要与国家文化战略相一致[①]。但这里首先面临的问题是，哪些人应该成为文化艺术人才的培养目标？我们从创造性人格的角度对这一问题进行了探索，认为只有那些具有艺术领域创造性人格特质的个体才具备产出高创造性艺术成果的潜质。

那么，什么是艺术领域创造性人格？我们通过传记分析、开放式或半开放式问卷调查等方法形成中文艺术领域创造性人格特质形容词表；运用词表对艺术领域高创造性个体进行词汇评定研究，并通过探索性因素分析和验证性因素分析建立艺术领域创造性人格结构模型。我们发现，艺术领域的创造性人格包括 8 个维度："神经质"、"勤勉坚毅"、"积极情绪"、"善良友好"、"深谋远虑"、"轻松率直"、"孩子气"、"直觉敏感"。其中，神经质处于同心圆结构模型的核心地位，显示着激情状态对艺术创造的重要性。这

① 王晨，米如群．国家文化战略与艺术人才培养的关系研究．南京艺术学院学报：美术与设计版，2014，6：56–59.

也符合人们对艺术家的印象。在此基础上，我们还编制了用于中学生艺术领域创造性人格测量的工具，量表包括8个维度，29个项目，有较好的信效度。

我们采用自编的《中学生艺术领域创造性人格量表》对中学生进行了测量，发现在中学生的艺术领域创造性人格中，女生在一些外围特质（友好善良，孩子气）上要优于男生；“勤勉坚毅”、“善良友好”、“深谋远虑”、“轻松爽直”和“孩子气”都存在显著的年级差异，具体表现因特质的不同而有所不同。这说明中学生艺术领域创造性人格是在发展变化的，应注意找到其中的规律，以便更好地引导其发展。

与此同时，我们也考察了中学生艺术领域创造性人格与考试成绩、教师创造性评分、中学生创造性思维能力和目标定向之间的关系。有趣的是，中学生艺术领域创造性人格与考试成绩、教师创造性评分并无显著的关系，而考试成绩与教师创造性评分之间却相关显著。这就意味着教师对学生艺术创造性评价的依据可能是根据考试成绩来的，却与其真实的创造性人格无关。这一问题其实也同时反映在艺术教学和培养上。传统的艺术教学方法更多是关注学生艺术知识水平的提高，这极不利于学生艺术个性以及创造力的发展①。另外值得一提的结果是，中学生艺术领域创造性人格通过目标定向的中介作用影响创造性思维能力。也就是说，艺术创造性人格与创造性思维之间的关系是很复杂的，双方发生联结的关键是动机（目标定向）。

总之，本章在同心圆结构的框架下对艺术领域的创造性人格结构进行了探索，并以此为理论依据编制了相应的工具，然后用编制好的工具对中学生艺术领域创造性人格的特征及发展趋势进行了考察，最后对学习成绩、动机因素和创造性思维与人格的关系进行了初步探讨。我们相信，对艺术领域创造性人格的这些实证研究对于进一步推进相关主题的研究是有益的。

① 白弘雅．刍议如何培养艺术人才的创造力．艺术教育，2015，4：115.

第七章 管理领域创造性人格的实证研究

管理领域的创造性问题已被广泛提及。美国心理学家特尔曼曾花费十余年时间调查了弗吉尼亚 1254 名企业主管，这些主管中的高成就者和低成就者各占一半，结果显示，是人格而不是客观条件和才能反映了这两类管理者的最大差异，那些高成就者都喜欢独立思考，思想言行比较自由，有强烈的创造意识。这一结果充分说明创造性人格之于管理者的重要性。那么，管理者的创造性人格是什么样的？它与艺术家、自然科学家的创造性人格又有何不同？现有研究似乎并不能很好地回答这一问题。要对此问题做出有效回答，仍有必要从新的角度加以研究。

让我们首先来看一下创造力研究的理论框架。Sternberg 把创造力理论划分为外显理论和内隐理论[①]。外显理论是指心理学家或者其他领域的专家，通过实施大样本的测验后，经过数据分析而建构的关于创造力概念、结构及其发展历程的理论体系。内隐理论是指一般公众（专家和外行人）

① Sternberg，R.J. Implicit theories of intelligence， creativity， and wisdom. Journal of Personality and Social Psychology，1985，49（3）：607–627.

在日常生活和公众背景下所形成的，且以某种形式存在于个体头脑中的关于创造力的概念、结构及其发展的看法，也称内隐观或公众观。外显理论对于揭示创造力本质和促进人们对创造力的认识，以及培养创造力的人才方面有着巨大贡献，但创造力的概念不仅存在于学术领域，也存在于广大公众的头脑中。公众头脑中创造力即创造力的内隐理论是对专家理论的一种补充，为创造力研究找到了新的突破口，并拓展了新领域。Runco 指出，创造力内隐理论是创造力研究领域的一个新趋势，它受到了在 20 年前从没有过的极大关注[①]。

本研究的第三至六章，都属于从创造力外显理论的角度出发而进行的实证研究。本章则打算从创造力的内隐理论出发，来研究管理领域的创造性人格。具体来讲，本研究沿袭 Sternberg 以来的内隐观研究传统，通过开放式问卷调查收集高创造性管理者特征，由此形成管理者创造性特征词汇表；利用该词表编成高创造性管理者特征问卷进行施测，然后对回收数据进行探索性和验证性因素分析，从而建构出高创造性管理者内隐观模型；以该模型作为结构框架，依据特征词汇编制出中学生管理领域创造性人格量表；最后对我国中学生在管理领域的创造性人格现状进行调查。

第一节　管理领域创造性人格结构模型的建立

实际上，从创造力内隐理论出发，创造性人格也有其领域特殊性。Sternberg（1985）[②] 的研究表明，不同领域专家的创造力内隐理论虽有共通

① Runco，M.A. Creativity. Annual Reviews of Psychology.2004，55：657-687.

② Sternberg，R.J. Implicit theories of intelligence. creativity，and wisdom. Journal of Personality and Social Psychology，1985，49（3）：607-627.

的地方，但亦存在显著差异，如艺术家强调想象力、独创性和冒险，以及有大量的新观念；哲学家强调灵感和在想象中整合观点；物理学家强调发明创造能力，对基本问题的质疑能力等。目前，创造力内隐理论在科学、艺术及教育等领域的研究最多，如 Christiane 等（1998）[①] 通过向澳大利亚及德国两个国家的政治家、科学家、艺术家及学校教师邮寄问卷，收集这些专家及教师对创造力的个人看法；黄四林等（2008）[②] 研究了中学教师的创造力内隐观。

但在管理领域，创造力的内隐观仍然不甚明了，相关的系统研究成果也非常少见。然而内隐观不仅影响到个体自身创造力的发挥，而且影响到对他人创造力表现的态度和评价。如 Maria 等（2010）[③] 的研究发现，学生的创造性人格受教师对创造性人格的社会态度的影响。另外，Jennifer 等（2013）[④] 有关创造性角色模型、人格和绩效的研究发现，高创造性管理者的存在影响下属的创造性表现。因此构建出公众心目中的高创造性管理者内隐观模型，为丰富创造力研究的内容以及促进人们对管理领域创造性人才的选拔、培养都非常有意义。

一、研究目的

本研究拟从创造力内隐理论出发，在同心圆结构的框架下建构管理领

---

① Christiane，S.，Caroline，V.K.Implicit theories of creativity：the conceptions of politicians，scientists，artists and school teachers. High Ability Studies，1998，9（1）：43–58.

② 黄四林，林崇德．中学教师创造力内隐观的调查研究．心理发展与教育，2008，1（1）：88–93.

③ Maria Elvira De Caroli，et al.，Methods to measure the extent to which teachers' points of view influence creativity and factors of creative personality：A study with Italian pupils，Key Engineering Materials，437，535–539.

④ Jennifer Collins，Donna K. Cooke，Creative role models，personality and performance，Journal of Management Development，2013，32（4）：336–350.

域创造性人格的结构模型，明确各种人格特质在整个管理领域创造性人格结构中的位置。具体而言，首先通过开放式问卷调查收集高创造性管理者特征，由此形成管理者创造性特征词汇表；将该词表编成调查问卷进行施测，然后对回收数据进行探索性和验证性因素分析，并在此基础上建构管理领域创造性人格同心圆结构模型。

二、研究方法

（一）被试

开放式问卷调查的对象：采用方便取样，以长沙市3处著名风景区（橘子洲、湘江风光带、岳麓山）为取样地点。考虑到公众内隐观会受学历、年龄、性别等多种因素的影响，将学历划分为高中及以下、大中专、本科、研究生及以上四个层次，年龄划分为20岁以下、20~25、26~49、50以上四个层次，尽量保证样本在学历、年龄、性别上均衡分布。最终，预调查采样64人，正式调查采样200人。

探索性因素分析的样本：采用方便取样，发放高创造性管理者特征调查表300份，回收有效问卷231份，回收率为77%。其中，男性占49.8%，女性占50.2%；20岁以下占31.9%，20~25岁占29.3%，26~49岁占21.8%，50岁以上占17.0%；高中及以下占4.1%，大中专占17.0%，本科占57.1%，研究生占21.8%，样本分布较为均衡。

验证性因素分析的样本：采用方便取样，发放高创造性管理者特征调查表300份。回收有效问卷225份，回收率为75%。其中，男性占51%，女性占49%；20岁以下占29.5%，20~25岁占25.0%，26~49岁占30.0%，50岁以上占15.5%；高中及以下占3.0%，大中专占20.7%，本科占52.6%，研究生及以上占23.7%。

（二）工具与材料

自编的开放式调查问卷，主要用于收集公众对高创造性管理者的理解、定义。正式调查所使用的问卷是在预调查问卷基础上完善的，内容如下：这是一份有关高创造性管理者的调查，用以了解公众对高创造性管理者的印象或期望。您认为高创造性的管理者是怎样的？请尽可能罗列详尽，回答无好坏之分，根据自己的理解就行。

自编的高创造性管理者特征调查表，用于探索性因素分析。将通过开放式问卷调查收集到的公众对高创造性管理者特征的描述，提炼成词汇，并合并同义词。经过综合、筛选，按照特征词出现的频率高低进行排序，以词频大于和等于 5 次，作为入选标准，形成特征词汇表。最后，共选入 40 个代表性强的特征词，内容涉及学识、智商、思维方式、行事风格、性格、能力等多方面。将这 40 个高创造性管理者特征词编写成句子条目，以反映该词所代表的高创造性管理者的性格特征、行为表现及其水平。由此编制成高创造性管理者特征调查表（见本章附录），要求被调查者根据自己的看法，对调查表中各项特征的重要性进行 1~5 级评分，1 为最不重要，5 为最重要。

自编的高创造性管理者特征问卷，用于验证性因素分析。该问卷是根据探索性因素分析的结果，对自编的高创造性管理者特征调查表进行修订的结果，并对题项重新进行了混合编排，依旧采用 1~5 级评分，1 为很不赞同，5 为很赞同。

（三）步骤

1. 开放式问卷调查，收集公众对高创造性管理者的理解、定义。

2. 根据开放式问卷调查的结果，形成管理者创造性特征词汇表。

3. 以管理者创造性特征词汇表为基础，形成高创造性管理者特征调查表并施测。

4. 对回收的调查数据进行探索性和验证性因素分析，从而构建管理领域创造性人格内隐观结构模型。

（四）统计处理

采用 EpiData3.1 进行数据录入与检查，采用 SPSS11.5 进行探索性因素分析、信度分析等，采用 Lisrel8.7 进行验证性因素分析。

三、结果与分析

（一）探索性因素分析

为了检验数据是否适合做因素分析，首先对数据进行取样适当性检验。结果，KMO 值等于 0.828，在 0.80~0.90 之间，说明非常适合做因素分析；Bartlett 球形检验中，x^2=1843.032，df=378，$p < 0.001$，说明项目之间具有相关性，数据适合做因素分析。

因素分析过程采用主成分法、斜交旋转法抽取因子，并根据以下标准排除不合理因子：（1）因子的特征值小于 1；（2）参考特征值碎石图；（3）抽取出的因子在旋转前对总变异的解释少于 1%；（4）因子所包含的项目少于 3；（5）因子不好命名。项目删除的标准：（1）负荷小于 0.3；（2）交叉负荷大于 0.15。最终去除 12 个项目，剩余 28 个项目。通过反复的探索性因素分析，并不断地调整，最后得到四个潜在因素。各因素的特征值及方差贡献率见表 7–1，因素载荷表见表 7–2。

表 7–1 各因素的特征值及方差贡献率

因素	特征值	变异数（%）	累积变异数（%）
1	6.495	23.198	23.198
2	3.082	11.006	34.204
3	1.719	6.140	40.345
4	1.488	5.316	45.661

表 7-2 因素载荷表

	项目	因子			
		1	2	3	4
1	有亲和力	0.756			
2	有全局观念	0.722			
3	有责任感	0.709			
4	胸襟宽阔	0.654			
5	做事有计划	0.638			
6	能以人为本	0.597			
7	有人格魅力	0.575			
8	协调能力强	0.569			
9	高素质	0.551			
10	见解独到		0.713		
11	善于捕捉信息		0.664		
12	思维开阔		0.596		
13	敢于创新		0.563		
14	与时俱进		0.556		
15	想象力丰富		0.553		
16	能有效解决问题		0.509		
17	善于逆向思维		0.492		
18	有洞察力		0.412		
19	有激情		0.368		
20	沟通能力强			0.675	
21	善于交际			0.653	
22	有活力			0.627	
23	广开言路			0.613	
24	沉稳			0.588	
25	高学历				0.803
26	高智商				0.739
27	有智慧				0.558
28	经验阅历丰富				0.505

第一个因素包含有亲和力等 9 个项目。该因素特征值为 6.495，能够解释总变异的 23.198%，因第一个因子强调的是高创造性管理者作为一名领导者该有的胸襟素养、行事作风，因而命名为“领导风范”。第二个因素包含见解独到等 10 个项目。该因素特征值为 3.082，能够解释总变异的 6.140%，命名为“开创与思维”。第三个因素包含沟通能力强等 5 个项目。该因子特征值为 1.719，可解释总变异的 6.140%，命名为“社交能力”。

第四个因素包含高学历等 4 个项目。该因子的特征值为 1.488，可解释总变异的 5.316，命名为“学识智商”。由此构建出管理领域创造性人格结构模型。这四个因子较为全面地揭示了公众心目中高创造性管理者的形象。其中，以领导风范因子最为重要，然后是开创进取、社交能力，学识智商最后，体现出各因子主次分明，即领导风范及开创进取是中心因子，社交能力及学识智商主要起基石作用。

（二）信度检验

本研究采用克龙巴赫 α 系数和分半信度，对管理领域创造性人格结构进行信度检验。对验证性样本的调查数据进行分析，结果见表 7–3。

表 7–3　模型的信度检验

	项目数	克龙巴赫 α 系数	分半信度
领导风范	9	0.84	0.8
开创与思维	10	0.78	0.75
社交能力	5	0.73	0.69
学识智商	4	0.7	0.67
总问卷	28	0.87	0.79

高创造性管理者特征问卷的克龙巴赫 a 系数为 0.87，分半信度是 0.79，说明该问卷的信度较高，同时也说明本研究构建的管理领域创造性人格结构模型具有较高的稳定性。

（三）效度检验

1. 内容效度

问卷内容来自开放式问卷调查的结果，并请专业人员及不同年龄、性别及学历的普通民众对项目进行评价，考查项目是否能反映公众对高创造性管理者特征的内隐观，内容是否清楚直白、通俗易懂，表达是否恰当，有无歧义等，这就在一定程度上为该问卷的内容效度提供了保证。

2. 结构效度

对管理领域创造性人格内隐观的四因子结构模型进行验证性因素分

析，结果见表 7-4。

表 7-4　管理领域创造性人格结构模型的拟合指数

拟合指数	x^2	df	x^2/df	NNFI	CFI	RMSEA
数值	1289.04	344	3.747	0.83	0.85	0.096

由结果来看，x^2/df<5，达到良好标准；NNFI、CFI、IFI 等拟合指数均大于 0.83，接近 0.9，勉强可以接受；RMSEA 小于 0.1，表明拟合度较好。综合来看，该模型拟合度较好，也说明问卷的结构效度较好。

四、讨论

与以往创造力内隐观研究相比，本研究主要有两点不同：一、研究层次上，以往研究大多停留在创造性特征罗列和初级的聚类分析水平，如 Montgomery 以教授创造性课程的大学教师为对象，得出重要性排名靠前的 13 个创造性特征[①]；Rudowicz 和 Hui（1997）以香港本土人为研究对象，在车站等公共场所展开调查，采用形容词法总结出公众对创造力的十个定义；蔡华俭等人以上海本地人为研究对象，通过聚类分析，得出 A 和 B 两大创造力特征类群，分别涉及认知和人格两个方面[②]。本研究则立足于内隐观的结构建模，基于调查数据进行了探索性因素分析和进一步的模型验证，在研究层次上有所突破。二、研究结果上，本研究与其他领域内隐观研究结果有重叠，如想象力、敢于创新、智力、知识等特征在季靖等的广告人才创造力内隐观研究中也有所体现[③]。而差异可能主要是由研究领域

---

① Montgomery，K.，Bull，K. S.，& Baloche，L. Characteristics of the creative person. American Behavioral Scientist，1993，（37）：68-78.

② 蔡华俭，等 . 创造性的公众观的调查研究（Ⅰ）——关于高创造性者的特征 . 心理科学，2001（1）.

③ 季靖，江根源，陈旭 . 广告人才创造力的内隐观研究 . 浙江工业大学学报：社会科学版，2006（5）：225-231.

的不同、被试选择的不同、抽样方式的不同等多种因素造成的，还与创造力内隐观研究思路本身具有的主观性和复杂性相关。人们总是根据自己的经验来构筑创造力的定义，然而不同经验的人在不同时期、不同社会背景下对同一现象的解释肯定会有所不同，因而结果也就不一样。

本研究首先通过开放式问卷调查，收集高创造性管理者特征词汇，并挑选出40个高频词，如敢于创新、广开言路、善于交际、知识经验丰富等，内容涉及学识、智商、思维方式、行事风格、性格、能力等多方面，说明人们心目中高创造性管理者概念的内涵丰富且复杂。这些特征几乎涵盖了Rudowicz和Hui提出的创造力的十个定义——"聪明、想象丰富、精力充沛、独立、杰出、思维敏捷、勇气、思维技巧、创新及革新"[①]；与Montgomery（1993）、蔡华俭等人（2001）的研究结果也具有很高的一致性。本研究结果同时体现出了创造力在管理领域的独特领域特色，如管理者的全局观念、协调能力强等特征在艺术家、物理学家、哲学家等身上鲜少表现，而艺术家的乖戾孤僻、物理学家的独断专行以及哲学家的敢于怀疑等特征没有出现在结果中，提示管理者的创造性人格确有不同于其他领域的独特性。

在此基础上进一步分析出管理领域创造性人格内隐观结构模型，包括四个因素，即领导风范、创新与思维、社交能力及学识智商。第一个因素"领导风范"共包含有亲和力、胸襟宽阔、协调能力等9项内容，几乎涵盖了所有作为领导者应该具备的理想特征，体现了中国传统思想里对管理者"德才兼备"的要求。第二个因素"开创与思维"，包括想象力、创新、独到见解、富有激情等能产生新东西的特质，以及与之相匹配的思维方式，如逆向思维等，体现了创造力这一主题的核心要素。第三个因素"社交能力"，指沟通能力强、人际和谐，另外还特别强调管理者与下属的互动，听取下

① Elisabeth Rudovicz, Anna Hui. The Creative Personality: Hong Kong Perspective. Journal of Social Behavior and Personality, 1997, 12 (1): 139-157.

属意见，广开言路等。第四个因素“学识智商”，表示高创造性管理者不只要求业务精熟，还要求阅历丰富，知识面广。就以上分析而言，该模型中四个因子相对重要性不同。作为一个管理者，基本的领导风范要合格，其次才能追求创新；另外管理者必须与人打交道，因而交际能力也很重要；最后知识与智商，它是前面三个因子能否达成所不可或缺的基础。纵观这一模型，可以说是一目了然，合情合理，能为广大公众所理解和认同。

根据各维度对管理领域创造性人格的贡献率建构同心圆结构(如图7-1)。

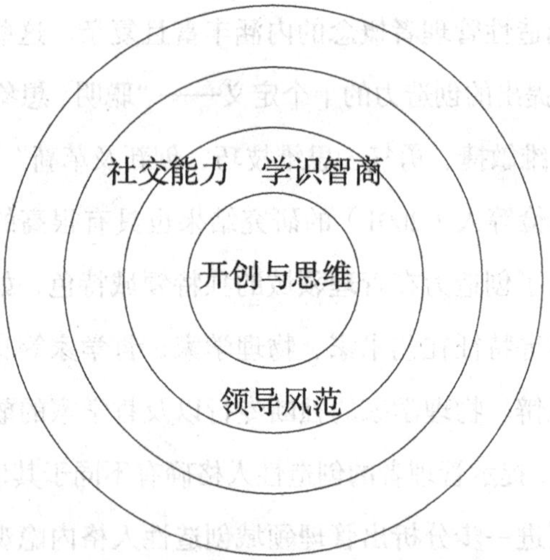

图 7-1 管理领域的创造性人格同心圆结构模型

从管理领域的创造性人格同心圆结构模型可以看出，其不仅完全不同于艺术领域、自然科学领域的创造性人格结构，与社会科学领域也颇为不同。在前两者中，个体人格中的情绪特征（如神经质）和意志特征（如进取坚毅），后者中个体人格中的意志特征（如勤勉坚毅）和认知特征（如博才好思）居于核心位置。而管理领域创造性人格结构中最核心的特质为领导风范。所谓领导风范主要指亲和力、胸襟宽阔、协调能力等，实际上都是与人际密切相关的。此后才是智力相关特质（如开创与思维、学识智商）。可见，对于管理领域而言，在人际上的创造性比在事物上的创造性占有更重要的位置。换句话说，在管理领域中，创造力更多地表现在“对人”而非“对事”上。这其实也是管理领域与其他领域（艺术、自然科学、社会科学等）的不同之处。

此外，研究过程中形成了高创造性管理者特征问卷，并进行了信度和效度检验。结果显示，该问卷的克龙巴赫 α 系数为0.8720，分半信度是0.7937，说明该问卷的信度较高；验证性因素分析的结果表明其结构效度也基本达标。综上，本研究所编制的《高创造性管理者特征问卷》，具有较好的信度和效度，可以作进一步研究之用。

五、结论

1. 根据公众对高创造性管理者特征的调查结果，得到管理领域创造性人格的内隐观模型，包括4个维度：领导风范、开创与思维、社交能力及学识智商。其中，领导风范是管理领域创造性人格中最核心的特质，意味着在管理领域中，高创造性个体具备亲和力，胸襟宽广，协调能力强等人格特点。整个模型的信度、效度检验也基本或良好地达到心理测量学要求。本结构模型可以继续为以后研究所用。

2. 所编制的高创造性管理者特征问卷具有较好的信度、效度，可以用作进一步研究的调查工具。

附录：

高创造性管理者特征调查表

先生 / 女士：

您好！这是一份有关公众对高创造力管理者的印象调查。以下词句表示高创造力管理者可能具有的一些特征。如果您觉得该特征对高创造力管理者很重要，请选5；比较重要，请选4；一般请，选3；不太重要，请选2；很不重要，请选1。（在相应数字上打钩）

请您根据自己的第一感觉作答，不要思考太多。谢谢您的合作！

在您的印象中，以下特征对一个具有高创造力的管理者来说是：

1	2	3	4	5
很不重要	不太重要	一般	比较重要	很重要

有洞察力 ……………………………… 1 2 3 4 5

广开言路 ……………………………… 1 2 3 4 5

有活力 ……………………………… 1 2 3 4 5

沉稳 ……………………………… 1 2 3 4 5

沟通能力强 ……………………………… 1 2 3 4 5

善于交际 ……………………………… 1 2 3 4 5

知人善用 ……………………………… 1 2 3 4 5

能有效解决问题 ……………………………… 1 2 3 4 5

敢于创新 ……………………………… 1 2 3 4 5

见解独到 ……………………………… 1 2 3 4 5

与时俱进 ……………………………… 1 2 3 4 5

善于捕捉信息 ……………………………… 1 2 3 4 5

思维灵活 ……………………………… 1 2 3 4 5

自信 ……………………………… 1 2 3 4 5

想象力丰富 ……………………………… 1 2 3 4 5

逻辑思维强 ……………………………… 1 2 3 4 5

有威信 ……………………………… 1 2 3 4 5

有全局观念 ……………………………… 1 2 3 4 5

有激情 ……………………………… 1 2 3 4 5

能以人为本 ……………………………… 1 2 3 4 5

有人格魅力 ……………………………………	1	2	3	4	5
胸襟宽阔 ………………………………………	1	2	3	4	5
有亲和力 ………………………………………	1	2	3	4	5
有责任感 ………………………………………	1	2	3	4	5
协调能力强 ……………………………………	1	2	3	4	5
高学历 …………………………………………	1	2	3	4	5
有魄力 …………………………………………	1	2	3	4	5
善于逆向思维 …………………………………	1	2	3	4	5
经验阅历丰富 …………………………………	1	2	3	4	5
高智商 …………………………………………	1	2	3	4	5
博文广识 ………………………………………	1	2	3	4	5
勤奋 ……………………………………………	1	2	3	4	5
有智慧 …………………………………………	1	2	3	4	5
思维敏锐 ………………………………………	1	2	3	4	5
高瞻远瞩 ………………………………………	1	2	3	4	5
思维开阔 ………………………………………	1	2	3	4	5
做事有计划 ……………………………………	1	2	3	4	5
严谨 ……………………………………………	1	2	3	4	5
坚忍不拔 ………………………………………	1	2	3	4	5
高素质 …………………………………………	1	2	3	4	5

您的基本情况：性别__________ 年龄__________ 学历__________

第二节 中学生管理领域创造性人格量表的初步编制

一般认为，在某领域表现出高创造性的个体在某种程度上是因为其具备更适合这一领域工作的人格特质。如果能编制一种用于测量特殊领域创造性人格的工具，我们就能及早发现哪些人在哪些领域可能会获得较高的创造性成就。循着这一思路，前面几章我们已经探讨了自然科学领域、社会科学领域和艺术领域的创造性人格结构模型，并编制了用于测量中学生在这些领域创造性人格表现的量表。同样，是否也可以编制中学生管理领域创造性人格量表呢？

组织管理者的个性特质在组织运作中发挥着重要作用。例如，针对组织变革中管理人员的研究显示，能够成功应对组织变革的管理人员应具有这样的人格特质：他们的自我认识和自我评价是积极、正面的，对世界保持一种开放的心态，对新鲜事物及其所蕴含着的风险有足够的容纳和忍受能力，并且勇于承担责任，使自己的思想影响周围的人，从而进一步提升组织效能，以适应环境的变化①。既然在管理领域里对个体的特质有如此特殊的要求，那么无论是在人才选拔中还是在职业生涯规划中找出那些在该领域内有高创造性的个体就是可能且十分有意义的。

然而，现有研究由于缺乏对高创造性管理者人格特质的模型建构，使得相应的测量工具一直是缺乏的。现在，本章研究的第一节已经构建了管理领域创造性人格内隐观模型，在此基础上，就可以尝试编制出中学生管理领域创造性人格量表。我们认为，针对正处于发展上升期的中学生编制这一问卷对于帮助其规划职业生涯，培养相应才能，发挥潜质是有益的。

一、研究目的

本研究拟以管理领域创造性人格内隐观模型为结构，以高创造性管理

① 王黎，张建新.从人格特质角度看管理人员应付组织变革.心理科学进展，2000，18（4）：58-63.

者特征调查表中的词汇为基础，编制《中学生管理领域创造性人格量表》，在中学生群体中施测，并对量表的信度、效度进行分析。

二、研究方法

（一）被试

预测样本：从湖南省浏阳市一所初中的初一、初二、初三年级各选一个班，150名学生。

正式样本：采用分层整群随机抽样，从湖南省长沙市、株洲市、岳阳市抽取4所学校，其中2所高中、2所初中；再从每所高中的高一、高二年级各取3个班，从每所初中的三个年级中各取1–3个班；最终对初一至高二的5个年级、21个班进行了问卷调查。共调查1017名中学生，有效被试985名，有效率97%。其中，男生500名，女生478名，未填写性别7名；初一122名，初二143名，初三145名，高一281名，高二294名；最低年龄11岁，最高年龄19岁，平均年龄16.7岁。

（二）工具与材料

1. 自编《中学生管理领域创造性人格量表》

在已确立的管理领域创造性人格内隐观结构模型的基础上，根据高创造性管理者特征调查表中与该模型的四个因素相关的形容词所代表的人格特质含义，让1名心理学副教授、1名心理学讲师和1名心理学博士生各自给每个词编写1–2个有关中学生平时学习或生活的句子，以反映该词所代表的人格特质的行为表现或内心体验、欲求水平以及具备（或不具备）该特质的程度。再集中开会讨论，依据每一个形容词所代表的人格特质含义对原始项目进行逐个修改，并考虑中学生年龄特点，对项目的表达和措辞一并进行修改，形成《中学生管理领域创造性人格量表》初稿，共28个项目。采用1（特别不符合）到5（特别符合）的5级计分，让被试对每个项目与自己情况的符合程度进行评价。后经预测，删减、修订题目后，确定《中学生管理领域创造性人格量表》正式问卷，共 21 个项目。为了防止语言暗示和作答偏向，施测时将量表名称替换为《中学生学习、生活情况调查表》。

2. 威廉斯创造性倾向测量表

此量表为台湾王木荣修订，共 50 个项目，包括冒险性、好奇性、想象力、挑战性四个维度，从完全不符合到完全符合 3 级记分，测验后可以计算 4 个维度的分数及总分。

（三）施测

以班级为单位进行调查，先由班主任组织，然后由 2 名心理学硕士生做主试发放问卷并说明注意事项，最后由学生集中在课堂上完成《中学生管理领域创造性人格量表》和《威廉斯创造性倾向测量表》。

（四）统计处理

收回纸质问卷后集中编号，采用 SPSS21.0 进行项目分析、信度检验，用 Mplus7.0 进行验证性因素分析。

三、结果与分析

（一）项目分析

人格测验中，难度被称为“通俗性”，以各项目平均分除以该项目满分获得。经计算，本量表 21 个项目的通俗性在 0.54–0.77 之间，平均值为 0.65。项目区分度的估计方法有多种，在本研究中，各项目的区分度将用总分高低分组（各 27%）在各项目上的独立样本 t 检验来评估。从结果来看，高低分组在 T2 项目上的差异没有达到显著性水平，说明该项目的区分度较低，因此予以删除，其他各项目的通俗性和区分度均符合测量学要求，可以保留，最后剩余 20 个项目。具体结果见表 7–5。

表 7–5　各项目的通俗性和区分度

项目	平均分	通俗性	t	p
T1	3.85	0.77	13.673	0.000
T2	2.68	0.54	1.101	0.271
T3	3.50	0.7	14.532	0.000
T4	3.04	0.61	3.176	0.002
T5	3.23	0.65	12.368	0.000
T6	3.14	0.63	21.229	0.000
T7	3.24	0.65	20.863	0.000
T8	3.41	0.68	18.073	0.000
T9	3.32	0.66	20.766	0.000
T10	3.08	0.62	21.812	0.000
T11	3.38	0.68	21.593	0.000
T12	3.23	0.65	22.916	0.000
T13	3.22	0.64	21.262	0.000
T14	3.34	0.67	22.579	0.000
T15	3.59	0.72	18.590	0.000
T16	3.47	0.69	18.905	0.000
T17	3.52	0.7	17.270	0.000
T18	3.10	0.62	2.872	0.004
T19	2.86	0.57	13.592	0.000
T20	3.27	0.65	20.294	0.000
T21	3.11	0.62	21.637	0.000

（二）信度分析

在对中学生管理领域创造性人格量表进行信度检验时，采用克龙巴赫 α 系数进行估计。结果见表 7–6。

表 7–6　量表的克龙巴赫 α 系数

量表	克龙巴赫 α 系数
“领导风范”	0.637
“开创与思维”	0.870
“社交能力”	0.582
“学识智商”	0.691
总量表	0.865

从结果来看，中学生管理领域创造性人格量表的四个分量表的克龙巴赫 α 系数在 0.582–0.870 之间，总量表的克龙巴赫 α 系数为 0.865。因此，

本量表总体上达到了测量学的要求。

（三）效度分析

1. 内容效度

内容效度反映的是一个测验的内容代表了它所要测量的主题内容的程度，通常采用专家逻辑判断法。中学生管理领域创造性人格量表，由心理学 1 名副教授、1 名讲师、1 名博士生各自给每个词编写了句子，再集中开会讨论，依据每一个形容词所代表的人格特质含义对原始项目进行逐个修改，最终形成大家都比较认可的测量内容。因此可以认为本量表具有较高的内容效度。

2. 结构效度

采用 Mplus7.0 对 20 个测验项目进行结构验证，发现第 15 个项目在第一、三个因子上的修正指数都很高，但做出相应调整后，拟合指数并不理想，理论上也不便于解释，因此删除第 15 个项目，作为修正模型。该修正模型的拟合指数见表 7–7。

表 7–7　中学生创造性人格量表的模型拟合指数

模型	x^2	df	x^2/df	CFI	TLI	RMSEA	SRMR
初始模型	541.277	146	3.7	0.919	0.905	0.055	0.046

从结果来看，模型的 x^2/df 的值为 3.7，小于 5，达到接受水平；CFI 和 TLI 都在 0.9 以上，拟合良好；RMSEA 的值为 0.055，SRMR 的值为 0.046，小于 0.05，拟合良好；综合来看，该模型拟合度良好，可以被接受。

3. 效标关联效度

以台湾王木荣修订的威廉斯创造性倾向测量表为效度测验，将中学生管理领域创造性人格量表的 4 个分量表与威廉斯创造性倾向测量表（W）的 4 个维度进行了相关分析，结果见表 7–8。

表 7-8　本量表与校标测验的相关系数

	冒险性	好奇性	想象力	挑战性	W 总分
领导风范	0.301**	0.182**	0.116**	0.192**	0.232**
开创与思维	0.366**	0.372**	0.295**	0.348**	0.416**
社交能力	0.365**	0.216**	0.217**	0.201**	0.296**
学识智商	0.297**	0.293**	0.248**	0.268**	0.333**
总量表	0.440**	0.356**	0.286**	0.341**	0.425**

注：* 在 0.05 水平上显著相关；** 在 0.01 水平上显著相关

从结果来看，本量表的各个维度及总量表得分与威廉斯创造性倾向测量表的各个维度及量表总分均达到了显著相关。说明中学生管理领域创造性人格量表具有较高的效标效度。

四、讨论

《中学生管理创造性人格量表》是在管理领域创造性人格内隐观模型的基础上编制的，数据分析产生的量表结构与理论模型相一致，说明最初的理论模型是合理的。该人格量表是针对中学生在管理领域的创造性人格特质而编制的，对于评估中学生的相关潜质是有价值的。

项目分析是根据测试结果对组成量表的各个题目进行分析，从而评价题目好坏、对题目进行筛选。本研究主要从测验的难度（通俗性）和区分度来对量表的项目进行分析。从通俗性分析的结果来看，整个量表各项目的通俗性都达到中等到良好的程度。从各项目的区分度来看，各项目的高低分组的独立样本 t 检验也都达到了显著差异，说明区分度达到了非常好的效果。

测验信度采用克龙巴赫 α 系数来估计。结果 4 个分量表的克龙巴赫 α 系数在 0.582–0.870 之间，总量表的克龙巴赫 α 系数为 0.865，因此本量表总体上达到了测量学的要求。

从测验的内容效度来看，中学生管理领域创造性人格量表是多名心理学工作者根据相关词汇编写了句子，再集中开会讨论修改，最终形成大家比较认可的测量内容。因此可以认为本量表具有较好的内容效度。

从结构效度来看，本研究采用验证性因素分析的方法对测验的结构效度进行估计，各拟合指数也达到了良好的标准，反映了测验结构与理论结构之间有比较好的一致性，说明本量表具有良好的结构效度。

从测验的效标关联效度来看，本研究采用台湾王木荣修订的威廉斯创造性倾向测量表为效度标准，结果本量表的各个维度及总量表得分与威廉斯创造性倾向测量表的各个维度及量表总分均达到了显著相关。说明中学生管理领域创造性人格量表具有较高的效标效度。

经过对中学生创造性人格量表的项目分析和信度、效度分析，各项指标均达到了心理测量学要求，因此该量表可以推广使用。中学生管理领域创造性人格量表包括四个分量表，其中“领导风范”包括 7 个项目，测量中学生在领导者应该具备的理想特征方面的表现；“开创与思维”包括 6 个项目，测量中学生在想象力、创新、激情等方面的特质及逆向思维等；“社交能力”包括 3 个项目，测量中学生沟通能力和人际关系能力；“学识智商”包括 3 个项目，测量中学生知识广博和智力方面的程度。

五、结论

1. 中学生管理领域创造性人格量表包括 4 个维度：“领导风范”（包括 7 个项目）、“开创与思维”（包括 6 个项目）、“社交能力”（包括 3 个项目）、“学识智商”（包括 3 个项目）。

2. 中学生管理领域创造性人格量表具有良好的信度、效度，可以作为评价中学生管理领域创造性人格的良好测量工具。

附录：

中学生管理领域创造性人格量表

（施测名称：中学生学习、生活情况调查表）

姓名________ 学校________ 年 级________

年龄________ 性别________ 文理科________

亲爱的同学，下面是一些和您学习生活相关的条目，如果完全符合您的情况请在 5 上打钩，有些符合请在上 4 打钩，不太确定请在上 3 打钩，不太符合请在 2 上打钩，很不符合请在上 1 打钩，题目没有好坏之分，也不和您的学习成绩挂钩，研究人员也会对个人结果进行保密，请您放心填写。非常感谢您的合作！

题号	题目	完全符合	有些符合	不太确定	不太符合	很不符合
1	别人觉得我很有亲和力。	5	4	3	2	1
2	我敢于主动承担困难任务，并尽责完成。	5	4	3	2	1
3	我会为令人不快的琐事而心烦意乱，悲观失望。	5	4	3	2	1
4	我喜欢做计划，把事情安排得井井有条。	5	4	3	2	1
5	我有让同学们佩服的个人魅力。	5	4	3	2	1
6	我善于在组织活动中协调各种矛盾关系，以保证活动顺利完成。	5	4	3	2	1
7	老师、家长对我的综合素质评价很高。	5	4	3	2	1
8	我经常有与众不同的观点和见解。	5	4	3	2	1
9	我思维发散，擅长“一题多解”，“一物多用”。	5	4	3	2	1
10	在学习和生活中，我喜欢探索解决问题的新办法。	5	4	3	2	1
11	我能迅速、有效地解决问题。	5	4	3	2	1
12	我善于打破固定思维，逆向思考。	5	4	3	2	1
13	我能深入分析事物，洞察其中隐含的道理。	5	4	3	2	1
14	我的沟通能力很强。	5	4	3	2	1
15	我擅长和不同的人打交道。	5	4	3	2	1
16	我遇事容易急躁。	5	4	3	2	1
17	我比一般人要聪明很多。	5	4	3	2	1
18	我能灵活运用所学到的知识。	5	4	3	2	1
19	同学们觉得我了解很多书本以外的事情。	5	4	3	2	1

第三节 中学生管理领域创造性人格现状调查

“科学管理之父”弗雷德里克·泰勒认为：“管理就是确切地知道你

要别人干什么，并使他用最好的方法去干。”[①]即管理就是指挥他人用最好的办法去工作。相对于科学和艺术，管理领域的工作对象主要是人，因而管理领域的创造性主要表现为用人的创造性。研究显示，高创造性管理者的存在影响下属的创造性表现[②]。根据创造力汇聚模式，有创造力的管理者表现出的各种特征并非天生，而是可以通过后天进行培养的。这些可以通过后天培养的管理者创造性特质就是创造性人格。我们在前文中提出，管理领域创造性人格包括四个维度：领导风范、开创与思维、社交能力和学识智商。个体身上所具有的这些特质的多寡决定个体在管理领域的创造潜力。因此，对中学生管理领域创造性人格的现状进行调查有助于了解中学生在管理领域的创造潜力，对于提供有针对性的教育策略是有意义的。

对于创造性人格的影响因素没有一致的结果。一些研究显示，创造力内隐观受性别、年龄及文化教育背景的影响[③]。但是也有些研究表明这些因素对内隐观影响不明显，如 Christiane 等人调查澳大利亚及德国两个国家的政治家、科学家、艺术家及学校教师的创造力内隐观，对被试的反应做方差分析，并没有发现明显的性别差异及文化差异；就自我卷入程度或说与己相关的程度而言，同样不存在性别及文化差异[④]。因此，本研究将对这些因素的作用重新加以考察。

本研究将采用中学生管理领域创造性人格量表，对以上问题展开调查研究。

---

① 泰勒著，黄榛译．科学管理原理．北京理工大学出版社，2012.

② Jennifer C， Cooke DK. Creative role models， personality and performance. Journal of Management Development， 2013， 32（4）.

③ 蔡华俭等．创造性的公众观的调查研究（Ⅱ）——关于影响创造性的因素．心理科学，2001（1）.

④ Christiane S，Caroline v K.Implicit theories of creativity：the conceptions of politicians，scientists，artists and school teachers［J］. High Ability Studies，1998，9（1）：43~58.

一、研究目的

使用问卷调查的方法考察当前中学生管理领域创造性人格的现状、年龄发展趋势、性别、学校、文理科等差异情况。

二、研究方法

（一）被试

采用分层整群随机抽样，从湖南省长沙市、株洲市、岳阳市抽取5所学校，其中2所高中、3所初中；再从每所高中的高一、高二年级各取3个班，从每所初中的三个年级中各取1–3个班；最终对初一至高二的5个年级、27个班进行了问卷调查。共调查1338名中学生，有效被试1283名，有效率95.8%。其中，男生618名，女生658名，未填写性别7名；初一270名，初二293名，初三145名，高一281名，高二294名；最低年龄11岁，最高年龄19岁，平均年龄15.9岁。

（二）工具与材料

自编的《中学生管理领域创造性人格量表》，包括4个维度："领导风范"（7个项目）、"开创与思维"（6个项目）、"社交能力"（3个项目）、"学识智商"（3个项目）。量表采用1（完全不符合）到5（完全符合）5级记分。整个量表的克龙巴赫 α 系数为0.865，量表的效度、项目分析均达到了心理测量学要求。为了防止语言暗示和作答偏向，施测时将量表名称替换为《中学生学习、生活情况调查表》。

（三）步骤

以班级为单位进行调查，先由班主任组织，然后由2名心理学硕士生做主试发放问卷并说明注意事项，最后由学生集中在课堂上完成《中学生管理领域创造性人格量表》。

（四）统计处理

收回纸质问卷后集中编号，采用SPSS21.0进行统计分析。

三、结果与分析

（一）中学生管理领域创造性人格的基本情况

对中学生管理领域创造性人格进行描述性统计，结果见表7–9。

表7–9　中学生创造性人格的描述性统计结果

	M	S
“领导风范”	3.36	0.61
“开创与思维”	3.30	0.77
“社交能力”	3.38	0.83
“学识智商”	3.11	0.77
总分	3.30	0.56

结果显示，中学生管理领域创造性人格量表的各分量表的平均分在3.11–3.38之间，总量表的平均分为3.30，在5级计分中均达到了中等稍偏高的水平。

（二）中学生管理领域创造性人格的性别差异

对中学生管理领域创造性人格的各维度进行性别差异分析，结果见表7–10。

表7–10　中学生管理领域创造性人格的性别差异分析

	男（M ± SD）	女（M ± SD）	t	df	p
领导风范	3.29 ± 0.62	3.43 ± 0.59	–4.181	1272	0.000
开创与思维	3.44 ± 0.77	3.16 ± 0.75	6.570	1272	0.000
社交能力	3.34 ± 0.84	3.41 ± 0.82	–1.576	1273	0.115
学识智商	3.23 ± 0.81	3.00 ± 0.72	5.151	1237	0.000
总分	3.33 ± 0.56	3.28 ± 0.55	1.869	1272	0.062

结果显示，在中学生管理领域创造性人格量表的总分上，并不存在显著的性别差异，但在具体维度存在显著性别差异。具体来说，男生在“领导风范”和“社交能力”上得分显著低于女生，但在“开创与思维”上得

分显著高于女生。说明，男生和女生在管理领域创造性人格总体上没有差异，但在不同维度上各有优势。

（三）中学生管理领域创造性人格的年级差异

对中学生管理领域创造性人格的各个维度进行年级差异分析，结果见表 7–11。

表 7–11　中学生创造性人格的年级差异分析

		均值	标准差	F	显著性	多重比较
领导风范	初一	3.46	0.64	9.397	.000	1＞2, 4, 5; 3＞2, 4, 5; 2＞4
	初二	3.34	0.62			
	初三	3.57	0.70			
	高一	3.24	0.59			
	高二	3.31	0.49			
开创与思维	初一	3.44	0.75	12.938	.000	1＞4，5; 3＞2，4，5
	初二	3.35	0.77			
	初三	3.54	0.84			
	高一	3.09	0.74			
	高二	3.20	0.71			
社交能力	初一	3.41	0.82	4.593	.001	4＜1，2，3; 5＜1，2，3; 2＜3
	初二	3.39	0.82			
	初三	3.62	0.83			
	高一	3.30	0.83			
	高二	3.29	0.82			
学识智商	初一	3.17	0.78	12.812	.000	3＞1，2，4，5
	初二	3.13	0.78			
	初三	3.46	0.76			
	高一	2.94	0.72			
	高二	3.03	0.75			
总分	初一	3.40	0.60	16.155	.000	3＞1, 2, 4, 5; 4＜1, 2, 3; 5＜1, 2, 3
	初二	3.32	0.56			
	初三	3.55	0.57			
	高一	3.15	0.53			
	高二	3.23	0.50			

注：1 初一；2 初二；3 初三；4 高一；5 高二

由表 3–11 的结果来看，中学生管理领域创造性人格量表的各个分量表得分及量表总分，均存在显著的年级差异；多重比较的结果显示，在“领导风范”维度上，初一和初三显著高于初二及高一、高二年级，并且初二显著高于高二年级；在“开创与思维”维度上，初一显著高于高一、高二年级，初三显著高于初二、高一、高二年级；在“社交能力”维度上，高一、高二显著低于初一、初二、初三年级，并且初二显著低于初三年级；在“学识智商”维度上，初三显著高于其他四个年级，高一和高二又显著低于初一、初二年级。

为了更直观形象地表明管理领域创造性人格的年级发展趋势，我们以不同年级中学生在量表上的平均分来代表中学生管理领域创造性人格的一般发展水平，并绘制曲线图。结果见图 7–2 至图 7–6。

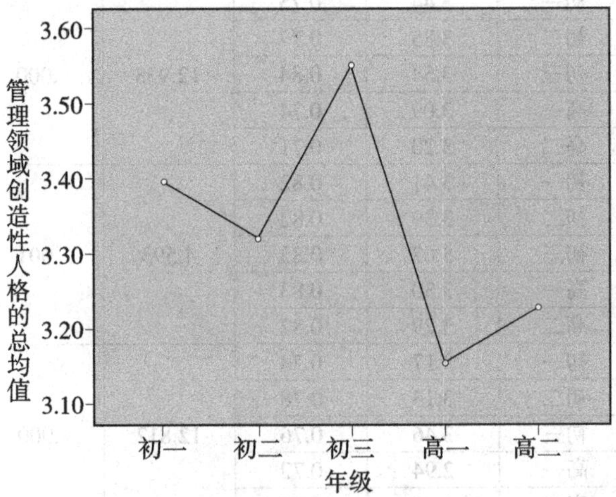

图 7–2　中学生管理领域创造性人格总体的年级发展趋势

从图 7–2 中的曲线可以直观地看到，随着年级的增长中学生管理领域创造性人格总体的发展情况。从量表得分的均值来看，从初一到初二有轻度缓慢下降，到初三有了明显的增长，在高一阶段又发生大幅陡降，然后高二时又有缓慢回升。总体上，初三为中学生管理领域创造性人格发展的波峰阶段，高一、高二为波谷阶段。

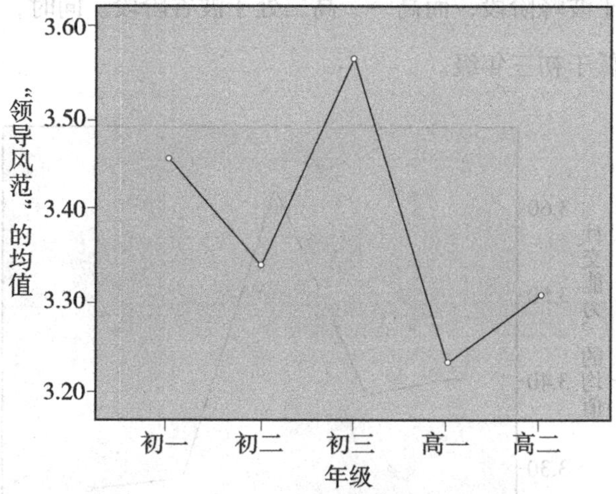

图 7-3 “领导风范”维度的年级发展趋势

从图 7-3 来看，“领导风范”维度的年级发展趋势与中学生管理领域创造性人格总体的年级发展趋势近似，即初一、初三为“领导风范”的波峰阶段，高一、高二为波谷阶段；初二低于初一和初三年级，但高于高一和高二年级。

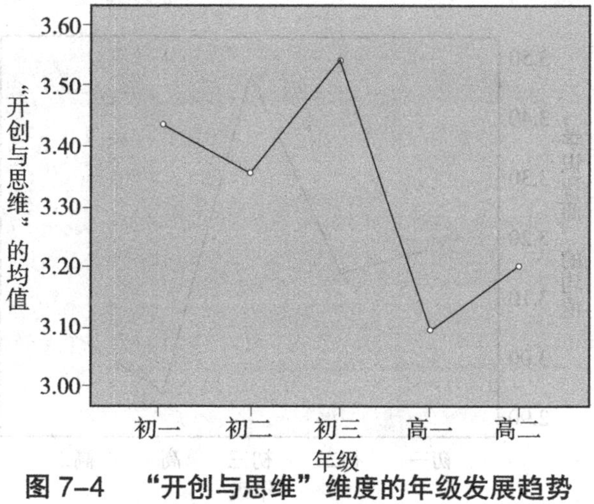

图 7-4 “开创与思维”维度的年级发展趋势

从图 7-4 来看，“开创与思维”维度的年级发展趋势与中学生管理领域创造性人格总体的年级发展趋势近似，但又表现出一定差异。即整个初中阶段都处于波峰阶段，而高一、高二处于波谷阶段。同时，在波峰阶段，初二又显著低于初三年级。

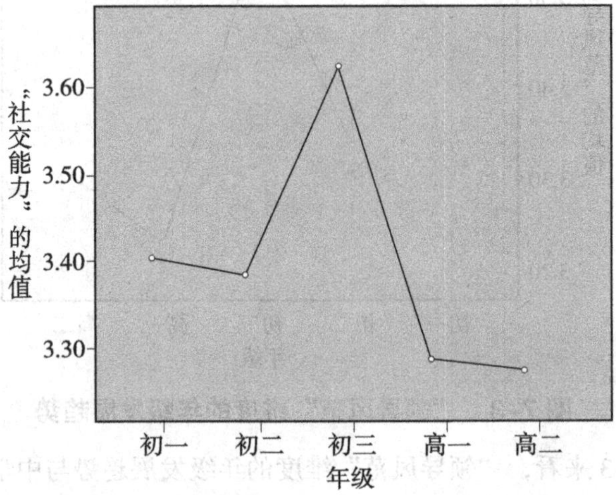

图 7–5　“社交能力”维度的年级发展趋势

从图 7–5 来看，“社交能力”维度的年级发展趋势显示，初三为高峰阶段，显著高于初一、初二、高一、高二这四个年级。

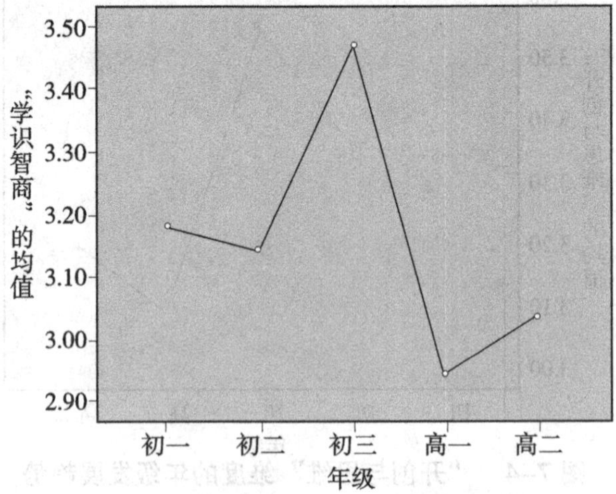

图 7–6　“学识智商”维度的年级发展趋势

从图 7–6 来看，“学识智商”维度的年级发展趋势与中学生管理领域创造性人格总体的年级发展趋势近似，即初三为“学识智商”的波峰阶段，高一、高二为波谷阶段。

综上，总体上，中学生管理领域创造性人格的发展，在初三表现为一个波峰阶段，在高一、高二表现为波谷阶段；不同的创造性人格维度，波峰和波谷不止一个，如在“开创与思维”维度上，整个初中阶段都属于波峰阶段，在“社交能力”维度上，相对于初三的波峰阶段，其余年级的发展水平相对都略低。

四、讨论

从中学生管理领域创造性人格量表的描述性统计结果来看，各分量表得分都达到了中等稍偏高的水平。说明中学生在管理领域创造性人格各个维度的表现均比较好，既具备一定的“领导风范潜质”，如亲和力、协调能力等，又具备有创见和激情的思维特点，在沟通能力方面比较强，人际和谐，同时阅历较为丰富，知识面广。

本研究对中学生管理领域创造性人格的发展现状进行了人口学变量的分析。研究发现，在中学生管理领域创造性人格量表上的总分上，并不存在显著的性别差异，但在具体维度上存在显著的性别差异。具体来说，男生在“领导风范”和“社交能力”上得分显著低于女生，但在“开创与思维”上得分显著高于女生。“领导风范”涉及亲和力、协调能力等方面，也可以说属于人际关系层面的内容。而有研究表明，青少年在人际交往技能方面是存在性别差异的，女生提供支持的能力高于男生[①]。这在一定程度上可以解释本研究结果。“开创与思维”，包括想象力、创新、独到见解、富有激情等能产生新东西的特质，以及与之相匹配的思维方式，如逆向思维等，本研究结果是男生在这方面的表现优于女生，这与其他人的研究有

① 王英春，邹泓．青少年人际交往能力的发展特点．心理科学，2009，05.

相同亦有差异之处。例如，张景焕，张广斌的研究表明，男生的灵活性和画图独创性优于女生[①]；沈汪兵等人的研究表明，在发散思维方面，女性优势相对明显，但在聚合思维方面，男性具有一定优势[②]。综上说明，中学生在管理领域创造性人格方面总体上没有显著性别差异，但男生和女生在创造性人格的不同维度上各有优势，而这种优势差异还有待进一步的深入探讨。

在对中学生管理领域创造性人格的年级差异进行分析时发现，中学生管理领域创造性人格量表的各个分量表得分及量表总分，均存在显著的年级差异；结合多重比较和均值图的结果显示，总体上，中学生管理领域创造性人格的发展，在初三表现为一个波峰阶段，在高一、高二表现为波谷阶段，这与第三章的研究结果较为一致，即创造性人格在初三阶段是高峰期，高二阶段是低谷期。看来，十分有必要进一步去探究到底是什么抑制了高中生的创造性人格发展。

五、结论

1. 中学生管理领域创造性人格量表得分处于中等稍偏高的水平。

2. 中学生管理领域创造性人格仅在具体维度上存在性别差异，而在总体上不存在性别差异。

3. 中学生创造性人格存在一定程度的年级差异，初三和高二分别为创造性人格发展的高峰和低谷阶段。

本章小结

对于管理人才的重要性及权威性的表述，最恰当的莫过于马克思的一

① 张景焕，张广斌．中学生创造性思维发展特点研究．当代教育科学，2004，05.

② 沈汪兵，刘昌，施春华，等．创造性思维的性别差异．心理科学进展，2015，08.

个比喻了："最能清楚地说明需要权威，而且是需要最专断的权威的，要算是在汪洋大海中航行的船了。那里，在危险关头，要拯救大家的生命，所有的人就得立即服从一个人的意志"。在今天知识经济时代，"管理出效益"，"管理者，尤其是高素质创新型管理者可以使科学知识最大限度地转化为生产力"的论断已经是不争的事实。正因如此，高素质创新型管理者现在正成为世界各国争夺的目标。相应地，如何鉴别和培养具有高创造性的管理者就变得十分必要和有意义了。

本章从创造力内隐观出发，通过问卷调查了解公众对高创造性管理者特征的看法，从而对管理领域创造性人格的结构进行建模，并以同心圆结构将探索到的创造性人格特质进行整合，发现管理领域创造性人格的内隐观模型包括4个维度："领导风范"（7个词语项目）、"开创与思维"（6个词语项目）、"社交能力"（3个词语项目）、"学识智商"（3个词语项目）。其中，"领导风范"（如亲和力、胸襟宽阔、协调能力等）是最核心的特质，此后才是智力相关特质（如开创与思维、学识智商）。可见，对于管理领域而言，在人际上的创造性比在事物上的创造性占有更重要的位置。换句话说，在管理领域中，创造力更多地表现在"对人"而非"对事"上。

同时，我们在此基础上编制了《中学生管理领域创造性人格量表》，利用该量表对中学生管理领域创造性人格进行了初步的考察。结果发现，中学生在管理领域创造性人格各个维度及总体得分上属于中等偏上的水平，意味着中学生在管理领域方面有着较好的创造性人格基础。中学生在管理领域创造性人格的总体得分上并不存在显著的性别差异，但在具体维度上表现出了显著的性别差异，说明男生和女生在管理领域创造性人格表现方面并不存在差异，但在具体维度上各有优势，而优势的差异表现还有待进一步的深入研究。另外，中学生管理领域创造性人格存在一定程度的年级差异，初三和高二分别为创造性人格发展的高峰和低谷阶段。中学生管理领域创造性人格在进入高中以后似乎遭受了某种程度的抑制，受到抑制的原因还有待进一步调查研究。

总之，本章在同心圆结构的理论框架下建构了管理领域创造性人格内隐观模型，并编制了适用于中学生的相关测量工具，为该课题的深入探讨奠定了理论上和工具上的基础。在对中学生管理领域创造性人格的初步考察中，我们发现了一些有价值的结果，这些结果将引导我们对中学生管理领域创造性人格发展及培养问题做进一步的思考和探讨。

第八章 创造性负性人格的实证研究

在前面章节我们花了大量篇幅讨论了有助于个体发挥创造性的人格特质，这是因为我们相信高水平的创造性意味着某些特定的人格特质，即所谓创造性人格。我们尤其重视那些与高创造性密切相关的人格特质是源于这样的逻辑：如果有办法找出高创造性的人格特质，就有办法培养高创造性的人格。这当然没错。但当我们说有些人格有助于创造性的发挥时，其实也同时在说，有些人格会阻碍创造性的发挥。我们认为，把这些阻碍创造性发挥的人格特质找出来对于揭示创造性的内在机制同样重要。因为对于任何事情，要想让其朝着预期的方向顺利发展，除了要弄清它的有利因素之外，更要注意其不利因素，创造性自然也不例外。有研究采用卡特尔16PF问卷考察各种人格根源特质与创造性之间的关系，发现某些人格特质如乐群性、兴奋性与创造性呈显著负相关[①]。另一研究在“大五”人格模型的基础上探讨两者间的关系发现，“宜人性”与创造性行为显著负相关。[②]

① 杨俊岭，曹晓平．创造性人格特征的研究．沈阳大学学报，2002年3月．

② Laura AK， Walker LM， Broyles S. Creativity and the Five-factor Models. Journal of Research in Personality， 1996， 20（2）： 189-203.

尽管这些研究不是以探究创造性的负性人格为目的，却从一个侧面说明了的确存在某些不利于创造性发挥的人格。

现有研究多从正面探讨创造性人格，对于阻碍创造性的负性人格问题基本是忽视的，而我们认为，只有从正反两个方面考察创造性的人格问题才能真正了解创造性人格的全貌。为了和创造性积极人格特质（即创造性人格）相区别，我们把那些对创造活动的顺利进行和创造目标的实现产生阻碍作用的人格称为创造性的负性人格。由于创造性负性人格的研究长期处于一种边缘位置，我们显然无法凭借一己之力改变这一现状，本研究之所以仍将其作为一个独立的主题加以考察，仅仅是为了给创造性人格研究提供一个视角，同时表明一种态度：也许我们也应该认真地思考一下到底是什么限制了我们的创造性。

第一节　创造性负性人格的理论构想

一、创造性负性人格的已有观点

现有针对创造性负性人格的研究成果多是在创造性积极人格研究的基础上产生的附加结果，很少受到研究者的重视，但对于我们进一步探讨相关问题是有意义的。如前所述，我国学者杨俊岭和曹晓平使用卡特尔 16PF 问卷研究创造性人格发现，高创造性与 16 种根源特质中的聪慧性、敏感性和独立性显著正相关，而与乐群性、兴奋性显著负相关。Laura 等考察“大五”人格与创造能力、创造性成果之间的关系，结果显示开放性、外向性与创造能力显著正相关，宜人性与创造性成果显著负相关。这些结果意味着，我们平常所认为的好的人格特质，如乐群性、宜人性等，可能对个体适应环境有着很好的积极作用，但与创造性的关系却似乎是负面的。

除了实证研究结果，也有众多有关创造性负性人格的经验性描述。台湾学者郭有遹认为，从众性、偏狭性和刻板性是与创造性有着负相关的最为重要的人格变项。从众性（Conformity）是指盲目服从权威或不知所以然地顺从人意，由此而丧失自己独特的见解和敏锐的知觉。具有偏狭性的人是不能容忍事物有两种（以上）意义的。他们不能客观地进行自我评价，往往将自己的缺点予以掩盖，将自己的优点尽量扩大。具有刻板性格的人对于外力和某种变化的反抗非常强烈，表现在知觉和思想上的保守倾向。偏见之人之所以将偏见普遍化，是跟其思想方式有关的，这种人的思想方式就是懒得多动脑筋。[①] 美国学者 Micheal C. Zich 把妨碍创造的因素划分为四个方面：知觉障碍、文化与环境障碍、情绪障碍、智力障碍。其中涉及人格的内容有：善于批判却不善于开创、不苟言笑、不敢发表主见、害怕不确定因素、寻求稳定、畏首畏脚、缺乏幻想精神、缺乏因地制宜能力等。

我国学者樊玉亭、周红对小学生在小学数学中的惰性和创造障碍进行了归因，认为造成小学数学思维惰性的原因有四个方面：从众、畏缩、刻板、无序。从众是指缺乏独立意识，不能提出个人观点、思路去探究和解决问题。畏缩指对教师和教材这两个“权威”表现出的畏缩惧怕。刻板是指在学习中缺乏选择和迁移能力，不能在新情境中理出思维方向并灵活解决问题，常常表现为静态和单向思维。无序指在学习中，因输入信息的零乱而无法提取与输出，导致思维概括性差，推理能力低。[②]

这些研究虽然显得零散，缺乏系统性，也没有足够的实证支持，但为创造性负性人格的进一步研究提供了某些启发。例如，在人格模型基础上的实证结果提示特质论可以作为负性人格研究的一个角度，而现象学的描述结果则为创造性负性人格的理论构想提供了基本思路和素材。

---

① 郭有遹．创造心理学（第三版）．北京：教育科学出版社，2002.

② 樊玉亭，周红．关于儿童创造力障碍的初步研究．教育科学研究，1999，6：68-74.

二、创造性负性人格的模型建构

（一）基本逻辑

创造性负性人格这一概念其实是从创造性人格概念推衍出来的。在吉尔福特最初提出创造性人格时，他强调的是对创造性有着积极影响的人格因素。随着研究的增多，人们才慢慢发现人格因素对于创造性是一把双刃剑，有些人格特质是积极的，有些人格特质是消极的，因此很自然地把所谓创造性负性人格界定为那些对创造性有着消极影响的人格因素，并将其作为创造性积极人格的对立面。由于现有研究缺乏对创造性负性人格的系统理论或假设，本研究将以“创造性人格的对立面”作为创造性负性人格的逻辑起点。也就是说，我们在思考创造性负性人格时，将以创造性积极人格为参照，即在归纳总结创造性积极人格的基础上，提出创造性负性人格的理论维度。

（二）创造性积极人格特点的归纳

近几十年有关创造性人格的研究堪称汗牛充栋，每种研究得出来的结论又都不尽相同，因此要想穷尽创造性人格的维度是不可能的。有人可能会疑惑，既然如此，何不直接根据本书中有关一般创造性人格的结果来确定创造性负性人格特质？先不说本研究对于一般创造性人格模型的研究尚有进一步拓展的空间，只说本书的一般创造性人格模型在逻辑上并不能囊括所有类型的创造性人格（故之后又分成不同领域进行探讨），就无法将其作为建构创造性负性人格理论模型的依据。因此，对已有创造性积极人格做一简单归纳是必要的。

考虑到研究的文化差异，我们可以将有关创造性人格的观点分为两类：国外学者的观点；台湾学者与大陆学者的观点。

国外学者中有关创造性人格研究的代表人物主要有吉尔福特、戴维斯、斯腾伯格、托兰斯、格洛弗、Mackinnon 和 Barron、巴伦、马斯洛、麦金农以及詹森贝蒂等。这里几乎每个人都对创造性人格提出了一套自己的看法，很难给出一个统一的意见。我们只能从他们的观点中归纳出创造性人格所具有的一些特点，包括灵活，如喜欢寻找所有解决问题的可能性，习惯于从多方面探索事物发展的可能性（托兰斯）；积极，如活动受内在动机驱动（斯腾伯格）；坚持，如坚定的决心，这使他在实现自己的目标时勤奋和坚忍不拔（格洛弗）；独立，如自立自主，不太受文化和环境的影响（马斯洛）；独创，如具有超俗的思想，并有异常的思考和联合观念的能力（巴伦）；自信心，如对自己的实验充满信心，坚持实验成功后将会产生的价值（詹森贝蒂）；好奇，如只要在个人力量所能决定成败的范围内就竭尽全力向未知领域探索（Mackinnon 和 Barron）；想象力，如幻梦的生活，使他富于持久的想象，并常常由此获得解决问题的方法和解决问题的策略（格洛弗）；敏觉，如喜欢精细地观察事物（托兰斯）；精干，如面对疑难问题能轻松自在地应对，并能排除一切外来干扰，全神贯注于该问题的解决（吉尔福特）。

大陆学者和台湾学者的观点很少能超出这些范围。如曹日昌通过研究总结出富于创造性的中学生的十大特征[①]：作文想象力丰富，能独立选材，题材新颖，风趣，审美感强（想象力、独创）；能闻一知十，举一反三，触类旁通（灵活）；对环境的感受力相当高，能觉察别人忽略的事实（敏觉）；心智活动思路通畅，解答问题敏捷（灵活）；能提出卓越的见解，以特异的方法解决问题，用新奇的方法处理事情（独创）；办事非常热心，坚持不懈，不怕挫折（坚持）；独立性强，有品鉴力，有主见，不随便听

① 资料来源：http：//ynjy.cn/officeall/kcgg/jb/a07.htm.

从他人意见（独立）；有信心，有理想抱负（自信心、积极）；兴趣广泛又专一（好奇）；有强烈的好奇心和探究心理（好奇）。

综上，可以得出创造性积极人格的特点为：灵活、积极、坚持、独立、独创、自信心、好奇、想象力、敏觉和精干。

（三）创造性负性人格的理论维度

根据创造性积极人格的特点，我们确立了创造性负性人格的10个维度：

① 灵活—刻板性（按部就班的、碍于面子的、思维固定的、不苟言笑的、缺乏开放性的、不能容忍模糊的）

② 积极—被动性（缺乏学习热情的、安于现状的、无时间利用能力的、贪图享受的、懒惰的）

③ 坚持—动摇性（不专注的、无毅力的、耐挫能力差的、易受干扰的、畏难怕累的、惧怕失败的、容易厌倦的）

④ 独立—依赖性（依赖他人的、外控的、不愿冒险的、服从权威的、恋家的）

⑤ 独创—趋同性（无主见的、随大流的、宜人的、守旧的、缺乏原创性的、无个人风格的）

⑥ 自信心—自我否定（认命的、犹豫不决的、回避的、自我贬低的）

⑦ 好奇—冷漠性（无求知欲的、漠不关心的、不爱动手的、兴趣狭隘的、不爱思考的）

⑧ 想象力—贫乏性（缺乏创意的、受制于现实的、不善类比的、想法单一的、不爱幻想的）

⑨ 敏觉—鲁钝性（忽略细节的、感知方式单一的、思维迟钝的、不善于观察的）

⑩ 精干—无为性（知识匮乏的、思路紊乱的、组织能力差的、精神萎靡不振的、优柔寡断的）

第二节 初中生创造性负性人格量表的编制

林崇德教授提出的公式，创造性人才 = 创造性思维 + 创造性人格[①]，尽管只是非常概略地指出了创造性应该具备的两个条件，但却为我们理解创造性以及缺乏创造性提供了思路。根据这一公式可以将创造性人才分为四种情况：1. 高创造性思维，高创造性人格；2. 高创造性思维，低创造性人格；3. 低创造性思维，高创造性人格；4. 低创造性思维，低创造性人格。这四种情况中，第 1、4 种情况说明创造性思维和创造性人格之间高相关，符合人们的日常印象，也是创造性人格研究的基本假设，而第 2、3 种情况在现实中是不存在的，或者说不符合我们的研究逻辑，因为如果两者之间是低相关甚至无相关，讨论创造性人格是没有意义的。

但是，如果将上述公式中的创造性思维换成思维能力，二者的关系就没那么理所当然了，比如，高思维能力低创造性人格即高智商不一定有创造力的情况在中国社会中就比比皆是。这一现象经常让人困惑，因为在我们的头脑中，聪明人（高智商者）理应更有创造力。如果把视野放得更宽广一些，数次全球范围内的智力测试都显示中国人的智商水平在各个民族中都处于很突出的地位，但创造性却一直饱受诟病。很多学者把这归结为文化传统，认为是数千年的封建专制以及与此相适应的消极文化体系极大地制约着中华民族的创造力。石国兴指出，千百年传承而来的儒家思想（克己复礼、中庸之道、师道尊严等）、老庄哲学（虚静无为，清心寡欲，与世无争等）、小农意识（安贫乐道，知足常乐等）已经深入到每个中国人的灵魂与人格当中，成为一种民族的性格[②]。这表明，对于中国人为什么

① 林崇德．培养和造就高素质的创造性人才．河南教育，2000（1）：1.

② 石国兴．创新精神、创造性人格及其培养．河北师范大学学报：教育科学版，2002（3）.

会表现出智商高创造性低这一现象，仍然需要从人格中找原因。本研究聚焦于创造性负性人格正是基于这一道理。

中学生，尤其是初中生，正是人格逐渐成熟的关键时期，因此了解这一阶段的人格发展规律对于塑造健全的人格是很有意义的。然而，现有研究中缺乏创造性负性人格的相关工具，这极大地限制了对其的实证研究。因此，编制一个有效的测量工具是必要的。

一、研究目的

本研究试图在上文提出的有关创造性负性人格理论架构的基础上编制专门针对初中生创造性负性人格的量表，以期为相关课题的实证研究提供有效工具，从而达到丰富相关研究的目的。

二、研究方法

（一）被试

1. 预测被试

在长沙市第十一中学进行预测。在该校初三年级和初一年级各随机抽取两个班，发放问卷 180 份，回收 178 份。剔除无效问卷 23 份（剔除标准为规律性答题或漏答题超过 3 道以上），剩下 155 份有效问卷，其中男生 79 份，女生 76 份；一年级 98 份，三年级 57 份。

2. 正式施测被试

正式施测被试来自长沙市和湘乡市城、乡两地中学初中部。在长沙市明德中学、长沙市第十一中学抽取城市中学样本。在湘乡市安乐中学、潭市中学、双江中学抽取农村普通中学样本。被试样本构成情况见表 8-1。

表 8-1 正式施测的被试样本

年级	地 区		学校类型		性 别		合 计
	农村	城市	重点	普通	男	女	
初一	211	358	313	256	294	275	569
初三	126	153	112	167	140	139	279
合计	337	511	425	423	434	414	848

（二）工具与材料

采用威廉斯创造性倾向量表作为效标量表。此量表为台湾王木荣修订，共 50 个项目，包括冒险性、好奇性、想象力、挑战性四个维度，从完全不符合到完全符合 3 级记分，测验后可以计算 4 个维度的分数及总分。

（三）编制程序

1. 理论构想

通过大量查阅以往有关人格、创造性人格、创造障碍因素等方面的论文和专著以及研究成果和经验总结，抽取相关概念和要素，初步建构起创造性负性人格的理论模型（具体见本章第一节）。

2. 条目编写

基于创造性负性人格模型，结合专家访谈和个人对中学生创造性人格的思考，编制出初步的中学生创造性负性人格量表的条目。初编量表共 151 道题目，涵盖了 10 个维度，50 多个特质，内容丰富而全面，几乎涉及初中生日常生活的方方面面。经调查证实，大部分初中生对“人格”、“创造性”这些专业术语都不是很明了。因此，对于初中生而言，采用这种日常生活题目问答，而不采用开放式问卷方式，其可控制性更好，准确性更高。

3. 条目修订

在量表试用之前，请湖南师大汉语言文学专业二年级硕士研究生对题目的可阅读性，表达的准确性进行评价，结果发现有 5 道题在表述方面存在一定的问题，经过他们的修改和矫正形成第一次试用问卷。

另外，在湖南省湘乡市安乐中学初一年级中随机抽取一个班进行可阅读性测试。要求同学们对所编制的题目描述的通顺与否做出勾选。答案选项采用两点式问卷，分别在两点评定的上方标示“清楚”、“不清楚”。筛选题目的标准是：如果回答此题清楚的占全部参评人员 70% 以上，保留此题①。结果共删除 11 道题目，如第 81 题 “与同伴讨论问题时，我喜欢依经验而不喜欢用类比的方法来说明我的观点”，第 85 道 “我做事不偏不倚，不上不下，谨遵中庸之道”等。最终保留 140 道题目。

4. 形成预测问卷

经过以上过程，形成初中生创造性负性人格量表的预测问卷，共 10 个维度，140 道题目，含 40 多个特质。下面对这 10 个维度的具体涵义和所含题目数量进行说明：

灵活——刻板性（15）：主要是处理事情或解决问题时的灵活性、变通性、多样性。

积极——被动性（16）：主要指在学习或工作中的动力源问题，是源于自身内在动机还是受制于外在物体。

坚持——动摇性（15）：主要指学习和工作中的专注性和抗干扰能力以及持久性。

独立——依赖性（20）：主要是一个人面对复杂、困难或新情境时对外界人或物的依赖性、顺从性。

独创——趋同性（16）：指的是一个人在工作、学习或处理问题时的独特性、创新性。

自信心——退缩性（11）：指一个人在处理问题时表现出来的勇气和信心。

---

① 郭有遹．创造心理学［M］．北京：教育科学出版社，2002：1-10，100-150，350-56.

好奇心——冷漠性（12）：主要是指一个人对外界事物有无好奇心和求知欲。

想象力——贫乏性(11)：主要是指一个人建立视觉化心理图像的能力、对未确定事物的预见性以及对现实事物的超脱性。

敏觉——鲁钝性（13）：主要是指一个人把握事物细节的能力、逻辑思维的严密性及其触类旁通的能力。

精干——无为性（11）：主要指一个人知识的储备量、逻辑思考能力、组织能力等方面的特征。

该量表为自评量表，命名为《初中生创造力状况调查问卷》，采用纸笔测试形式，测试时间大约30分钟。由学生在指导语提示下迅速作答。问卷记分采用Likert五点记分制："就是我"记1分，"有点像"记2分，"不清楚"记3分，"不太像"记4分，"完全不像"记5分。其中第1、4、5等题为反向记分。

5. 修改和定稿

将预测问卷对初试样本进行施测，获取有效被试155名。对预测的结果进行整理分析，进一步筛选和修改项目后，最终形成问卷定稿，命名为"初中生创造性负性人格量表"。

（四）统计处理

采用SPSS11.5和AMOS4.0统计软件做统计处理与分析。

三、结果与分析

（一）预测结果

初中生创造性负性人格量表（预测问卷），分为10个分量表，共140道题，各个分量表的题目数为14到20道不等。计算量表的总分和10个分量表的得分，进行项目分析、题目筛选和信效度检验。

1. 项目筛选

对项目进行筛选主要依据以下两条标准：（1）计算所有项目和总分的相关系数，以此作为各项目的区分度指标，删除区分度低的项目。（2）进行初步的因素分析，使用斜交旋转，删除对任何一个因素的负荷量均没有达到 0.3 的项目。

经由上述两个步骤的整理，共有 79 道题目符合要求，构成问卷初稿。

2. 预测问卷的信度

检验信度的方法有多种，本研究主要采用克龙巴赫 α 系数法。结果见表 8–2。

表 8–2　预测问卷的信度分析

分量表	克龙巴赫 α 系数	分量表	克龙巴赫 α 系数
积极—被动	0.6831	好奇—冷漠	0.6859
坚持—动摇	0.6606	自信—否定	0.6782
独立—依从	0.5410	干练—无为	0.4655
独特—趋同	0.4320	敏觉—鲁钝	0.6978
刻板—灵活	0.3911	想象—贫乏	0.4095
总问卷	0.8991		

由表 8–2 来看，十个量表的 α 系数基本上都在 0.4 以上，而总表的 α 系数高达 0.8991，显示出整个问卷以及十个分量表都有着良好的信度。

3. 预测问卷的效度

检验分量表得分与量表总得分的相关，以此作为考察量表效度的指标。结果见表 8–3。

表 8–3　分量表之间及其与量表总分的相关系数

	刻板	被动	动摇	依从	趋同	否定	冷漠	贫乏	鲁钝	无为
总分	0.577**	0.718**	0.815**	0.675**	0.354**	0.696**	0.810**	0.528**	0.719**	0.672**
刻板		0.307**	0.332**	0.310**	0.257**	0.366**	0.409**	0.294**	0.399**	0.262**
被动			0.683**	0.323**	0.152*	0.410**	0.566**	0.305**	0.436**	0.437**
动摇				0.448**	0.195*	0.560**	0.623**	0.292**	0.558**	0.590**
依从					0.252**	0.483**	0.481**	0.314**	0.345**	0.383**
趋同						0.165*	0.094	0.047	0.078	0.139

续表

	刻板	被动	动摇	依从	趋同	否定	冷漠	贫乏	鲁钝	无为
否定							0.465**	0.302**	0.381**	0.433**
冷漠								0.458**	0.641**	0.526**
贫乏									0.404**	0.230**
鲁钝										0.492**

注：* 在 0.05 水平上显著相关；** 在 0.01 水平上极其显著相关

由表 8–3 可以看出：10 个分量表得分和总分之间的相关都达到显著水平，这说明量表有着较好的结构效度。另外，我们也可以看出，刻板性、被动性、动摇性和自信心等维度与其他各维度的相关大多达到了显著水平，显示出各维度内部良好的一致性。但是也发现，独特—趋同维度与其他维度的相关系数不大，且大多都未达到显著性水平；与总分的相关系数虽然达到显著水平，但是相关系数值并不大，可能是因为把“宜人性”和中国传统意义上的“好孩子倾向”归为这一维度的原因。考虑到实测结果的真实性，我们决定去掉与此有关的一些项目。

（二）正式施测的结果

按统计学的要求，进行探索性因素分析与验证性因素分析的数据应该是同一研究总体中近乎相等的两个样本①。因此，本研究拟将正式施测的被试样本分为大致相等的两组。一组用来做探索性因素分析，而另一组则用于做验证性因素分析。

1. 探索性因素分析

在 KMO 和 Bartlett 球形检验中，KMO 值为 0.875，大于 0.8；Bartlett 检验的 p 值为 0.000，小于显著性水平 0.01，表明数据适合进行因素分析。

对施测结果中探索性样本（n=438）进行初步的因素分析，保留负荷

① 李焰，张世彤，王极盛．中学生特质焦虑影响因素的问卷编制．心理科学，2002，25（2）：191–193.

量大于或等于0.4的项目且至少包含两个以上项目的因素。初步形成了由40个项目组成的《初中生创造性负性人格量表》。

对40个项目的数据进行主成分分析，抽取公共因素，求得初始负荷矩阵，然后再用斜交旋转法求出最终的因素负荷矩阵。从陡坡图（见图8-1）可以看出，从第10个因素以后，坡度趋于平缓。但是从后面的分析知道，从第6个因子以后的各因子所包含的项目不足3个。考虑到由于项目数量过少而产生的波动较大，故只宜保留6个因素，这6个因子共包含32个项目。探索性因素分析结果见表8-4。

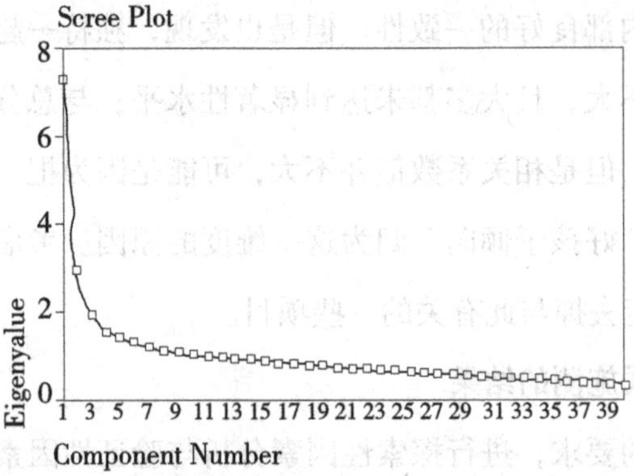

图8-1　初中生创造性的负性人格因子陡坡图

表8-4　探索性因素分析结果

项目	F1	F2	F3	F4	F5	F6
V44	0.678					
V64	0.668					
V63	0.611					
V45	0.581					
V72	0.560					
V60	0.549					
V17	0.479					
V55	0.471					
V52	0.447					
V61		0.605				
V58		0.568				
V75		0.567				

续表

项目	F1	F2	F3	F4	F5	F6
V15		0.545				
V34		0.528				
V67		0.528				
V20		0.461				
V68			0.681			
V8			0.650			
V24			0.515			
V21			0.512			
V66			0.512			
V69			0.495			
V3			0.473			
V47				0.648		
V16				0.644		
V22				0.563		
V28					0.704	
V31					0.538	
V5					0.505	
V53						0.678
V65						0.595
V54						0.507
特征值	7.272	2.935	1.894	1.540	1.424	1.318
贡献率 %	18.18	7.34	4.74	3.85	3.56	3.30
累积贡献率 %	18.18	25.52	30.26	34.11	37.67	41.0

由表 8–4 来看，6 个因子的贡献率分别为 3.30%—18.18%，累积贡献率为 41.0%。每个因素至少包含了 3 个项目，根据这些分量表的实际意义，并结合理论上的探讨和维度分析，对这些因子进行命名：

因素一（F1）含 9 个项目（第 17、44、45、52、55、60、63、64、72 题）：主要是关于人们思维的灵活性和知觉的敏感性方面的测量。如“我很少从反面来考虑事情的利弊”、“我经常从别人的谈话中发现问题”等。故命名为“刻板鲁钝性”。

因素二（F2）含 7 个项目（第 15、20、34、58、61、67、75 题）：主要是对人们学习、工作的积极主动性方面的衡量。如“劳动就应该有收获，没有报酬的事我可不干”、“我买东西回来后总是直接使用而不做变动”等。

故命名为“被动无为性”。

因素三（F3）含7个项目（第3、8、21、24、66、68、69题）：主要是对人们面临外在压力时的独立性和从众性方面的测查。如“重要的是做自己认为正确的事，而不要为别人所左右”、“与我成绩、家庭背景接近的人，我和他们容易相处”等。故命名为“依从求同性”。

因素四（F4）含3个项目（第16、22、47题）：主要是对人们的求知欲和探索精神方面的测量。如“生活的神秘莫测吸引着我”、“我认为创新是科学家们的事，与我无关”等。故命名为“冷漠性”。

因素五（F5）含3个项目（第5、28、31题）：主要是关于人们在遭遇挫折时的坚持性以及冒险精神方面的测量。如“在遭遇挫折、困难时，我经常垂头丧气而不再坚持”、“我的自制能力较差，听课时经常受外面东西的干扰”等。故命名为“动摇退缩性”。

因素六（F6）含3个项目（第53、54、65题）：主要是对人们的想象力和幻想性方面的测查。如“爱幻想的我经常提出许多新问题、新计划”、“我不爱看科幻小说”等。故命名为“想象贫乏性”。

2. 信度检验

本研究主要通过克龙巴赫 α 系数和分半信度来考察信度。各因子和全量表的克龙巴赫 α 系数和分半信度见表 8-5。

各分量表的 α 系数为 0.5147—0.765，全量表的 α 系数为 0.8713。各因素的分半信度系数为 0.4718—0.7220，全量表的分半系数为 0.7914。

表 8-5　量表的信度分析

因素	α 系数	分半信度	因素	α 系数	分半信度
刻板鲁钝性	0.7650	0.7220	动摇退缩性	0.5924	0.5757
被动无为性	0.6833	0.6763	想象贫乏性	0.5146	0.4718
依从求同性	0.6799	0.6982	总 表	0.8713	0.7914
冷漠性	0.5747	0.5228			

3. 效度检验

（1）结构效度

本研究主要通过各因素间及其与总分之间的相关分析和验证性因素分析来考察问卷的结构效度。

各因素间及其与总分之间的相关结果见表 8–6。结果显示，各因素之间的相关系数为 0.027—0.587；而各因素与总分的相关系数为 0.311—0.817，相关均非常显著。其中 F1、F2、F3、F6 这四个因素与总分的相关为 0.7 以上。

表 8–6　各分量表及其与量表总分的相关系数

因素	F1	F2	F3	F4	F5	F6
F2	0.587**	0.449**	0.027	0.446**	0.315**	0.641**
F3	0.545**	0.090*	0.049	0.301**	0.311**	
F4	0.071	0.162**	0.509**	0.512**		
F5	0.185*	0.348**	0.771**			
F6	0.496**	0.725**				
总表	0.817**					

注：* 在 0.05 水平上显著相关；** 在 0.01 水平上极其显著相关

通过探索性因素分析得到的初中生创造性的负性人格量表的因子结构模型，称为理论模型。该理论模型是否合理，还需要进行进一步的验证性因素分析。本研究选用 AMOS4.0 对量表的因子结构进行验证性因素分析，从而检验该量表理论模型的合理性和准确性。模型拟合结果见表 8–7。结果显示，x^2/df 值为 2.05，RMSEA 的值小于 0.05，NNFI（也称 TLI）值为 0.92，CFI 值为 0.90。这些拟合指标表明因子结构具有相当的拟合度和稳定性。

表 8–7　初中生创造性负性人格量表的模型拟合指数

样本	x^2/df	x^2/df	x^2/df	CFI	NNFI	RMSEA
410	861.67	421	2.05	0.90	0.92	0.045

（2）效标效度

在回收的 155 份有效问卷的基础上，计算量表总分及各分量表得分与《威廉斯创造性倾向量表》的各项指标和总分之间的相关，以此来确定该量表的效标效度。结果见表 8-8。

表 8-8　各分量表与效标量表的相关系数

	刻板鲁钝性	被动无为性	依从求同性	冷漠性	动摇退缩性	想象贫乏性	总分
冒险性	-0.467**	-0.493**	-0.426**	-0.169*	-0.234**	-0.343**	-0.461**
好奇性	-0.466**	-0.470**	-0.473**	-0.299**	-0.674**	-0.268**	-0.631**
想象力	-0.502**	-0.447**	-0.449**	-0.029	-0.009	-0.415**	-0.562**
挑战性	-0.631**	-0.630**	-0.537**	0.149*	-0.161*	-0.511**	-0.632**
效标总分	-0.670**	-0.688**	-0.634**	-0.102	-0.315**	-0.533**	-0.752**

注：* 在 0.05 水平上显著相关；** 在 0.01 水平上极其显著相关

结果表明，六个因子当中，除了冷漠性因子与效标总分的相关系数较低外，其他因子与效标的各项指标均达到极其显著的水平。《初中生创造性负性人格量表》总得分与效标总分的相关达 -0.752，是非常显著的，同时也证明，所编制的量表具有良好的效标效度。

四、讨论

（一）量表编制的策略和方法

初中生创造性负性人格量表为自陈量表。心理学人格（个性）量表的编制一般采用三种策略：理论导向策略（rational-theoretical strategy）、因素分析策略（factor-analytic strategy）和准则依据策略（criterion-keying strategy）。本研究首先采用理论导向策略，在分析和探讨了中外众多心理学家对创造性人格以及妨碍创造力培育和发挥的负性人格研究的基础上，初步总结出"初中生创造性负性人格"的静态要素模型。该模型包含 10 个维度，共 50 多个特质。现代心理学研究领域尤其是在有关心理学人格问卷（量表）的编制上，经常通过观察变量研究不可直接观察的潜变量（特质）及其规律。其中最常用的方法就是探索性因素分析，通过观察变量探索发现潜变量及其规律。我们在本研究中采用了这一策略。在问卷初稿回收后，通过探索性因素分析的主成分分析和 Varimax 正交旋转法抽取出 6

大因子，然后又用Promax斜交旋转法帮助理解因子和命名，建立起初中生创造性负性人格的较为精细的理论模型。最终，用台湾学者王木荣修订的《威廉斯创造性倾向量表》作为效标，并对该理论模型进行验证性因素分析，进一步对模型的合理性和准确性检验。各种策略和方法的综合使用，保证了该量表的科学性。

（二）量表的结构和内容

本研究用探索性因素分析的主成分方法（PCA），斜交旋转法，建立了含6个因子的“初中生创造性的负性人格量表”的结构模型。观察各因子所包含的项目内容及意义，并参照前面的理论探讨，对各个因子进行命名。这六个因子分别为刻板鲁钝性、被动无为性、独立挑战性、冷漠性、动摇退缩性、想象贫乏性。

这六个因子所包含的内容如下：刻板鲁钝性——测量处理事情或解决问题时的灵活性、变通性、多样性以及把握事物细节、触类旁通、逻辑思维能力；被动无为性——测量学习或工作当中的积极性、主动性以及干练性；依从求同性——测量面临强大外在压力时的独立精神和从众性；冷漠性——主要测查人们的好奇心和求知欲；动摇退缩性——测量人们在学习和工作中的专注性、抗干扰能力以及对挫折的耐受性；想象贫乏性——测量一个人建立视觉化心理图像的能力、对未确定事物的预见性以及对现实事物的超脱性。

为了检验理论结构（概念结构）的合理性和稳定性，本研究还应用了验证性因素分析。验证性因素分析确证了模型存在一定的合理性，同时也对模型进行了一定程度的修正。

（三）量表的信度和效度

信度是指量表前后测量的一致性和稳定性，一般用信度系数来表示。在评价量表的信度时，最常用的指标为 α 系数和分半信度系数。信度检验结果显示，六个因子的 α 系数为0.5146—0.7650，而总量表的克龙巴赫 α 系数高达0.7914。前三个因子——刻板鲁钝性、被动无为性、依从求同性的克龙巴赫 α 系数较高，都接近或超过了0.7；其中的冷漠性、动摇退缩性和想象贫乏性这三个因子的克龙巴赫 α 系数偏低，分别为0.5747、0.5924、0.5146，这可能与三个因子所包含的项目较少（仅为三个）有关。六个因子的分半信度为0.4718—0.7220，而总量表的分半系数为0.7914。基于同样的理由，其中前三个因子的分半系数较高，而后三个因子的分半系数稍低。

内容效度一般用于评估项目取样的适当性。本研究在综合了中外大量学者对创造力人格研究的基础上，对高创造力者所具有的人格特质进行归纳整理，然后提取其负面特质，由此进行项目的编制，较为完好地定义了测量的内容范围。其次，为了保证项目取样的代表性，我们在上述内容范围内编制出了大量的样题，交给三部分人做修改：先由专家对题目的代表性以及取样的合适性做出修正，再由随机挑选的初一学生做可阅读性分析，最后由中文系现当代文学专业硕士研究生做文字上的校正。不仅如此，我们还对问卷进行了多次的试用，保证了项目的区分度，并使它越来越贴近学生的实际情况，让学生能轻易理解。上述工作保证了本量表具有良好的内容效度。

结构效度即通常所说的测验能测量到的心理特质或心理特征的程度。一般我们可以通过两条途径来分析量表的结构效度，即相关分析和验证性因素分析。相关分析主要通过测查各因素得分间、各因素得分与量表总得分间的相关矩阵来检验量表的内部一致性。结果显示，六个因子得分与总分之间的相关都达到相当显著的水平。除了F5（动摇退缩性）因子外，其他因子与总分之间的相关都在0.5以上；其中F1（刻板鲁钝性）、F2（被动无为性）、F3（依从求同性）这三个因子与总分的相关都在0.7以上。各因子间除了F4（冷漠性）与各因子间相关系数较小外，其他都达到显著或极其显著的水平，显示出了良好的内部一致性。同时也说明量表具有良好的结构效度。通过探索性因子分析（EFA）提取出初中生创造性的负性人格的六因素模型。各因子的负荷为0.461—0.704，解释了总变异的41%。本研究还对量表的六因素模型进行了验证性因素分析，通过计算和考察各项常用的拟合指标（x2/d、CFI 、TLI、 RMSEA），结果表明这些拟合指标良好，确证了理论模型的合理性。

五、结论

1. 初中生创造性负性人格量表包括六个维度："刻板鲁钝性"（9个项目）、"被动无为性"（7个项目）、"依从求同性"（7个项目）、"冷漠性"（3个项目）、"动摇退缩性"（3个项目）和"想象贫乏性"（3个项目）。

2. 初中生创造性人格量表具有良好的信度、效度，可以作为评价初中生创造性负性人格的测量工具。

附录：

初中生创造性负性人格量表

（施测名称：初中生创造性倾向调查问卷）

说明：同学们，你们好！这是一份旨在了解我国中学生创造性倾向的问卷。请你认真阅读每一句话，然后根据与自己的实际情况的吻合程度，在后面相应的序号上画"√"。序号所代表的含义如下：1——就是我，2——有点像 3——不清楚、4——不太象、5——完全不象。

注意：1. 每一题都要做，不要花太多时间思考，凭第一感觉作答，答案无对错之分。

2. 凭真实感觉作答，在最符合自己情形的数字下打"√"，且每一题只能打一个"√"。

3. 问卷收集采用无记名方式，仅做研究之用，请大家不要有任何顾忌。

基本情况：

性别（男，女）所在地（城市，农村）所在学校（重点，普通）年级（一，二，三）

	就是我	有点像	不清楚	不太像	完全不像
1. 我觉得，在没有希望获得答案时，不断发问是浪费时间。	1	2	3	4	5
2. 对于一些我感兴趣的事，我比大多数人更专心注意。	1	2	3	4	5
3. 我喜欢呆在家里，而不喜欢到处走动。	1	2	3	4	5
4. 在现代社会，有奇异想法的人是不切实际的。	1	2	3	4	5
5. 在遭遇挫败、困难时，我经常垂头丧气而不再坚持。	1	2	3	4	5
6. 对别人熟视无睹的东西，我经常能发现其新价值。	1	2	3	4	5
7. 我经常和同学们一起探讨一些认识模糊不清的问题。	1	2	3	4	5
8. 我认为，重要的是做自己认为正确的事，而不要为别人所左右。	1	2	3	4	5
9. 长辈们都认为我是一个听话、孝顺的好孩子。	1	2	3	4	5
10. 在团体讨论中，我经常只听一听而很少发表自己的观点。	1	2	3	4	5
11. 做事犹豫不决，缺乏信心的人，我很不欣赏。	1	2	3	4	5
12. 我从不害怕时间紧迫，困难重重。	1	2	3	4	5
13. 与我学习成绩、家庭背景接近的人，我和他们容易相处。	1	2	3	4	5
14. 我知道保持内心镇静是关键的一步棋。	1	2	3	4	5
15. 在现代社会，劳动就应该有收获，没有报酬的事我可不干。	1	2	3	4	5
16. 我感觉书本很沉重，学习真没意思。	1	2	3	4	5
17. 遇到问题时，我难于找到多种解决问题的方法。	1	2	3	4	5
18. 我经常能把毫无关系的东西联系起来，发现其中的异同。	1	2	3	4	5
19. 我相信，在某些事情上，我可以比任何人都干得好。	1	2	3	4	5
20. 我不须依靠外在的奖励就能完成规定的学习任务。	1	2	3	4	5
21. 与我学习成绩、家庭背景接近的人，我容易与他们相处。	1	2	3	4	5
22. 我认为这世界上有很多令人惊奇的地方，有待我们去探索。	1	2	3	4	5
23. 解决一个难题后，我会主动寻找新的难题来加以解决。	1	2	3	4	5
24. 我喜欢探险，并崇尚紧张、刺激的运动。	1	2	3	4	5
25. 通常，在早上起来时，我感到精神振奋。	1	2	3	4	5
26. 决定干某件事时，我总是说干就干，很少犹豫。	1	2	3	4	5
27. 在遭遇严重困难时，我常常放弃正在干的事情。	1	2	3	4	5
28. 我常常因别人有不同意见而改变自己的决定。	1	2	3	4	5
29. 我常常因为优柔寡断而坐失良机。	1	2	3	4	5

续表

	就是我	有点像	不清楚	不太像	完全不像
30. 我经常思考事物的新答案和新结果。	1	2	3	4	5
31. 我的自控能力差，听课时经常受外面东西的干扰。	1	2	3	4	5
32. 在意外情况面前，我通常能保持镇定自若。	1	2	3	4	5
33. 越是困难的东西，我做起来越是有劲头。	1	2	3	4	5
34. 我经常因为睡懒觉而误事。	1	2	3	4	5
35. 在小组讨论中，我总试图提出一种与众不同的观点。	1	2	3	4	5
36. 我认为自己的创造力要比同龄人差。	1	2	3	4	5
37. 在倾听、观察或工作时，精神高度集中，以至忘了吃饭。	1	2	3	4	5
38. 我是一个不苟言笑，缺乏幽默感的人。	1	2	3	4	5
39. 我时常担心自己因说错话，做错事而遭人议论。	1	2	3	4	5
40. 我乐于接受别人的观点而难于提出自己的观点。	1	2	3	4	5
41. 我惯用行之有效的老方法而不愿用带风险的新方法来解决问题。	1	2	3	4	5
42. 在进行带有创造性的工作时，我经常忘记时间。	1	2	3	4	5
43. 做每件事时，我都想找到更好的方法。	1	2	3	4	5
44. 我经常从反面来考虑事情的利弊。	1	2	3	4	5
45. 虽然发现自己的做法是错误的，但碍于面子而不愿纠正。	1	2	3	4	5
46. 我总有些新的设想在脑子里涌现，即使在游玩时也是如此。	1	2	3	4	5
47. 我认为创新是科学家们的事，与我无关。	1	2	3	4	5
48. 我比较好地掌握了阅读、书写和描绘方面的技能。	1	2	3	4	5
49. 我喜欢做一些化学、生物方面的试验。	1	2	3	4	5
50. 我经常回避具有挑战性的问题。	1	2	3	4	5
51. 除了用眼睛外，我还经常用耳朵、鼻子、舌头等感知物体。	1	2	3	4	5
52. 解决问题时，我常常根据新出现的情况而调整原定方案。	1	2	3	4	5
53. 爱幻想的我经常提出许多新问题，新计划。	1	2	3	4	5
54. 我不太爱看科普文章或幻想作品。	1	2	3	4	5
55. 对于一些没有清楚答案的问题，我不感兴趣。	1	2	3	4	5
56. 我从不害怕时间紧迫，困难重重。	1	2	3	4	5
57. 我喜欢预测结果，并能努力证明这一预测的正确性。	1	2	3	4	5
58. 如果老师和家长不催促，我是不会做家庭作业的。	1	2	3	4	5
59. 生活中有很多值得探究的问题，我们随时随地都可以学习。	1	2	3	4	5
60. 提出某个设想后，我往往按照该设想一步步进行，很少做改动。	1	2	3	4	5
61. 我有很敏锐的观察能力和提出问题的能力。	1	2	3	4	5
62. 在做事、观察事物和听人说话时，我能专心一致。	1	2	3	4	5
63. 我很尊重现实，所谓灵感、直觉都是不可信的。	1	2	3	4	5
64. 我所讨厌的人，即使他们提了好意见，我也懒得接受。	1	2	3	4	5
65. 对于一个未结束的故事，我能想象出可能的结果。	1	2	3	4	5

续表

	就是我	有点像	不清楚	不太像	完全不像
66. 我常常不会自己设立目标，通常要别人指示我怎么做。	1	2	3	4	5
67. 我买东西回来后总是直接使用而不做变动。	1	2	3	4	5
68. 我做事非常谨慎，生怕别人说我坏话。	1	2	3	4	5
69. 如果要我选择一种职业，我宁愿当医生而不愿做一个探险者。	1	2	3	4	5
70. 我认为既然提出问题，就要彻底解决。	1	2	3	4	5
71. 一旦责任在肩，我就会排除困难争取完成。	1	2	3	4	5
72. 当一个问题长期得不到解决时，我会试着改变思维方式。	1	2	3	4	5
73. 班级里有什么新变化，我通常很快就能觉察到。	1	2	3	4	5
74. 我常从别人的谈话中发现问题。	1	2	3	4	5
75. 我想我将来只能成为一个普普通通的人。	1	2	3	4	5
76. 我经常觉得我在很多方面都不如别人，如成绩。	1	2	3	4	5
77. 我很喜欢（或习惯）寻找事物的各种原因。	1	2	3	4	5
78. 我认为，在现实生活中用比喻来思考问题的人头脑糊涂。	1	2	3	4	5
79. 对某些问题有新发现时，我总能感到异常兴奋。	1	2	3	4	5

第三节　初中生创造性负性人格的现状调查

弗里斯特对一系列研究结果进行分析后认为创造性人格是具有一致性的：即使从幼年到成年可能不具有一致性，但是至少到了青年期以后是具有一致性的，可以作为区分个体创造性的一个标准[①]。这就意味着在青年期之前，创造性人格还具有较大的可塑性。如果说创造性积极人格如此，创造性负性人格也理应如此。

中学时期是从儿童到青年的过渡阶段，在个体的心理发展中有着非常特殊的位置。“过渡”是一个代表变化的词，也就是说，中学时期是一个发生巨大变化的时期。而初中阶段是巨变的开始，并从来都被认为是心理

① 张庆林，Robert J. Sternberg. 创造性研究手册 . 成都：四川教育出版社，2002：76–78，320–321.

发展速度最为迅速、强度最为剧烈的时期。显然，创造性负性人格乃中学生心理的重要构成，了解初中生创造性负性人格的现状对于增进中学生心理发展规律的认识是有帮助的。

一、研究目的

对我国初中生创造性负性人格现状进行初步考察，了解其在性别、年级、地区等人口学方面的特点，以期为青少年创造性负性人格的进一步研究提供实证材料。

二、研究方法

（一）被试

本章第二节中的正式施测被试部分。

（二）研究工具

自编的初中生创造性负性人格量表。施测时将测验名称替换为《中学生创造性倾向调查问卷》。

该量表用于测量初中生的创造性负性人格特质，共6个维度，32个项目，具体为“刻板鲁钝性”（9个项目）、“被动无为性”（7个项目）、“依从求同性”（7个项目）、“冷漠性”（3个项目）、“动摇退缩性”（3个项目）和“想象贫乏性”（3个项目）。量表5点计分：“就是我”记1分，“有点像”记2分，“不清楚”记3分，“不太像”记4分，“完全不像”记5分。量表有较好的信效度。

三、结果分析

我们引入了心理学实验中有关“控制”的理念，在对两组数据进行差异显著性检验时，只进行同级、同域、同水平的对比，以避免变量（变项）

之间的相互混淆。

（一）创造性负性人格的性别差异

1. 农村中学生的性别差异

首先对来自农村的男、女生创造性负性人格得分的差异性进行比较。结果见表 8–9。

表 8–9　创造性负性人格的性别差异（农村，n=337）

因子	男（n=172）	女（n=165）	t
刻板鲁钝性	18.02 ± 7.40	19.99 ± 5.70	2.339*
被动无为性	13.2 ± 5.16	14.71 ± 4.77	2.343*
依从求同性	16.87 ± 6.84	19.15 ± 5.06	2.986**
冷漠性	8.66 ± 3.33	9.0 ± 2.99	0.862
动摇退缩性	10.79 ± 3.29	10.15 ± 3.08	1.561
想象贫乏性	6.79 ± 3.11	7.04 ± 2.67	0.681
总表得分	78.31 ± 17.97	83.04 ± 15.62	2.644**

注： * 在 0.05 上显著差异；** 在 0.01 水平上极其显著差异

结果发现，男、女同学在刻板鲁钝性、被动无为性方面存在显著差异；在依从求同性方面则存在极其显著的差异；在量表总得分上，也存在着极其显著的性别差异。一般而言，女同学的障碍分数比男同学的得分要高。这与我们的现实生活情况是一致的；在我们的社会中，高创造力者多为男性。

2. 城市中学创造性负性人格的性别差异

城市中学男、女生创造性负性人格的差异性比较结果见表 8–10。

表 8–10　创造性负性人格的性别差异（城市，n=511）

因子	男（n=262）	女（n=249）	t
刻板鲁钝性	20.18 ± 6.66	20.71 ± 5.84	0.739
被动无为性	15.87 ± 5.41	16.15 ± 4.96	0.475
依从求同性	16.82 ± 5.56	18.47 ± 5.08	2.707**
冷漠性	7.29 ± 3.26	7.31 ± 3.15	0.053
动摇退缩性	8.79 ± 3.46	8.69 ± 3.24	0.247
想象贫乏性	7.01 ± 2.84	6.88 ± 2.60	0.409
总表得分	75.95 ± 17.55	78.22 ± 15.96	1.18

注： * 在 0.05 上显著差异；** 在 0.01 水平上极其显著差异

结果表明，城市初中学生只在依从求同性这一因子上差异极其显著。在刻板性和被动性方面，没有显著差异；在量表的总得分上也没有显著性差异。这反映出城、乡初中学生在量表得分的各因子以及总分上的性别差异有着一定的区别。

（二）创造性负性人格的年级差异

1. 农村中学创造性负性人格的年级差异

表 8–11　创造性负性人格的年级差异（农村，n=337）

因子	一年级（211）	三年级（126）	t
刻板鲁钝性	24.96 ± 6.62	23．36 ± 5.83	1.97
被动无为性	17.69 ± 4.80	19.4 ± 4.47	2.80**
依从求同性	18.29 ± 5.24	17.92 ± 4.3	0.599
冷漠性	6.63 ± 2.7	6.29 ± 2.73	0.929
动摇退缩性	7.08 ± 2.59	7.77 ± 2.68	1.991*
想象贫乏性	8.09 ± 2.62	7.51 ± 2.68	1.694
总表得分	82.73 ± 16.06	82.24 ± 15.16	0.237

注：* 在 0.05 上显著差异；** 在 0.01 水平上极其显著差异

表 8–11 显示，一、三年级除了在“被动无为性”和“动摇退缩性”因子上存在显著差异外，在其他各个因子以及总量表得分上都不存在显著性差异。

2. 城市中学量表得分的年级差异分析

表 8–12　创造性负性人格的年级差异（城市，n=511）

因子	一年级（n=358）	三年级（n=153）	t
刻板鲁钝性	20.51 ± 6.49	20.10 ± 5.42	0.427
被动无为性	16.26 ± 5.30	14.88 ± 4.65	1.731
依从求同性	17.46 ± 5.35	18.98 ± 5.78	1.831
冷漠性	7.07 ± 3.21	8.53 ± 2.90	3.014**
动摇退缩性	8.56 ± 3.38	9.92 ± 2.82	2.686**
想象贫乏性	7.03 ± 2.77	6.80 ± 2.68	0.529
总表得分	76.89 ± 17.38	79.22 ± 14.83	0.893

注：* 在 0.05 上显著差异；** 在 0.01 水平上极其显著差异

表 8–12 显示，在冷漠性和动摇性这两个因子上，存在着极其显著的

差异。结果似乎提示，随着年级的增长，学生们的好奇心与求知欲越来越趋于淡化，变得越来越漠不关心。

（三）创造性负性人格的地区差异

前面的结果提示，在初中时代，不论学生来自城市或是乡村，两地的年级之间的负性人格量表总得分没有显著性差异；所以在此我们只对城、乡之间的学生做一个整体上的比较，而没有再对年级进行区分。结果见表 8–13。

表 8–13　创造性负性人格的城、乡差异

因子	城市（n=511）	农村（n=337）	t
刻板鲁钝性	20.06 ± 6.52	23.95 ± 6.17	7.557**
被动无为性	15.51 ± 5.27	18.76 ± 4.66	7.999**
依从求同性	17.77 ± 5.64	18.05 ± 4.67	0.658
冷漠性	7.67 ± 3.27	6.42 ± 2.72	5.056**
动摇退缩性	9.22 ± 3.39	7.51 ± 2.66	6.717**
想象贫乏性	7.00 ± 2.80	7.72 ± 2.61	3.268**
总表得分	77.4 ± 17.12	82.42 ± 15.47	4.535**

注：* 在 0.05 上显著差异；** 在 0.01 水平上极其显著差异

由表 8–13 的结果来看，城、乡学生在负性量表上的得分大多呈现出极其显著的差异，而仅仅在依从求同性这一因子上，两者没有显著性差异。

（四）创造性负性人格的学校类型差异

本研究最后对学校类型（重点 / 普通）之间的量表得分差异性进行了比较。因为农村中学都为普通中学，所以在进行这项差异性比较时，我们只进行了城市样本之间的对比。结果见表 8–14。

表 8–14　创造性负性人格的学校类型差异（城市）

因子	重点（n=172）	普通（n=186）	t
刻板鲁钝性	20.01 ± 8.40	21.1 ± 6.42	1.382
被动无为性	14.08 ± 4.65	16. 62 ± 5.3	3.438**
依从求同性	18.46 ± 5.35	18.68 ± 6.78	0.309
冷漠性	7.09 ± 3.21	8.32 ± 2.9	2.479**
动摇退缩性	8.66 ± 3.38	9.98 ± 2.86	3.323**
想象贫乏性	6.8 ± 2.68	7.03 ± 2.77	1.452
总表得分	73.39 ± 14.83	79.82 ± 17.53	2.498**

注：* 在 0.05 上显著差异；** 在 0.01 水平上极其显著差异

由表 8–14 的结果可以看出：重点中学学生与普通中学学生在负性人格量表的得分上有一定的差异，特别是在“被动无为性”、“冷漠性”、“动摇退缩性”这三个因子上，两者存在显著差异。两者的总分也存在显著性差异。

四、讨论

本研究分别对农村和城市样本进行了性别上的差异比较。结果发现，城市和农村学生在量表得分的性别差异上，稍有不同。城市初中学生只在依从求同性这一因子上差异极其显著。在刻板鲁钝性和被动无为性方面，没有显著差异；在量表的总得分上也没有显著性差异；而农村样本在这三个因子以及总分上都有显著差异。一般而言，女生在这些因子以及总分上，其负性人格分数都要高于男生。这反映出了中国文化传统下，父母亲以及其他长辈对子女和后代教养态度上的差异。我们的社会一般都鼓励男孩勇敢、坚强，而鼓励女孩文静、温顺、听话等。显然，中国的这种源于性别而不同的教养态度，对女孩的创造力的培育和开发是很不利的。而这种现象在农村尤为严重。

本研究同样对来自农村和城市两地的样本进行了年级上的比较。结果发现，尽管在总体上，农村和城市学生不存在显著差异，但在农村，随着年级的增长，学生在“被动无为性”、“动摇退缩性”因子上的负性人格分数趋于增加。而在城市，更令人惊奇的是，初一学生和初三学生在“动摇退缩性”、“冷漠性”两个因子上的得分有着极其显著的差异。初三学生在这两个因子上的得分都要显著高于初一学生。结果似乎提示我们，我们的学生随着年级的增长，他们的求知欲和好奇心却在下降。地区差异比较结果显示，除了“依从求同性”因子外，在其他 5 个因子以及总分上，城市中学学生的负性人格分数都要显著低于农村中学学生。原因可能是多方面的：可能是由于城市的父母亲与农村父母亲在对孩子的教养态度上有一定差异。

正如预料中的那样，重点学校的学生和普通中学的学生在除了“依从求同性”和“想象贫乏性”因子以外的所有因子以及总分上，都有着极其显著的差异。重点中学的学生在“被动无为性”、“依从求同性”、“冷漠性”以及“动摇退缩性”因子上得分较低。说明重点中学的学生在学习和生活上显得更加积极、主动、独立，更富于挑战、探索精神，具有更好的坚持性和对挫折的良好的耐受性。

五、结论

初中生创造性的负性人格量表得分在性别、地区以及学校类型上有差异。一般而言，女生的负性人格分数要高于男生；农村学生的负性人格分数要高于城市学生；普通中学学生的负性人格分数要高于重点中学学生。

本章小结

创造性负性人格是创造性积极人格（简称创造性人格）的对立面，是指那些不利于创造性发挥的非智力因素。从这一角度出发，我们认为，如果能够归纳出创造性积极人格的特点，也就能提出有关创造性负性人格的理论构想。在综合已有研究的基础上，我们归纳出创造性积极人格的10个特点——灵活、积极、坚持、独立、独创、自信心、好奇、想象力、敏觉、精干，并相应地提出创造性负性人格的10个维度：刻板、被动、动摇、依从、趋同、否定、冷漠、贫乏、鲁钝、无为。

在创造性负性人格理论构想的基础上，我们编制了初中生创造性负性人格量表。之所以以初中生为对象，主要是考虑到这一群体在个体人格发展中的特殊地位。我们认为，初中生创造性负性人格量表的编制对于促进创造性人格研究和教育实践都是有益的。我们严格按照心理测量学的操作步骤编制了量表，最后得到信效度可靠的初中生创造性负性人格量表，量表包括6个维度，32个题目，“刻板鲁钝性”（9个项目）、“被动无为性”（7个项目）、“依从求同性”（7个项目）、“冷漠性”（3个项目）、“动摇退缩性”（3个项目）和“想象贫乏性”（3个项目），为相关研究提供了有效的测量工具。

我们还对初中生创造性负性人格进行了初步调查，发现这一人群的创造性负性人群在性别、年级、地区和学校类型中都表现出显著差异。总体上，女生的负性人格分数要高于男生；农村学生的负性人格分数要高于城市学生；普通中学学生的负性人格分数要高于重点中学学生。

当然，本研究还只是针对创造性负性人格的初步探索，不足之处很多。首先，本量表只有效标效度而无其他的实证效度指标，使其预测效度等方面未能得到充分的证实，略显不足。其次，本研究由中外学生创造力的鲜明对比和差异而引发，却限于时间、财力和能力，未能做一个中外学生在创造性人格上的对比研究。其三，样本量特别是农村样本量过少，是本研究的一个严重不足。另外，由于样本量过少而未能建立起一个区域性常模，以方便以后的研究和比较，也是一个严重不足。本研究只在湖南地区采样，其适用性受到了限制。俗话说“一方山水一方人”，在中国这块广袤的土地上，由于文化氛围和所处环境不同，其创造力的发展也很可能是不均匀的。因此，建议做一项联合研究，建立全国常模，更有意义。最后值得一提的是，创造性人格表现于创造性活动之中，而创造性活动则具有很强的时间性和情景性。单独的问卷法很容易忽视这种情境性和时间性，建议同时采用观察法、现场实验或计算机模拟等方法对被试的创造性人格特征进行综合评价，结果可能更为真实、可靠。

结 语

本书的最后将对此项研究做一扼要总结。我们认为，本研究工作虽尚存一些不完善之处，但方法合理、数据可靠，故所得结论仍值得归纳，且这些结论对于理解和培养创造力不乏有益的启发。当然，本研究还远未完善，无论在方法上还是思路上，还存有许多局限，因此为将来的进一步研究提出展望也是该部分的应有议题。

一、结论

本研究提出创造性人格的同心圆结构，认为应该从功能性的角度考虑创造性人格的本质属性，以及应该按对创造力贡献的大小探索创造性人格的结构，然后采用实证的方法探讨了不同领域的创造性人格结构模型，并在此基础上编制了相应的测量工具，最后对我国当代中学生的创造性人格发展现状进行了初步考察。通过研究，我们得出以下结论：

（一）关于创造性人格结构模型

本研究发现，一般模型与专门领域的创造性人格在结构上有着明显的差异，同时又有着非常重要的重叠，而不同领域的创造性人格在核心特质上也不尽相同。创造性人格的一般模型包括五个相对独立的因素，其中公正性处于最核心的位置，然后依次是宜人性、开放性、内倾－外倾性和神经质。社会科学领域创造性人格的结构模型由六个因素构成，其中进取坚毅和博才好思处于最核心的位置，然后依次是友善诚信、活泼风趣、高傲叛逆和沉着稳重。自然科学领域创造性人格的结构模型包括七个因素，其中神经质处于最核心的位置，其他依次是勤勉坚毅、真诚友善、淡泊沉稳、激情敏感、逻辑性和孩子气。艺术领域创造性人格的结构模型包括八个因素，其中神经质处于最核心的位置，然后依次是勤勉坚毅、积极情绪、善良友好、深谋远虑、轻松率直、孩子气和直觉敏感。高创造性管理者特征结构模型包括四个因素，其中领导风范处于最核心的位置，其他依次是开创与思维、社交能力和学识智力。创造性负性人格模型包括六个维度，即“刻板鲁钝性”、“被动无为性”、“依从求同性”、“冷漠性”、“动摇退缩性”和“想象贫乏性”。

（二）关于创造性人格结构的测量工具

本研究共编制了五个有关中学生创造性人格的量表，均有较好的信效度，可作为科研调查之用。中学生一般创造性人格量表包括5个维度，计125个项目；总量表的克龙巴赫 α 系数为0.925，分半信度为0.901，各维度的克龙巴赫 α 系数为0.603–0.858，分半信度为0.5~0.832；有良好的内容效度、结构效度和效标效度。中学生社会科学领域创造性人格量表包括6个维度，计57个项目；总量表的克龙巴赫 α 系数为0.802，各维度的重测信度为0.457–0.761；有良好的内容效度、结构效度和效标关联效度。中学生自然科学领域创造性人格量表包括七个维度，计32个项目；总量表的克龙巴赫 α 系数为0.789，各维度的克龙巴赫 α 系数为0.406–0.761，重测信度为0.526–0.765；有良好的内容效度、结构效度和效标关联效度。中学生艺术领域创造性人格量表包括8个维度，计29个项目；总量表的克龙巴赫 α 系数为0.802，重测信度为0.823，各维度的克龙巴赫 α 系数为 0.409–0.669，重测信度为 0.669–0.803；有良好的内容效度、结构效度和效标关联效度。中学生高创造性管理者人格量表包括 4 个维度，计 25 个项目；总量表的克龙巴赫 α 系数为 0.792，分半信度为 0.709；有良好的内容效度和结构效度。初中生创造性负性人格量表包括六个维度，计 32 个项目，各分量表的克龙巴赫 α 系数为 0.5147–0.765，全量表的克龙巴赫 α 系数为 0.8713。各因素的分半信度系数为 0.4718–0.7220，全量表的分半信度系数为 0.7914；有良好的结构效度和效标效度。

（三）关于我国当代中学生创造性人格的发展现状

本研究对我国当代中学生创造性人格的发展现状进行考察，发现中学生的一般创造性人格和专门领域创造性人格均表现出不同的人口学特点和发展趋势。

（1）中学生一般创造性人格在初中阶段和高中阶段的发展趋势有明显差异：从初一到初二呈缓慢上升的态势，到初三则呈缓慢下降的态势，而从初三进入高一后，得分呈急剧下降的趋势，而高二阶段的得分有缓慢回升，但高三阶段的得分又下降到与高一阶段的得分持平的水平；中学生的创造性人格在性别和学校类型上无差异，与学习成绩关系不大；就成就定向与创造性人格的关系上，掌握定向和成绩回避定向能显著预测创造性人格，掌握定向、成绩接近定向和成绩回避定向对创造性人格有交互作用。

（2）中学生社会科学领域创造性人格表现出明显的年级和性别差异：高中生在总分和友善诚信上的得分都高于初中生；男生在博才好思、沉着稳重、高傲叛逆上得分均高于女生，在友善诚信上低于女生。

（3）中学生自然科学领域创造性人格表现出明显的年级和性别特征：其中神经质、勤勉坚毅、淡泊沉稳、逻辑性和孩子气均有明显的年级差异，女生在真诚友善、激情敏感和孩子气上均高于男生；教师评定的自然科学领域创造性人格分数与学生期末考试成绩相关；中学生自然科学领域创造性人格通过目标定向的间接中介作用影响创造性思维能力。

（4）中学生艺术领域创造性人格表现出明显的年级和性别特征：勤勉坚毅、善良友好、深谋远虑、轻松直爽存在明显的年级差异，女生在友好善良和孩子气上得分高于男生；教师评定的艺术领域创造性人格分数与学生期末考试成绩相关；中学生艺术领域创造性人格通过目标定向的间接中介作用影响创造性思维能力。

（5）中学生高创造性管理者人格有明显的性别差异，男生在总分和开创与思维、学识与智力上得分高于女生；在年级和学校类型上没有明显的差异；高中文科生在领导风范、开创与思维、社交能力上得分高于理科生。

（6）初中生创造性负性人格在性别、地区以及学校类型上有明显差异。一般而言，女生的负性人格分数要高于男生；农村学生的负性人格分数要高于城市学生；普通中学学生的负性人格分数要高于重点中学学生。

二、启发

（一）同心圆结构假说为理解和培养创造性人格提供了一种新的视角

理论是对事物之间关系的系统假设，目的是为了帮助人们理解和解释现象。创造力的个体差异让人们对“是什么决定了人与人之间创造力的不同”这样的问题产生了好奇，研究者首先想到的是智力因素，然后把注意力聚焦于非智力因素（即创造性人格）。然而，现有对创造性人格的研究并不令人满意，尽管许许多多的学者列举了许许多多大同小异的被称之为创造性人格特质的东西（见第一章第一节），但这种无限制的列举只会更加让人困惑——“创造性人格到底是什么？”本研究不再纠缠人格这一概念，而是从功能性的角度探讨“那些被称为创造性人格的特质中哪些是更重要的因素？”同心圆结构假说就是针对这一问题提出的。根据这一假说，我们相信在纷繁复杂的人格特质中，有些特质对创造性起着更为重要的作用，科学研究的任务就是把这些特质找出来。

同心圆结构假说为理解和培养创造性人格提供了一种更清晰的视角。在这一视角的指引下，我们无需再盲目地列举各种人格特质，或者白费力气地争论创造性人格到底该是几种。我们真正关心的问题是，那些被认定为创造性人格特质的东西应该处于何种位置。例如，斯腾伯格提出八种创造性人格特质，这八种特质对于创造力的重要性是一样的，抑或有所差异？如果有所差异，又该如何排序？同心圆结构假说提出，创造性人格特质对于创造力的作用应该是有所差异的，理应把那些最重要的特质找出来。当我们能够清晰地绘制出创造性人格的同心圆图谱时，培养方向就变得明确了。正如我们在研究中发现公正性是一般创造性人格结构中最核心的特质时，就应该把培养学生的公正性当成提升学生创造力的重要途径。

（二）创造性人格结构的领域特殊性为专业人才的选拔和培养提供思路

现有研究显示，不同领域的创造性要求不同的创造性人格。但问题首先在于，这种不同表现在何处？数量、种类，还是结构？事实上，这种不同固然会表现在数量和种类上，更重要的是表现在结构上，即任何一个专门领域的创造性人格结构都应该有其特殊性。如，一种对管理领域创造力很重要的人格特质，如社交能力，对自然科学领域可能就没那么重要，而在社会科学领域创造性人格结构中处于核心地位的进取坚毅，在艺术领域创造性人格结构中可能只处于相对次要的位置。这种结构上的差异除了意味着不能对所有的创造性人才一概而论之外，还意味着应该具体领域具体对待。因此，在研究中针对专门领域探讨创造性人格结构是必要的。

当一个专门领域所需的创造性人格结构得以廓清，专业人才的选拔和培养就有了依据。例如，当我们了解到进取坚毅和博才好思是社会科学领域创造性人格结构中的核心特质时，在选拔中将这两种特质作为进入社会科学领域权重最大的人格指标，或者在社会科学训练中重点培养这两种特质，显然更具针对性。

（三）中学生创造性人格的发展特点要求创造性人格的培养应以学生为中心

中学生的创造力在很大程度上是潜在的，因而很难用创造性产品来加以衡量。鉴于创造性人格与创造力的特殊关系，在某种意义上创造性人格可作为评价中学生创造力的重要指标，[①] 即培养中学生创造性人格就是培养创造力。然而，中学阶段历经6年，是个不算太短且异常重要的发展阶段。如何根据中学生的发展特点来培养其创造性人格是必须考虑的问题。本研究发现无论是中学生的一般创造性人格还是特殊领域创造性人格均表现出某些年级和性别特征，这就要求在培养过程中针对特殊年级和性别设计特别方案。例如，在初中阶段，创造性人格有一个明显的上升趋势，而在高中阶段则有一个明显的下降趋势。在培养实践中应将加速上升和减缓下降纳入考虑范围之内。中学生创造性人格在性别上的差异则需要针对不同的性别特点设计不同的培养方案，因势利导，应注意破除现有的男性至上主义的文化习惯。

本研究还有一个值得一说的结果，即教师偏向根据学生的学习成绩对其创造性人格做出判断，而事实上学习成绩与创造性人格之间并无显著相关，从而导致教师评价与学生自评产生了巨大偏差。这一结果充分反映了我们在培养学生创造性人格中的误区。在当代教育中，学习成绩被当成衡量学生质量即使不是唯一也是最重要的标准，在本质上是以教师为中心的。当培养目标发生错误时，其结果自是不言而喻，因此需要把中心转移到学生身上。以学生为中心当然不是以学生的主观愿望为中心，而是以学生的客观现实为中心，只有这样，创造性人格的培养才能做到有的放矢。

① 张国锋．中学生创造力的结构、发展特点研究及其教育启示．山东师范大学硕士研究生毕业论文，2005.

（四）创造性负性人格的存在要求在创造性活动中应避免人格的负面影响

创造性负性人格是针对创造性积极人格提出来的，其本质仍然是功能性的，即强调人格中对创造性活动有着负面影响的特质。一般而言，在学业上的成就强调聪明才智的作用，但著名的“第十名效应”[①]却意味着仅有聪明才智不足以帮助一个人获得成功。创造性负性人格或许能对这一现象做出解释，即某些人格特质会抑制聪明才智的发挥。本研究发现，在初中生中，女生的负性人格分数要高于男生。这似乎也能暗示着，在我们这个社会，高创造人群中男性多于女性可能更多地要从文化影响下的人格中找原因。由于人格的形成受文化的极大影响，如何避免文化中那些助长创造性负性人格的成长就显得尤为关键。总之，人格因素始终制约着创造性能力的发挥，在发展有助于创造性能力发挥的积极人格的同时，也要尽量减少那些不利于创造性能力发挥的负性人格。

三、局限与展望

本研究试图为理解创造性人格提供一种新的视角，努力找出那些对创造力而言最重要的非智力因素。为了达到这一目标，我们提出创造性人格的同心圆结构假说，并考虑领域特殊性对创造性人格的影响，以建构创造性人格的结构模型。我们还意识到中学生正处于一个学习知识和发展创造潜力的阶段，创造性人格实际上是其创造潜力的现实指标，因此编制若干有关中学生创造性人格的测量工具，同时对其现状进行了调查。这些工作

① “第十名效应”，是指跟踪调查了上千名小学生，结果发现有些考试成绩前几名，老师非常喜欢的优等生在高中、大学或参加工作后，并没有保持这种优势，或做出什么突出的贡献和成就。相反，班里十名左右甚至更靠后的学生却有着意想不到的巨大潜力，他们往往后来居上，在高中、大学的学习中脱颖而出，在工作岗位上也是建树颇丰。

在一定程度上为创造性人格的进一步深入研究开了一个头，可能提供了某些启发，但毕竟过于粗略，有诸多不足之处尚待改进和补充。

首先，一般及各具体领域的创造性人格结构的核心特质缺乏交集，要求将来的研究必须紧扣与创造性思维的关系。

本研究从一般到具体领域共构建了5个创造性人格结构模型，但这些模型的核心特质之间缺乏交集，这是令人费解的。创造性人格的核心特质即那个对创造行为起着最大作用的非智力因素，也应该是创造性人格本质的集中表征。无论是何种领域，创造性人格在本质上都是一样的，因而也应具有相同的核心特质。本研究虽然建构了多个创造性人格结构模型，但在深度上显然仍有进一步拓展、完善的空间，没能挖掘出那个最能代表创造性人格本质的核心特质。将来的研究应该把此作为一个重要问题加以考察。那么，该如何挖掘这一核心特质？这仍然应该从创造性人格的本质中寻找灵感。创造性人格在本质上是那些与创造力关系最为密切的非智力因素，而创造力虽然最终以创造性产品来衡量，却最直接地反映在创造行为和创造性思维当中。因此，对创造性人格核心特质的探讨实质上就是对影响创造性思维（智力因素）的心理因素的探讨，而这是传统的人格研究方法所做不到的。

其次，本研究中的创造性人格特质带有强烈的中国特色，将来的研究需要对这种中国特色的性质加以澄清。

在本研究中，通过对创造性人格形容词评定析出的创造性人格特质带有浓烈的中国特色，如，本研究发现自然科学类高创造性成人基本上都能积极参与人际交往，表现出乐群、对人热情、有良好的人际关系等特点，与西方的类似研究所发现的缄默、孤独、冷漠等特质有很大的差异。中国文化重视人际关系在事业成功中的重要意义，因此这些结果可谓具有中国特色。然而，这种中国特色反映的到底是文化差异（即行为风格上的不同），还是不同文化对创造性人格在理解上的差异？前者说明在中国这样的集体主义文化下，外倾性的个体在自然科学领域更容易获得高创造性的成果，而在西方的个体主义文化下，情况可能相反，其中机制需要做非常深入的文化比较研究才有可能得以揭示。如果是后者，问题可能更为复杂，因为这可能首先涉及跨文化研究中常遇到的概念对等性问题[①]，对于同一概念的不同理解导致的直接后果是不同文化下的研究结果缺乏可比性；当然，也有可能是对于创造性人格的理解是一致的，但在具体研究时操作定义出现了偏差，例如，本研究中将2000–2003年省级以上自然科学课题负责人作为高创造性成人代表是否合适？还有没有其他更好的创造力指标？这些都是在将来的研究需要考虑的。总之，在未来的研究中应该将这种中国特色的研究结果的性质加以澄清。

再次，横断研究设计难以考察中学生创造性人格的发展趋势，将来的研究有必要考虑追踪设计。

对于中学生创造性人格研究往往出于一个重要的目的，即弄清青少年时期的创造性人格发展有何规律。本研究在考察中学生创造性人格的发展现状中主要采用了横断研究设计。尽管在研究中同时抽取了6个年级的中学生加以比较，但鉴于这类设计本身的缺陷，如缺乏系统连续性，很难确定因果关系[②]，因此难以真正达到这一目的。能够最直接最有效达到这一目的的是追踪研究。追踪研究是在比较长的时间内对研究对象进行系统的定期的研究，能够较详细地了解心理发展的连续过程和质变量变的规律。但鉴于长期追踪的难度过大，采用加速追踪设计[③]的研究具有更强的现实性。

① 梁觉，周帆．跨文化研究方法的回顾及展望．心理学报，2010，42（1）：41–47.

② 林崇德．发展心理学．人民教育出版社，1995.

③ 唐文清，张敏强，黄宪，等．加速追踪设计的方法和应用．心理科学进展，2014，22（2）：369–380.

最后，教师的创造性人格观与中学生创造性人格的发展关系需要更深入地探讨。

人们大都相信，创造性人格是培养而非天生的。对于中学生而言，教师对其人格的影响无疑是非常重要的。著名的“罗森塔尔效应”有力的证明，教师对待学生的态度直接影响着学生的表现，当教师对学生持一种肯定赞许的态度时，学生会从这种态度中受到鼓舞，增强自信心，并形成某种教师期望中的品质。本研究发现，教师在评定中学生创造性人格时主要的依据是与创造性人格并无显著相关的学习成绩，同时教师对中学生创造性人格的评定结果与中学生自评结果也无明显相关。这一结果给研究者提出了一些有意思的问题，例如，如果说教师评定的主要依据是学习成绩，那么学生自评的依据又是什么？到底是教师的评定更准确，还是学生自评更准确？显然，教师的评定反映了教师的创造性人格观，那么教师的创造性人格观是如何影响其日常行为（包括教学、对学生行为的态度等）的？这些日常行为又在中学生创造性人格的发展中起何作用？这些问题与中学生创造性人格的发展息息相关。要弄清楚这些问题需要对教师的创造性人格观做更深入的分析，同时需要对教师的创造性人格观与其教学理念和行为之间的关系做更深入的探讨。事实上，也只有弄清楚了这些问题，我们才知道该如何培养合格的教师去帮助学生发展创造性人格。

参考文献

[1] [奥] 斯蒂芬·茨威格.茨威格经典传记丛书：罗曼·罗兰 [M]. 杨善禄，罗刚，译.合肥：安徽文艺出版社，2013.

[2] [美] D.M. 巴斯.进化心理学 [M].熊哲宏，张勇，晏倩译.华东师范大学出版社，2007.

[3] [美] J.P. 吉尔福特.创造性才能 [M].北京：人民教育出版社，1991.

[4] [美] Pervin Lawrence A，John Oliver P. 人格手册：理论与研究（第2版）[M].黄希庭，主译.上海：华东师范大学出版社，2003.

[5] [美] 弗里德曼，舒斯塔克.人格心理学：经典理论和当代研究（原书第4版）[M].徐燕，等译.北京：机械出版社，2011.

[6] [美] 兰迪·拉森，戴维·巴斯.人格心理学——人性的科学探索 [M]. 郭永玉，等译.北京：人民邮电出版社，2011.

[7] [美] 奇凯岑特米哈伊.创造性：发现和发明的心理学 [M].夏镇平，译.上海：上海译文出版社，2001.

[8] [美] 特丽萨·M. 艾曼贝尔.创造性社会心理学 [M].方展画，胡

之斌，文新华，编译．上海：上海社会科学出版社，1987.
[9] [美]亚伯拉罕·马斯洛．动机与人格(第三版)[M].许金声，等译．北京：中国人民大学出版社，2008.
[10] [苏]波果斯洛夫斯基．普通心理学[M].魏庆安．译，人民教育出版社，1979.
[11] [苏]捷普洛夫．心理学[M].赵璧如，译，东北出版社，1953.
[12] 曹日昌．普通心理学（上册）[M].北京：人民教育出版社，1980.
[13] 查子秀．超常儿童心理学[M].北京：人民教育出版社，1993.
[14] 董奇．儿童创造力发展心理[M].杭州：浙江教育出版社，1993.
[15] 董奇．心理与教育研究方法[M].北京师范大学出版社，2004.
[16] 傅世侠，罗玲玲．科学创造方法论：关于科学创造与创造力研究的方法论探讨[M]．北京：中国经济出版社，2000.
[17] 高玉祥．健全人格及其塑造[M].北京：北京师范大学出版社，1997.
[18] 顾准．顾准文集[M].中国市场出版社，2007.
[19] 郭有适．创造心理学[M].台北：正中书局，1972.
[20] 郭有遹．创造心理学（第三版）[M].北京：教育科学出版社，2002.
[21] 黄健．走近科学家[M].长沙：中南大学出版社，2001.
[22] 黄希庭．心理学导论[M].人民教育出版社，1991.
[23] 李红．幼儿心理学[M].北京：教育出版社，2007.
[24] 李泽厚．美学四讲[M].生活·读书·新知三联书店，2009.
[25] 林崇德．发展心理学[M].北京：人民教育出版社，1995.
[26] 林崇德．发展心理学[M].北京：人民教育出版社，2001.
[27] 刘文．创造性人格与儿童气质研究[M].北京：中国大地出版社，

2010.
[28] 陆键东 . 陈寅恪的最后 20 年 [M]. 生活・读书・新知三联书店，2013.
[29] 罗伯特・J. 斯滕博格 . 智慧，智力，创造力 [M]. 王利群，译 . 北京：北京理工大学出版社，2007.
[30] 彭聃龄 . 普通心理学 [M]. 北京：北京师范大学出版社，1988.
[31] 彭聃龄 . 普通心理学 [M]. 北京：北京师范大学出版社，2001.
[32] 泰勒 . 科学管理原理 [M]. 黄榛，译 . 北京理工大学出版社，2012.
[33] 王灿明 . 儿童创造教育论 [M]. 上海：上海教育出版社，2004，01.
[34] 王登峰，崔红 . 解读中国人的人格 [M]. 北京：社会科学文献出版社，2005.
[35] 王极盛 . 科学创造心理学 [M]. 北京：科学出版社，1986.
[36] 薛涌 . 卓越天才的秘密——天才是训练出来的 [M]. 江苏文艺出版社，2010.
[37] 杨仲明 . 创造心理学入门 [M]. 武汉：湖北人民出版社，1988.
[38] 张庆林，Sternberg，R.J. 创造性研究手册 [M]. 成都：四川教育出版社，2002.
[39] 周昌忠 . 创造心理学 [M]. 北京：中国青年出版社，1983.
[40] 朱智贤 . 儿童心理学 [M]. 人民教育出版社，1979.
[41] 宗白华 . 美学散步 [M]. 上海人民出版社，2008.
[42] 陈向明 . 质的研究方法与社会科学研究 [M]. 北京：教育科学出版社，2000.
[43] 白弘雅 . 刍议如何培养艺术人才的创造力 [M]. 艺术教育，2015（4）.
[44] 蔡华俭，等 . 创造性的公众观的调查研究（Ⅱ）——关于影响创造性的因素 [M]. 心理科学，2001（7）.

[45] 蔡华俭，等．创造性的公众观的调查研究（I）：关于高创造性者的特征［M］．心理科学，2001（1）．

[46] 蔡华俭，等．创造性的公众观的调查研究［M］．心理科学，2001（11）．

[47] 蔡华俭，等．中学生创造性内隐观的调查研究［M］．应用心理学，2005（9）．

[48] 陈国鹏，等．我国中小学生创造力与智力和人格相关研究［M］．心理科学，1996（3）．

[49] 陈红敏，莫雷．幼儿科学创新人格的架构及其培养［M］．当代教育论坛，2005（2）．

[50] 陈国鹏，宋正国，林丽英，等．我国中小学生创造力与智力和人格相关研究．心理科学［M］.1996（3）．

[51] 陈红敏，莫雷．幼儿科学创新人格的架构及其培养［M］．当代教育论坛，2005（2）．

[52] 陈利君．创造型人格研究——创造型人格结构模型的建立与中学生创造型人格量表的编制［M］．长沙：湖南师范大学，2003.

[53] 陈秀娟，葛明贵．小学生创造性人格与父母教养方式的关系研究［M］．卫生软科学，2009（3）．

[54] 陈昭仪．创造者人格特质研究．资优教育季刊，1990，6（35）．

[55] 程良道．论创造性人格的实质．科技创业月刊，2002（10）．

[56] 崔景贵．创造性人格与大学生心理健康．青年探索，2001（1）．

[57] 崔淑范，翟洪昌．管理人员创造性人格特征研究．健康心理学杂志，2000（3）．

[58] 单玲玲．创造力内隐观和家庭教养方式对大学生创造性人格的影响．武汉：华中科技大学，2006.

[59] 邓晨曦 .3–5 岁超常儿童创造性人格发展特点及相关影响因素研究 . 大连：辽宁师范大学，2012.

[60] 董烈霞 . 创造性人格及其教育建构 . 武汉：华中师范大学，2004.

[61] 杜继军，等 . 高创造性管理者特征内隐观模型建构及问卷编制 . 教育研究与实验，2013（6）.

[62] 段碧花，彭运石 . 国内近十年来创造性人格研究述评 . 北京教育学院学报，2007（1）.

[63] 段碧花 . 创造性人格结构模型的建立和中学生创造性人格量表的初步编制 . 长沙：湖南师范大学，2007.

[64] 樊玉亭，周红 . 关于儿童创造力障碍的初步研究 . 教育科学研究，1999（6）.

[65] 甘自恒 . 中国当代科学家的创造性人格 . 中国工程科学，2005（5）.

[66] 谷传华，陈会昌 . 社会创造性人格发展的历史测量学研究 . 湛江师范学院学报，2006（4）.

[67] 顾锋 . 新时期教师培训的着力点——塑造具有创新人格的教育者 . 沙洋师范高等专科学校学报，2002（1）.

[68] 管炜 . 天才与创造性——西方人才研究综述 . 江苏社会科学，2011，12.

[69] 何昭红 . 高中生创造性人格发展与教育研究 . 南宁：广西师范大学，2004.

[70] 黄德智，訾虎 . 创造性人格及其培养刍议 . 安徽农业大学学报：社会科学版，2000（4）.

[71] 黄江平 . 论社会科学研究者的人格塑造 . 社会科学，1995（8）.

[72] 黄四林，林崇德 . 中学教师创造力内隐观的调查研究 . 心理发展与教育，2008（1）.

[73] 季靖，江根源，陈旭．广告人才创造力的内隐观研究．浙江工业大学学报（社会科学版），2006（5）．
[74] 金芳，张珊珊．艺术类大学生人格特质与自动思维的相关研究．中国健康心理学杂志，2011（10）．
[75] 雷显华．浅论创造性人格．商丘职业技术学院学报，2004（4）．
[76] 黎业枢．高中生创造性人格发展与教育研究．长沙：广西师范大学，2004.
[77] 李建平．小学儿童创新人格发展的现状研究．学科教育，2000（2）．
[78] 李金珍，王文忠，施建农．儿童实用创造力发展及其与家庭环境的关系．心理学报，2004（6）．
[79] 李魁．毕加索的创造性人格．艺术教育，2012（8）．
[80] 李小琴，张进辅．科学家和艺术家创造性人格概述．洛阳师范学院学报，2011（1）．
[81] 李焰，张世彤，王极盛．中学生特质焦虑影响因素的问卷编制．心理科学，2002（2）．
[82] 李英．当代中国大学生人格问卷的编制及特点的研究．郑州：郑州大学，2011.
[83] 梁觉，周帆．跨文化研究方法的回顾及展望．心理学报，2010（1）．
[84] 梁拴荣，贾宏燕．创新型人才概念内涵新探．生产力研究，2011，10.
[85] 林崇德．培养和造就高素质的创造性人才．北京师范大学学报（社会科学版），1999（1）．
[86] 林崇德．创造性人才·创造性教育·创造性学习．中国教育学刊，2002（2）．
[87] 林崇德．培养和造就高素质的创造性人才．河南教育，2000（1）．

[88] 刘帮惠，等．创造型大学生人格特征的研究．西南师范大学学报（自然科学版），1994（5）．

[89] 刘奇志．初中生创造性的负性人格量表初步编制．长沙：湖南师范大学，2005.

[90] 刘淑芳．论教师创新人格的构建．卫生职业教育，2004（5）．

[91] 刘文，齐璐.3–5 岁幼儿创造性人格结构研究．辽宁师范大学学报（社会科学版），2006，29（1）．

[92] 刘雯，杨丽珠.3–6 岁幼儿个性结构研究．心理科学，1999（5）．

[93] 刘邦惠，张庆林，谢光辉．创造型大学生人格特征的研究．西南师范大学学报（自然科学版），1994（10）．

[94] 刘文，李明．儿童创造性人格的研究新进展．湖南师范大学教育科学学报，2010（3）．

[95] 刘文，魏玉枝．混龄教育中幼儿心理理论与创造性人格的关系．学前教育研究，2010，8.

[96] 刘玉华，朱源．中国科技大学少年班学生心理特点初探．心理学探新，1983（7）．

[97] 刘玉华，等．社会环境在少年大学生个性形成中的作用．教育与现代化，1988（12）．

[98] 罗晓路，林崇德．大学生心理健康、创造性人格与创造力关系的模型建构．心理科学，2006，29（5）．

[99] 罗晓路．大学生 创造力特点的研究．心理科学，2006，29（1）．

[100] 罗彦红，石文典．创造力与人格关系的研究述评．心理学探新，2010（2）．

[101] 骆方，孟庆茂．中学生创造性思维能力自评测验的编制．心理发展与教育，2005.

[102] 聂衍刚，郑雪．儿童青少年的创造性人格发展特点的研究．心理科学，2005（2）．

[103] 彭运石，段碧花．社会科学领域创造性人格结构模型研究．湖南师范大学教育科学学报，2011，01.

[104] 彭运石，莫文，彭磊．自然科学领域创造性人格结构模型的建立．湖南师范大学教育科学学报，2013，04.

[105] 钱曼君，邹泓，肖晓莹．创造型青少年学生个性特征的研究．心理学通讯，1988（3）．

[106] 钱美华．青少年创造性人格结构和发展特点的研究．北京：北京师范大学，2006.

[107] 戎华刚．论创造性人格及其培养．临床心身疾病杂志，2003（4）．

[108] 申燕．家庭功能对儿童创造性人格的影响．第十届全国心理学学术大会论文摘要集，2005.

[109] 申继亮，等．青少年创造性倾向的结构与发展特征研究．心理发展与教育，2005（4）．

[110] 沈汪兵，刘昌，施春华，等．创造性思维的性别差异．心理科学进展，2015，08.

[111] 石国兴．创新精神、创造性人格及其培养．河北师范大学学报（教育科学版），2002（3）．

[112] 宋洪君．应重视创造性人格的培养．学习理论与实践，1997（9）．

[113] 宋双霞，袁海泉．科学家尼古拉．特斯拉的人格魅力．中学物理，2015，1.

[114] 宋维真，等．编制中国人个性测量班（CPAI）的意义与程序．心理学报，1993（4）．

[115] 孙慧明．中小学生创造性人格问卷的编制及其相关研究．北京：北

京师范大学，2007.

[116] 唐文清，张敏强，黄宪，等. 加速追踪设计的方法和应用. 心理科学进展，2014（2）.

[117] 王德宠，等. 大学生创造性人格调查分析. 北京邮电大学学报（社会科学版），2000（1）.

[118] 王立永，等. 大学生创造性倾向特点的研究. 高校保健医学研究与实践，2006（3）.

[119] 王树秀. 创造力个性特征的跨文化研究. 乌鲁木齐职业大学学报，1996（3）.

[120] 王晨，米如群. 国家文化战略与艺术人才培养的关系研究. 南京艺术学院学报（美术与设计版），2014（6）.

[121] 王德宠，等. 大学生创造性人格调查分析. 北京邮电大学学报（社会科学版），2000（1）.

[122] 王登峰，崔红. 中西方人格结构的理论和实证比较. 北京大学学报（哲学社会科学版），2003（5）.

[123] 王登峰，崔红. 文化、语言、人格结构. 北京大学学报（哲学社会科学版），2000（4）.

[124] 王登峰，崔红. 中西方人格结构差异的理论与实证分析——以中国人人格量表（QZPS）和西方五因素人格量表（NEOPI-R）为例. 心理学报，2008（3）.

[125] 王登峰，方林，左衍涛. 中国人人格的词汇研究. 心理学报，1995（4）.

[126] 王登峰. 人格特质研究的大五因素分类. 心理学动态，1994（1）.

[127] 王静. 系统教育在创造性人才塑造中的作用的质性研究. 心理科学，2009（4）.

[128] 王黎，张建新. 从人格特质角度看管理人员应付组织变革. 心理科

学进展，2000（4）.
[129] 王英春，邹泓.青少年人际交往能力的发展特点.心理科学，2009，05.
[130] 王永杰.高校人文社会科学教育发展中的问题与对策.西南交通大学学报（社会科学版），2012（3）.
[131] 韦铁.论创新型教师创新人格的特征.徐州教育学院学报，2001（2）.
[132] 韦楠舟.广西少数民族高中生创造性人格的研究.桂林：广西师范大学，2003.
[133] 魏骅.论创新人格.教育探索，2002（5）.
[134] 吴中良.创造性与创造性人格概念探析.长江大学学报（社会科学版），2006（8）.
[135] 武欣，张厚粲.创造力研究的新进展.北京师范大学学报（社会科学版），1997（1）.
[136] 肖雯.中学生社会创造性的发展及其相关因素.武汉：华中师范大学，2008.
[137] 谢光辉，张庆林.中国大学生实用科技发明大奖赛获奖者人格特征的研究.心理科学，1995（1）.
[138] 谢小庆.洞察人生—心理测量学.济南：山东教育出版社，1992.
[139] 徐展，张庆林.关于创造性的研究术评.心理学动态，2001（1）.
[140] 燕良轼，曾练平.中国理论心理学的原创性反思.心理科学，2011（5）.
[141] 杨国枢，李本华.557个中文人格特质形容词的好恶度，意义度及熟悉度.台湾大学心理系研究报告，1973（11）.
[142] 杨建.乔伊斯论“艺术家”.外国文学研究，2007（6）.
[143] 杨俊岭，曹晓平.创造性人格特征的研究.沈阳大学学报，2002，03.

[144] 杨治良，等 . 大学生创造性内隐观的调查研究——关于高创造性者的特征 . 心理科学，2001（6）.

[145] 于晶晶 . 浅谈艺术家非常态心理与其作品研究 . 长春：东北师范大学，2014.

[146] 余运英，张玉滨 . 关于中小学教师影响创造性因素观念的研究 . 衡水学院学报，2006，8（3）.

[147] 余秋雨 . 艺术创造论 . 上海教育出版社，2005.

[148] 俞国良 . 论个性与创造力 . 北京师范大学学报（社会科学版），1996（4）.

[149] 张建平 . 教师的创造性人格及培养模式 . 鞍山钢铁学院学报，2002（6）.

[150] 张晓明，郗春媛 . 大学生创新人格核心特质研究 . 高等教育研究，2002（2）.

[151] 张国锋 . 中学生创造力的结构、发展特点研究及其教育启示 . 济南：山东师范大学，2005.

[152] 张金华 . 浅论创新人格的培养 . 当代教育论坛，2004（1）.

[153] 张景焕，金盛华 . 具有创造成就的科学家关于创造的概念结构 . 心理学报，2007（1）.

[154] 张景焕，刘桂荣，师玮玮，等 . 动机的激发与小学生创造思维的关系：自主性动机的中介作用 . 心理学报，2011（10）.

[155] 张景焕，张广斌 . 中学生创造性思维发展特点研究 . 当代教育科学，2004，05.

[156] 赵洪朋，刚勇 . 体育专业大学生创造性人格特征的研究 . 第七届全国体育科学大会论文 摘要汇编（一），2004.

[157] 赵冰洁 . 论创新人格及其培养 . 信阳师范学院学报（哲学社会科学

版），2001（1）.

［158］赵春音.人本主义心理学创造观研究.中国出版集团，2013.

［159］周国雄.关汉卿的创新人格.华南师范大学学报（社会科学版），1995（4）.

［160］周国莉，周治金.情绪与创造力关系研究综述.天中学刊，2007（3）.

［161］周绍斌.凡高就是凡高——凡高象征着怎样一种艺术人格.美术观察，2002（8）.

［162］周寅庆.一位老科学家人格的叙事研究——基于词汇分析的方法.武汉：华中师范大学，2014.

［163］朱琳.教师创造性人格问卷的初步编制.重庆：西南师范大学，2004.

［164］邹枝玲，施建农.创造性人格的研究模式及其问题.北京工业大学学报（社会科学版），2003，06.

［165］Barron，F. X. Creativity and personal freedom. New York： Van Nostrand，1968.

［166］Cattel，R.B.，Eber，H.E.& Tatsuoka，M.M. Handbook for the Sixteen Personality Factor Questionnaire（16PF）.Champaign，IL：IPAT，1970.

［167］Csikszentmihalyi，M.Creativity：Flow and the psychology of discovery and invention.New York：Haper Collins.

［168］Galton，F. Hereditary Genius：An Inquiry into Its Laws and Consequences. Promtheus Books，2006.

［169］Robert，J. Sternberg. Handbook of Creativity. Cambridge University Press，1999.

［170］Allport，G.W.，Odbert，H.S. Trait names： A psycho-lexical Study. Psychological Monographs，1936，41（1）.

[171] Anderson, B., Harvey, T.Alterations in cortical thickness and neuronal density in the frontal cortex of Albert Einstein.Neyroscience Letters, 1996, 210.

[172] Barron, F., Harrinton, D.M., Creativity, intelligence, and personality. Annual Reviews of Psychology, 1981, 32.

[173] Barron, F. The disposition towards originality. Journal of Abnormal and Social Psychology, 1955 (51) .

[174] Cattel, R.B.The description of personality principles and findings in a factor analysis.American Journal of Psychology, 1945, 58.

[175] Christiane, S., Caroline, v. K.Implicit theories of creativity: the conceptions of politicians, scientists, artists and school teachers. High Ability Studies, 1998, 9 (1) .

[176] Christine Fiorella Russo. A Comparative Study of Creativity and Cognitive Problem-solving Strategies of High-IQ and Average students. The Gifted Child Quarterly, 2004, 48 (3) .

[177] Connie, M. Strong, Cecylia Nowakowska, Claudia , M. Santosa, et al. Temperament-creativity Relationgships in Mood Disorder Patients, Healthy Controls and Highly Creative Individuals. Journal of Affective Disorders, 2007 (100) .

[178] Craig, J., &Baron-Cohen, S. Creativity and imagination in autism and Asperger syndrome. Journal of Autism and Developmental Disorders, 1999, 29.

[179] Csikszentmihlyi, M. The creative personality. Psychology Today, 1996, 29 (4) .

[180] Deci, E.L., Richard, F. Why We Do What We Do: Understanding

Self-Motivation. Penguin Book，1995.

[181] Diamond，M.C.，Scheibel，A.B.，Murphy，G.M.，et al. On the brain of a scientist：Albert Einstein. Experimental Neurology，1985，88.

[182] Dollinger，S.J. & Clancy，S.M.Identity，self，and personality：II.Glimpses through the autophotographic eye.Jourual of Personality and Social Psychology，1993，64.

[183] Dudek，S.Z.，Berneehe，R.，Berube，H.& Royer，S. Personality determinants of the eommitment to the Profession of art. Creativity Research Journal，1991，（4）.

[184] Edwin，C.S.，Emily，J.S.，John，C.H. The creative personality. The Gifted Child Quarterly，2005，49（4）.

[185] Elisabeth Rudovicz，Anna Hui. The Creative Personality：Hong Kong Perspective. Journal of Social Behavior and Personality，1997，12（1）.

[186] Feist,G.J. A Meta-Analysis of Personality in Scientific and Artistic Creativity. Personality and Social Psychology Review，1998（4）.

[187] Feist，G.J.&Barron，F.X.Predicting creativity from early to late adulthood：Intellect，potential and personality.Journal of Research in Personality，2003，37.

[188] Furnham，A.，Bachtiar，V.Personality and intelligence as predictors of creativity.Personality & Individual Differences，2008，45.

[189] Gelade，G.A. Creative style，personality，and artistic endeavor. Genetic，Social，and General Psychology Monographs，2002，128.

[190] Guilford，J.P. Creativity. American Psychologist，1950（5）.

[191] Haller，C.S. & Courvoisier，D.S.Personality and thinking style in different creative domains. Psychology of Aesthetics，Creativity and the

Arts，2010，4.

[192] Helson，R.，Roberts，B.& Agronick，G.Enduringness and change in creative personality and the prediction of occupational creativity. Journal of Personality and Social Psycholotgy.1995，69.

[193] Helson，R. Arnheim award address to division 10 of the American psychological association. Creativity Research Journal，1996，9（4）.

[194] Helson，R.In search of the creative personality. Creativity Research Journal，1996，9.

[195] Ivcevic，Z.& Mayer，J.D.Creative types and personality. Imagination，Cognition and Personality，2007，26.

[196] Jennifer Collins，Donna K. Cooke，Creative role models，personality and performance. Journal of Management Development，2013，32（4）.

[197] Jung，R.E.，Segall，J.M.，Bockholt，et al.Neuroanatomy of Creativity. Human Brain Mapping，2010，31（3）.

[198] Kelly，K.E. Relationship between the Five-Factor model of personality and the scale of creative attributes and behavior：A validational study. Individual Differences Research，2006，4.

[199] Khasky，A.D.，Smith，J.C. Stress，relaxation states and creativity. Perceptual and Motor Skills，1999，88.

[200] Laura，A.K.，Walker，L.M.，Broyles S. Creativity and the Five-factor Models. Journal of Research in Personality，1996，20（2）.

[201] Laurd，A.K.，Loni MeKee Walker，Shri J. Broyles. Creativity and the Five-Factor Model. Journal of Research in Personality，1996，30.

[202] Lim，S.，Smith，J. The structural relationships of parentingstyle，creative personality，and loneliness. Creativity Research Journal，

2008，20（4）.

[203] Marek，B.，Martin，J.，Terezie，O. Assertive Toddler，Selfefficacious Adult：Child Temperament Predicts Personality Over Forty Years.Personality and Individual Differences，2007（43）.

[204] Maria Elvira De Caroli，et al. Methods to measure the extent to which teachers' points of view influence creativity and factors of creative personality：a study with Italian pupils. Key Engineering Materials，437.

[205] Martindale，C.，Dailey，A.Creativity，primary process cognition and personality. Personality and Individual Differences，1996，20.

[206] Martindale，C. Creativity，primordial cognition，and personality. Personality & Individual Differences，2007，43.

[207] Maslow，A.H. Self-actualizing people：A Study of Psychological Health.Personality，1950.

[208] McCrae，R.R.Creativity，divergent thinking，and openness to experience.Journal of Personality and Social Psychology，1987，52.

[209] Montgomery，K.，Bull，K. S.，& Baloche，L. Characteristics of the creative person. American Behavioral Scientist，1993（37）.

[210] Parloff，M.D.，DattaL，E.，Kleman，M，et al. Personality characteristics which differentiate creative maleado lescents and adults. Journal of Personality，1968，36.

[211] Prabhu，V. Sutton，C. Sause，W.，et al. Creativity and Certain Personality Traits：Understanding the Mediating Effect of Intrinsic Motivation.Creativity Research Journal，2008，20（1）.

[212] Richardson，A.G，Crichlow，J.L.，Subject orientation and the creative personality. Education Research，1995，37（1）.

[213] Roe, A.A. A Psychological Study of Eminent Psychologists and Anthropologists , and a comparison with biological and physical scientists. Psychological Monographs, 1953 (2) .

[214] Roy, D.D. Personality model of fine artists. Creativity Research Journal, 1996, 9 (4) .

[215] Rudowicz, Elisabeth; Hui, Anna.The creative personality: Hong Kong perspective. Journal of Social Behavior&Personality, Mar97, 12 (1) .

[216] Runco, M.A., Albert, R.S. Parents 'personality and the creativepotential of exceptionally gifted boys. Creativity Research Journal, 2005, 17.

[217] Runco, M.A. Creativity. Annual Reviews of Psychology. 2004, 55.

[218] Feinman, S. Lowry, R.J. Dominance, Self-Esteem, and Self-Actualization.Germinal Papers of A.H.Maslow. Contemporary Sociology, 1975, 4 (5) .

[219] Saeki, F., van, D.A comparative study of creative thinking of American and Japanese college students. Journal of Creative Behavior, 2001.

[220] Schaefer, C.E. A five-year follow up study of self-concept of creative adolescents. Journal of Genetic Psychology, 1973, 123 (1) .

[221] Selby, E.C., Shaw, E.J., Houtz, J.C. The Creative Personality. Gifted Child Quarterly, 2005 (4) .

[222] Simonton, D.K. Creative expertise: A life-span developmental perspective. In K.A.Ericsson (Ed.) , The road to excellence (pp.227-253) . Lawrence Erlbaum Associates.

[223] Simonton, D.K. Expertise, competence, and creative ability: the perplexing complexities. In competence, ability, and creativity. In

R.J. Sterberg, E.L. Grigorenko（ed）. The Psychology of Abilities, Comptencies, and Expertise. New York: Cambridge University Press, 2003.

[224] Sternberg, R.J. Implicit theories of intelligence, creativity , and wisdom. Journal of Personality and Social Psychology, 1985, 49（3）.

[225] Takeuchi, H., Taki, Y., Sassa, Y., et al.White mater structures associated with creativity: Evidence from dissusion tensor imaging. Neuroimage doi: 10.1016/j.neuroimage, 2010, 02, 035.

[226] Therivel, William. A. Creative genius and the GAM theory of personality: Why Hozart and not Salieri ? Journal of Social Behavior&Personality, 1998, 13（2）.

[227] Thomdike, R.L. Factor analysis of social and abstract intelligence. Journal of Education psycholog, 1936（27）.

[228] Treffinger, D.J., Young, G.C., Selby, E.C., et al. Assessing Creativity: A Guide for Educators.Storrs: University of Connecticut, 2002.

[229] Vervalin C. Just what is creativity ? Hydrocarbon Processing, 1962, 41（10）.

[230] Witelson, S.F., kigar, D.L., Harvey, T. The exceptional brain of Albert Einstein. The Lancet, 1999, 353（19）.

[231] Wolfradt, U., Pretz, J.Individual differences in creativity: Personality, story writing, and hobbies.European Journal of Personality, 2001, 15.

[232] Yang, G., Wang, D. Personality dimensions for the Chinese（in Chinese）.Paper presented to The Third Conference of Chinese Psychologists, 1999.

后 记

关注创造性人格问题并对之发生研究兴趣，那还是20年前的事了。那时，我正撰写《走向生命的巅峰—马斯洛的人本心理学》一书。在阅读原著的过程中，我注意到了马斯洛的下述思想：对于创造性问题，人们更加关注的是创造性发挥的方法。似乎可以找到创造性的激发按钮，或找到创造性的源头活水，进而使创造性如泉水般迸发出来。而事实上，创造性问题首要的是创造性人格的问题，"创造性产物乃是创造性人格的副产品"。对于自我实现者亦即拥有创造性人格的人来说，创造性会弥漫到其生活的方方面面，投射到其行为的各个环节之中。马斯洛的这些思想深深震撼了笔者，由此便开始了对创造性人格的思考与研究。

2003年以来，笔者先后获得了全国教育科学规划教育部重点课题《创造性人格培养的理论与实证研究》（DBB030246）、湖南省教育科学规划重点课题《创造性人格结构模型的建立与中学生创造性人格量表的编制》（湘教科规通【2006】08号）立项。原本以为三、五年就能完成的工作，没想到，直到今日才交出一份还不能说满意的答卷。十几年的时间里，因方方面面的事务缠身，研究、写作时断时续，个中辛酸可想而知。但换一个角度去想，这也未尝不是一件好事。虽不敢期待思想之果历久弥新，但至少较之当初日渐成熟。再者，建设创新型国家、万众创新已成为当下中国的基本国策，在此时将创造性人格的研究成果付梓，也可算得上为国策的实施添加了些许砖瓦。

创造性奥秘的揭示无疑是一项浩大而复杂的工程。它受到众多学科的关注，也可从多个维度、层面展开。正如书名所示，本书只是从心理学实证研究的角度，从模型建构、测评工具研制及应用方面对创造性人格问题展开了研究。不难发现，本研究建构的创造性人格结构模型以及在此基础上研制的各种测评工具，均具有一定的原创性质，其实践价值也是比较明显的。创造性人格模型的建构，展示了对于创造性来说，哪些人格特质是最为核心的，哪些人格特质是相对次要的。这奠定了创造性人格测评工具研制的基础，明确了创造性人才选拔、培养的目标与方向。而创造性人格测评工具的研制显然有助于改变传统上单纯依靠经验、主观判断来评价、选拔创造性人才的模式，进而提升创造型人才选拔、评价的科学性。不止如此，本研究事实上还发现了一些有意思的现象，引出了一些令人深思的问题。例如，本研究发现，教师对学生的创造性评分等级和期末考试成绩既不能预测学生的创造性思维能力，也不能预测学生的创造性人格。面对这样的研究结论，当下中国的中学教育是否需要深刻反思、努力改进呢？又如，本研究还揭示，高创造性个体一般具有“神经质”（偏激焦虑、急躁冲动、自负狂妄、叛逆任性）的人格特质。显然，这一特质与我们从小就接受的“听话”、“遵从’’教育，以及强调“三纲五常”的传统儒学伦理文化格格不入。这似乎部分回答了著名的“李约瑟难题”及与之一脉相承的“钱学森之问”，同时也启发着我们去思考：如何消除妨碍创造型人才成长体制、机制之弊？如何营造有利于创造性潜能充分发挥的社会文化氛围？凡此种种，不一而足。

书稿的出版，犹如果实的收获，与之相伴的喜悦之情自然不待言说。

但瑕疵尚存，遗憾犹在，也是不争的事实。首先，恰如人们在回答“钱学森之问”时往往只反思学校教育之弊一样，本研究也仅从心理学角度以创造性人格研究为切入点回答了创造性人才成长的一些基础性问题。事实上，创造性的发挥，创造性人才的成长不仅关涉到创造性个体及其置身的微观环境，还与政治、经济、文化、教育、管理等诸多方面密切关联。未能从宏观层面对与创造型人才成长相适应的体制、机制、文化、管理等展开深入研究，不能不说是存在于笔者心中的一大遗憾。其次，虽然，受马斯洛思想的启发，笔者不止一次地在研究生课程中阐发过自己日趋稳定的观点：“创造性从哪里来？它源自学术视野的转换，研究逻辑的跃迁，以及生命境界的提升”。但如何将理论思考以合符实证研究要求的形式贯穿于具体研究之中，却是至今仍未能很好解决的问题。加之惯于理论思考，对实证研究方法的学习、运用远未达到娴熟自如的程度，因此，本研究一定存在着诸多不足。相应地，恳请专家、同仁不吝批评、指正的强烈愿望便油然而生。

本书作为湖南省教育科学规划重点课题《创造性人格培养结构模型的建立与中学生创造性人格量表的编制》成果，自然汇聚了课题团队成员的共同努力。除合作者王玉龙参与部分章节的写作与全书的定稿以外，笔者的研究生陈利君、莫文、汪夏、段碧花、王金吉、李璜、申娟、刘奇志等，也参加了相关文献的查找、研究数据的搜集以及部分章节初稿的撰写。王金吉还协助笔者进行了全书写作规范的统一。同时，本研究还受益于国内外同行相关研究成果的启迪，研究对象及其所在单位也给予了本研究诸多配合与支持。在此，一并致谢。

彭运石

2016.5 于长沙桃子湖畔